建筑工程工程量清单计价与案例分析

周　耀　主编

刘　军　胡　丹　汪　爽　副主编

化学工业出版社

·北京·

本书依据《建设工程工程量清单计价规范》(GB 50500—2008)、《全国统一建筑工程定额》中有关规定编写而成。全书共分12章，系统地介绍了建筑工程预算费用的组成，GB 50500—2008的详细内容以及建筑工程工程量清单的计算规则，并列举了工程量清单计价预算的实例。

本书对2008年辽宁省建设工程费用标准作了解释，所举实例执行了该标准，并使用了2008年辽宁省建筑工程计价定额库，采用2008版工程量清单计价方法进行计算。实例中的计算过程和输出方法使用了广联达预算软件。

本书可作为从事相关工程概预算、结算、造价师（员）和工程管理人员的参考书，还可作为高校和中等专业学校建筑工程技术和工程造价专业的教材。

图书在版编目（CIP）数据

建筑工程工程量清单计价与案例分析/周耀主编.
北京：化学工业出版社，2011.10
ISBN 978-7-122-12014-4

Ⅰ.建… Ⅱ.周… Ⅲ.建筑工程-工程造价-案例-分析 Ⅳ.TU723.3

中国版本图书馆CIP数据核字（2011）第152511号

责任编辑：董 琳　　文字编辑：刘莉珺
责任校对：徐贞珍　　装帧设计：周 遥

出版发行：化学工业出版社（北京市东城区青年湖南街13号 邮政编码100011）
印 装：北京市白帆印务有限公司
787mm×1092mm 1/16 印张14½ 字数389千字 2012年3月北京第1版第1次印刷

购书咨询：010-64518888（传真：010-64519686） 售后服务：010-64518899
网 址：http://www.cip.com.cn
凡购买本书，如有缺损质量问题，本社销售中心负责调换。

定 价：58.00元

前 言

随着我国经济的发展，工程建设领域更加突飞猛进，工程建设的模式越来越与国际接轨。工程量清单计价是工程价格管理体制改革与完善的重要组成部分，也是国际上通行的一种计价方式。工程建设造价的计价方法和模式的最终目标是建立以市场形成价格为主的价格体制，这既是建设工程工程量清单计价规范的任务，也是建设工程造价模式和方法在市场经济发展下的必然结果。

2003年2月17日，原建设部发布了国家标准《建设工程工程量清单计价规范》(GB 50500—2003)，规范从2003年7月1日开始实施，标志着工程建设预决算方法由原来的国家定价的定额法向由市场定价的工程量清单法转变的开始。之后，我国逐步建立起了以工程定额为指导、市场形成价格为主的工程造价机制，这种机制在工程建设和经济发展中起到了很大的作用。

虽然国家标准《建设工程工程量清单计价规范》(GB 50500—2003) 在工程建设中起到了很大的作用，但是随着工程量清单计价方法广泛和深入的使用，其本身逐步暴露出一些缺陷和不足。为了完善工程量清单计价方法，使广大的工程管理人员更好地使用该方法，在补充和总结《建设工程工程量清单计价规范》(GB 50500—2003) 的基础上，住房和城乡建设部发布了国家标准《建设工程工程量清单计价规范》(GB 50500—2008)，并自2008年12月1日起开始实施。

新规范对老规范的缺点和不足进行了修改和完善，补充了很多新的规定，把建设工程造价由原来的工程建设前的概预算扩展到工程建设的初期，直至验收交工整个过程，新规范都发挥作用。

随着《建设工程工程量清单计价规范》(GB 50500—2008) 不断在全国建设市场的贯彻执行，有关《建设工程工程量清单计价规范》(GB 50500—2003) 版本的工程量清单计价的相关教材和参考书逐渐不适用新的规范要求。为了帮助广大造价人员更好地理解《建设工程工程量清单计价规范》(GB 50500—2008)，提高他们对新规范的理解能力，适应新规范的要求，总结实际工作中的经验从而提高计价的能力和技巧，掌握实际工程中针对性较强的问题，在这种背景下，编者严格以《建设工程工程量清单计价规范》(GB 50500—2008) 为基础编写了本书。

书中编写了比较全面的资料和实例，包括建筑工程有关的概念和知识、相关的工程技术资料及各种建筑工程工程量计算的示例，使广大读者能迅速和方便地学习和掌握工程量清单的编制和计价方法。

本书的主要特点如下。

(1) 详细讲解了我国建设工程费用的组成和工程概预算的形式和分类，全面讲解了《建设工程工程量清单计价规范》(GB 50500—2008) 规范和建筑工程工程量计算规则和建筑面积的计算规则。

（2）采用大量的图表，对有关工程造价的相关知识进行全面细致的讲解，并注意理论的深度和预算员应该学习的范围，配以最新的清单计价案例进行讲解。

（3）在内容结构上，本书每章首先讲解有关造价的预备知识，包括建筑工程的有关技术知识、该类工程计价要用到的各种参考资料、公式和数据，为下一步预算打下基础。

（4）注重理论与实际相结合，内容全面，举例新颖恰当。

在本书的编写过程中，得到了有关部门、专家和造价工程师的帮助和支持。沈阳建筑大学的吕列克老师提供了建筑的施工图纸，沈阳建筑大学的刘健和于莹老师参与绘图和核对工作。沈阳有色冶金设计研究院的胡丹对具体的计算方法进行了指导，并参与了部分的编写工作，在这里向他们的支持和帮助表示感谢。

由于编者时间和水平有限，书中不妥及疏漏之处在所难免，恳请同行专家和广大读者批评指正。

编者

2011 年 10 月

目　录

第一章 概 论

第一节 工程建设的概念

工程建设是构建或扩大固定资产的活动，它是通过投资决策、计划立项、勘察设计、施工安装和竣工验收等阶段以及其他相关部门的经济活动来实现的，最终形成满足特定使用功能和价值的建设工程产品，其内容有建筑工程、设备购置、安装工程以及其他建设工程等。

工程建设项目包括基本建设项目和更新改造项目。基本建设项目包括新建、扩建等扩大生产能力的项目。更新改造项目则以改进技术、增加产品品种、提高质量、治理“三废”、劳动安全及节约资源等为主要目的。

基本建设是一种宏观的经济活动，既有物质生产活动，又有非物质生产活动。同时，基本建设也包含了微观经济活动内容，例如建设项目的决策、工艺流程的确定和设备选型、生产准备、征用土地、拆迁补偿、地质勘察、建筑设计、建筑安装、培训生产职工、试生产、竣工验收和考核等环节的经济活动。这种经济活动是通过建筑业的勘察、设计和施工活动，以及其他有关部门的经济活动来实现的。

一、基本建设程序

基本建设程序是指基本建设项目从策划、选择、评估、决策、设计、施工到竣工验收、投入生产或交付使用的整个建设过程中，各项工作必须遵循的先后工作顺序。按照我国现行规定，一般大中型及限额以上工程项目的建设程序可以分为以下几个阶段。

（1）项目建议书阶段　项目建议书是业主单位向国家提出的要求建设某一项目的建议文件，是对工程项目建设的方案设想。项目建议书的主要作用是推荐一个拟建项目，论述其建设的必要性、建设条件的可行性和获利的可能性。

项目建议书按要求编制完成后，应根据建设规模和限额划分分别报送有关部门审批。项目建议书经批准后，可以进行详细的可行性研究工作。

（2）可行性研究阶段　项目建议书一经批准，即可着手开展项目可行性研究工作。可行性研究是对工程项目在技术上是否可行和经济上是否合理进行科学的分析和论证。

根据发展国民经济的设想，对建设项目进行可行性研究，减少项目决策的盲目性，使建设项目的确定具有切实的科学性。这就需要确切的资源勘探，工程地质、水文地质勘察，地形测量，科学研究，工程工艺技术试验，地震、气象、环境保护资料的搜集。在此基础上，论证建设项目在技术上、经济上和生产力布局上的可行性，并作出多方案的比较，推荐最佳方案，作为设计任务书的依据。

可行性研究工作完成后，需要编写出反映其全部工作成果的可行性研究报告。各类项目的可行性研究报告内容不尽相同，但一般应包括以下基本内容：

① 项目提出的背景、投资的必要性和研究工作依据；

② 需求预测及拟建规模、产品方案和发展方向的技术经济比较和分析；

③ 资源、原材料、燃料及公用设施情况；

④ 项目设计方案及协作配套工程；

⑤ 建厂条件与厂址方案；

⑥ 环境保护、防震、防洪等要求及其相应措施；

⑦ 企业组织、劳动定员和人员培训；

⑧ 建设工期和实施进度；

⑨ 投资估算和资金筹措方式；

⑩ 经济效益和社会效益。

可行性研究报告经过正式批准后，将作为初步设计的依据，不得随意修改和变更。如果在建设规模、产品方案、建设地点、主要协作关系等方面有变动，且突破原定投资控制数时，应报请原审批单位同意，并办理变更手续。可行性研究报告经批准后，建设项目才算正式确定。

（3）设计工作阶段　设计是对拟建工程的实施在技术和经济上进行的全面而详尽的安排，是基本建设计划的具体化，同时是组织施工的依据。工程项目的设计工作一般划分为初步设计和施工图设计两个阶段。重大项目和技术复杂项目，根据需要增加技术设计阶段。

① 初步设计阶段。初步设计是根据可行性研究报告的要求所做的具体实施方案，目的是为了阐明在指定的地点、时间和投资控制数额内，拟建项目在技术上的可能性和经济上的合理性，并按照对工程项目所作出的基本技术经济规定，编制项目总概算。

初步设计不得随意改变已被批准的可行性研究报告所确定的建设规模、产品方案、工程标准、建设地址和总投资等控制目标。如果初步设计提出的总概算超过了可行性研究报告总投资的10%以上或其他主要指标需要变更时，应说明原因和计算依据，并重新向原审批单位报批可行性研究报告。

② 技术设计阶段。应根据初步设计和更详细的调查研究资料编制，以进一步解决初步设计中的重大技术问题，例如工艺流程、建筑结构、设备选型及数量确定等，使工程建设项目的设计更具体、更完善，技术指标更好。

③ 施工图设计阶段。根据初步设计或技术设计的要求，结合现场实际情况，完整地表现建筑物外形、内部空间分割、结构体系、构造状况及建筑群的组成和周围环境的配合，它还包括各种运输、通信、管道系统、建筑设备的设计。在工艺方面应具体确定各种设备的型号、规格及各种非标准设备的制造加工图。

（4）建设准备阶段　项目在开工建设之前要切实做好各项准备工作，其主要内容包括以下几个方面：

① 征地、拆迁和场地平整工作；

② 完成施工用水、电、路等工作；

③ 组织设备、材料订货；

④ 准备必要的施工图纸；

⑤ 组织施工招标，择优选择施工单位。

按规定进行了建设准备和具备了开工条件以后，便应组织开工。一般项目在报批开工前，必须由审计机关对项目的有关内容进行审计证明。审计机关主要是对项目的资金来源是否正当及落实情况，项目开工前的各项支出是否符合国家有关规定，资金是否存入规定的专业银行进行审计。新开工的项目还必须具备按施工顺序需要至少3个月以上的施工图纸，否则不能开工建设。

（5）施工安装阶段　工程项目经批准新开工建设，项目即进入了施工阶段。项目开工时间，是指工程建设项目设计文件中规定的任何一项永久性工程第一次正式破土开槽施工的日期。

施工安装活动应按照工程设计要求、施工合同条款及施工组织设计，在保证工程质量、工期、成本、安全、环保等目标的前提下进行，达到竣工验收标准后，由施工单位移交给建设单位。

（6）生产准备阶段　对于生产性工程建设项目而言，生产准备是项目投产前由建设单位进行的一项重要工作。它是衔接建设和生产的桥梁，是项目建设转入生产经营的必要条件。建设单位应适时组成专门班子或机构做好生产准备工作，确保项目建成后能及时投产。

生产准备工作的内容根据项目或企业的不同，其要求也各不相同，但一般应包括以下几方面主要内容。

① 招收和培训生产人员。招收项目运营过程中所需要的人员，并采用多种方式进行培训。特别要组织生产人员参加设备的安装、调试和工程验收工作，使其能够尽快掌握生产技术和工艺流程。

② 组织准备。主要包括生产管理机构设置、管理制度和有关规定的制定，生产人员的配备等。

③ 技术准备。主要包括国内装置设计资料的汇总，有关国外技术资料的翻译、编辑，各种生产方案、岗位操作法的编制及新技术的准备等。

④ 物资准备。主要包括落实原材料、协作产品、燃料、水、电、气等的来源和其他协作配套的条件，并组织工作服、器具、备品、备件等的制造或订货。

(7) 竣工验收阶段　当工程项目按照设计文件的规定内容和施工图纸的要求全部建完后，便可组织验收。竣工验收是工程建设过程的最后一环，是投资成果转入生产或使用的标志，也是全面审核基本建设成果、检验设计和工程质量的重要步骤。竣工验收对促进建设项目及时投产、发挥投资效益及总结建设经验都有重要作用。通过竣工验收，可以检查建设项目实际形成的生产能力或效益，也可避免项目建成后继续消耗建设费用。

工程项目全部建成，经过各单位工程的验收，符合设计要求，并具备竣工图、竣工决算、总结等必要的文件资料，由项目主管部门或建设单位向负责验收的单位提出竣工验收申请报告。竣工验收要根据工程项目规模及复杂程度组成验收委员会或验收组，对工程建设的各个环节进行检查，听取各有关单位的工作汇报。审阅工程档案、实地查验建筑安装工程实体，对工程设计和设备质量等作出全面评价。不合格的工程不予验收。对遗留问题要提出具体解决意见，限期完成。

(8) 后评价阶段　项目后评价阶段是工程项目竣工投产、生产运营一段时间后，再对项目、项决策、设计施工、竣工投产、生产运营等全过程进行系统评价的一种技术经济活动，是固定投资管理的一项重要内容，也是固定资产投资管理的最后一个环节。通过建设项目后评价，可得到肯定成绩、总结经验、研究问题、吸取教训、提出建议、改进工作、不断提高项目决策水平投资效果的目的。

项目后评价的内容包括立项决策评价、设计施工评价、生产运营评价和建设效益评价。在工作中，可以根据建设项目的特点和工作需要而有所侧重。

项目后评价采用对比法。将工程项目建成投产后所取得的实际效果、经济效益和社会效益环境保护情况与前期决策阶段的预测情况相对比，与项目建设前的情况相对比，从中发现问题、经验和教训。

在实际工作中，一般从以下三个方面对项目进行后评价。

① 影响评价。通过项目竣工投产（营运、使用）后对社会的经济、政治、技术和环境所产生的影响来评价项目决策的正确性。如果项目建成后达到了原来预期的效果，对国民发展、产业结构调整、生产力布局、人民生活水平的提高、环境保护等方面都带来有益的影响，项目决策就是正确的；如果背离了既定的决策目标，就应具体分析，找出原因，引以为戒。

② 经济效益评价。通过项目竣工投产后所产生的实际经济效益与可行性研究时所预测的效益相比较，对项目进行评价。没有达到预期效果的，应分析原因，采取措施，提高经济效益。

③ 过程评价。对工程项目的立项决策、设计施工、竣工投产、生产运营等全过程进行分析，找出项目后评价与原预期效益之间的差异及其产生原因，使后评价结论有根有据，并针对问题提出解决的办法。

二、基本建设项目划分

建设项目指在一个总体设计或初步设计范围内，由一个或几个单项工程组成，在经济预算、行政上有独立的组织形式，实行统一管理的建设单位。

一个建设项目也就是一个建设单位。一般以一个企业、事业单位或大型独立工程作为一个建设项目。在工业建设中，一般以一个工厂作为一个建设项目；在民用建设项目中，一般以一个事业单位作为一个建设项目。在一个总体设计范围内，可以由一个或几个单项工程组成建设项目。

为满足合理确定建筑安装工程造价的需要，将建设项目划分为单项工程、单位工程、分部工程及分项工程等层次。

(1) 单项工程　单项工程是建设项目的组成部分，是指在一个建设单位中，具有独立的设计文件、单独编制综合预算、竣工后可以独立发挥生产能力或使用效益的工程。

一个建设项目既可以包括许多单项工程，也可以只有一个单项工程。在工业建设中能独立生产的车间，如一家工厂中的主要生产车间、辅助车间、仓库和办公楼等；在非工业建设中能发挥设计规定的主要效益的各个独立工程，如一所学校中的教学楼、图书馆、办公楼等都是单项工程。

(2) 单位工程　单位工程是单项工程的组成部分，是指具有单独设计的施工图纸和单独编制的施工图预算文件，可以独立施工及独立作为计算成本对象，但建成后不能独立发挥生产能力或使用效益的工程。

通常按照单项工程所包含的不同性质的工程内容，根据能否独立施工的要求，将一个单项工程划分为若干个单位工程。例如民用建筑工程中的土建、给水排水、采暖、电气照明等工程，都是民用工程中包括的不同性质工程内容的单位工程。

建筑安装工程一般是以单位工程为对象来编制设计概算、施工图预算和进行工程成本核算的。由于每一个单位工程无法直接确定其造价，所以还需要进一步分解。

(3) 分部工程　分部工程是单位工程的组成部分。按照单位工程的各个部位、工程结构性质、使用的材料、工程种类、设备的种类和型号等不同来划分。如采暖工程可以划分为支架安装工程、管道安装工程、散热器安装工程、刷油工程及保温工程等分部工程。当分部工程较大或较复杂时，可按材料种类、施工特点、施工程序、专业系统及类别等划分为若干个分部工程。

(4) 分项工程　分项工程是分部工程的组成部分，是将分部工程划分为若干个更小的部分。分项工程应按主要工种、材料、施工工艺及设备类别等进行划分，是构成建筑或安装工程的基本单元。分项工程是计价工作中的基本计量单元，是概、预算定额编制对象，是建筑安装工程的一种基本构成因素，是为了确定建筑安装工程造价和计算人工、材料、机械等消耗量及进行工程质量检查而设定的一种过程产品，其独立存在没有意义。如消防管道的安装，可按不同管径分为若干个分项工程。

为了更准确地评价工程质量和验收的角度，《建筑工程施工质量验收统一标准》(GB 50300—2001) 规定工程建设项目划分为单位工程（子单位工程）、分部工程（子分部工程）及分项工程。

三、基本建设经济文件的类型

基本建设经济文件包括投资估算、设计概算、施工图预算、施工预算、工程结算及竣工决算等。

(1) 投资估算　投资估算是基本建设前期工作的重要环节之一，是指在项目决策阶段，根据现有的资料和一定的方法，对建设项目的投资数额进行估计的经济文件。一般由建设项目可行性研究主管部门或咨询单位编制，由于是在设计前编制的，因此编制的主要依据不可能很具体，只能是粗线条的。

(2) 设计概算　设计概算是在工程初步设计或扩大初步设计阶段，根据初步设计或扩大初步设计图纸、概算定额（或指标）、材料和设备预算价格及有关取费标准编制的单位工程概算造价的经济文件，一般由设计单位编制。

(3) 施工图预算　施工图预算是在工程施工图设计阶段，根据施工图纸、施工组织设计、预算定额及有关取费标准编制的单位工程预算造价的经济文件，一般由施工单位或招标单位编制。

(4) 施工预算　施工预算是在施工阶段，施工企业根据施工图纸、施工定额、施工组织设计及有关施工文件，按照班组核算的要求进行编制，体现企业个别成本的劳动消耗量文件，一般由施工单位编制。

(5) 工程结算　工程结算是指一个工程（单项工程、单位工程、分部工程、分项工程）在竣工验收阶段，施工企业根据施工图纸、现场签证、设计变更资料、技术核定单、隐蔽工程记录、预算定额、材料预算价格和有关取费标准等资料，在施工图预算的基础上编制的，是确定单位工程造价的经济文件，一般是由施工单位编制。

(6) 竣工决算　竣工决算是指在竣工验收后，由建设单位编制的综合反映该工程从筹建到竣工验收、交付使用等全部过程中各项资金的实际使用情况和建设成果的总结性经济文件。

四、建设项目总费用的构成

建设项目总费用，又称工程造价，是指某一建设项目从开始设想到竣工再到使用阶段所耗费的全部建设费用。建设项目总费用可由单项工程费用、其他费用及预备费用三个部分组成。其中，单项工程费用是由单位工程费用（建筑安装工程费用）和设备、器具购置费组成的。

我国现行建筑安装工程费用项目组成（参见建标［2003］206 号《关于印发〈建筑安装工程费用项目组成〉的通知》）如图 1-1 所示，包括直接费、间接费、利润和税金四部分。其中，直接费包括直接工程费与措施费。

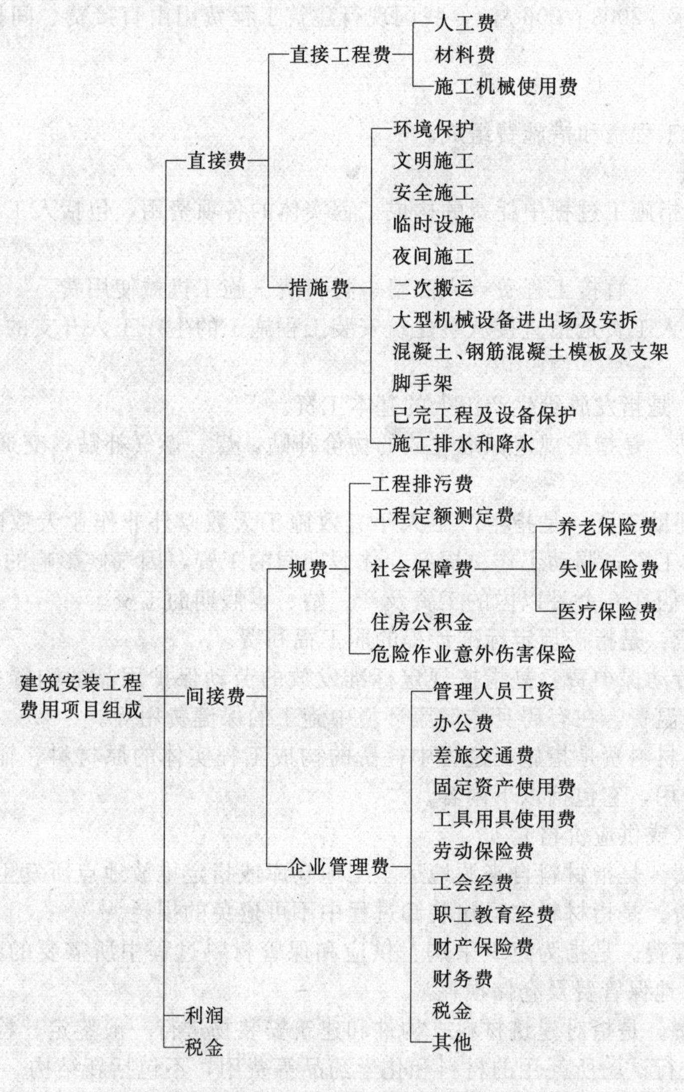

图 1-1　建筑安装工程费用项目组成

第二节　安装工程费用的构成

由于装饰产品具有建设地点的固定性、施工的流动性、产品的单件性、施工周期长、涉及面广等特点，建设地点不同，各地人工、材料、机械单价不同及规费收取标准不同，各企业管理水平不同等因素，决定了建筑产品价格必须由特殊的定价方式来确定，必须单独定价。目前，我国安装工程费用计价的模式有两种，即工料单价（定额）法计价模式和工程量清单计价模式。

工料单价法计价模式是我国计划经济时期所采用的行之有效的计价模式，它于20世纪50年代就开始试用，其中的人工、材料、机械定额消耗量及人工单价、材料预算价格、各种周转性材料摊销、费用及利润的标准等均由建设行政主管部门根据以往的历史经验数据制定，在目前我国的招标投标计价中还占据重要的地位。

工料单价法计价模式就是单位估价表，即根据国家或地方颁布的统一预算定额规定的消耗量及其计价，以及配套的取费标准和材料预算价格，计算出工程造价。

根据原建设部及财政部2003年10月15日联合颁发的关于印发《建筑安装工程费用项目组成的通知》（建标［2003］206号），我国现行建筑工程费用由直接费、间接费、计划利润和税金四部分组成。

一、直接费

直接费由直接工程费和措施费组成。

1. 直接工程费

直接工程费是指施工过程中耗费的构成工程实体的各项费用，包括人工费、材料费及施工机械使用费。即

直接工程费＝人工费＋材料费＋施工机械使用费

（1）人工费　人工费是指直接从事建筑安装工程施工的生产工人开支的各项费用，它包括以下内容。

① 基本工资。是指发放给生产工人的基本工资。

② 工资性补贴。是指按规定标准发放的物价补贴，煤、燃气补贴，交通补贴，住房补贴，流动施工津贴等。

③ 生产工人辅助工资。是指生产工人年有效施工天数以外非作业天数的工资，包括职工学习、培训期间的工资，调动工作、探亲、休假期间的工资，因气候影响的停工工资，女工哺乳期间的工资，病假在6个月以内的工资及产、婚、丧假期的工资。

④ 职工福利费：是指按规定标准计提的职工福利费。

⑤ 生产工人劳动保护费：是指按规定标准发放的劳动保护用品的购置费及修理费，徒工服装补贴，防暑降温费，在有碍身体健康环境中施工的保健费用等。

（2）材料费　材料费是指施工过程中耗费的构成工程实体的原材料、辅助材料、构配件、零件、半成品的费用，它包括以下内容。

① 材料原价（或供应价格）。

② 材料运杂费。是指材料自来源地运至工地仓库或指定堆放地点所发生的全部费用。

③ 运输损耗费。是指材料在运输装卸过程中不可避免的损耗。

④ 采购及保管费。是指为组织采购、供应和保管材料过程中所需要的各项费用，包括采购费、仓储费、工地保管费及仓储损耗。

⑤ 检验试验费。是指对建筑材料、构件和建筑安装物进行一般鉴定、检查所发生的费用，包括自设实验室进行试验所耗用的材料和化学药品等费用，不包括新结构、新材料的试验费和建设单位对具有出厂合格证明的材料进行检验，对构件做破坏性试验及其他特殊要求检验试验

的费用。

(3) 施工机械使用费　施工机械使用费是指施工机械作业所发生的机械使用费、机械安拆费和场外运费。施工机械台班单价由下列七项费用组成。

① 折旧费。是指施工机械在规定的使用年限内，陆续收回其原值及购置资金的时间价值。

② 大修理费。是指施工机械按规定的大修理间隔台班进行必要的大修理，以恢复其正常功能所需的费用。

③ 经常修理费。是指施工机械除大修理以外的各级保养和临时故障排除所需的费用，包括为保障机械正常运转所需替换设备与随机配备工具、附具的摊销和维护费用，机械运转中日常保养所需润滑与擦拭的材料费用及机械停滞期间的维护和保养费用等。

④ 安拆费及场外运费。安拆费是指施工机械在现场进行安装与拆卸所需的人工、材料、机械和试运转费用及机械辅助设施的折旧、搭设、拆除等费用；场外运费是指施工机械整体或分体自停放地点运至施工现场或由一施工地点运至另一施工地点的运输、装卸、辅助材料及架线等费用。

⑤ 人工费。是指机上操作人员（司炉）和其他操作人员的工作日人工费及上述人员在施工机械规定的年工作台班以外的人工费。

⑥ 燃料动力费。是指施工机械在运转作业中所消耗的固体燃料（煤、木柴）、液体燃料（汽油、柴油）及水、电等费用。

⑦ 养路费及车船使用税。是指施工机械按照国家规定和有关部门规定应缴纳的养路费、车船使用税、保险费及年检费等。

2. 措施费

措施费是指为完成工程项目施工，发生于该工程施工前和施工过程中非工程实体项目的费用。

(1) 措施费的内容。

① 环境保护费。是指施工现场为达到环保部门要求所需要的各项费用。

② 文明施工费。是指施工现场文明施工所需要的各项费用。

③ 安全施工费。是指施工现场安全施工所需要的各项费用。

④ 临时设施费。是指施工企业为进行建筑工程施工所必须搭设的生活和生产用的临时建筑物、构筑物和其他临时设施费用等。

临时设施包括：临时宿舍、文化福利及公用事业房屋与构筑物、仓库、办公室、加工厂及规定范围内道路、水、电、管线等临时设施和小型临时设施。临时设施费用包括：临时设施的搭设、维修、拆除费或摊销费。

⑤ 夜间施工费。是指因夜间施工所发生的夜班补助费、夜间施工降效、夜间施工照明设备摊销及照明用电等费用。

⑥ 二次搬运费。是指因施工场地狭小等特殊情况而发生的二次搬运费用。

⑦ 大型机械设备进出场及安拆费。是指机械整体或分体自停放场地运至施工现场或由一个施工地点运至另一个施工地点，所发生的机械进出场运输及转移费用和机械在施工现场进行安装、拆卸所需的人工费、材料费、机械费、试运转费和安装所需的辅助设施的费用。

⑧ 混凝土、钢筋混凝土模板及支架费。是指混凝土施工过程中需要的各种钢模板、木模板、支架等的支、拆、运输费用及模板、支架的摊销（或租赁）费用。

⑨ 脚手架费。是指施工需要的各种脚手架搭、拆、运输费用及脚手架的摊销（或租赁）费用。

⑩ 已完工程及设备保护费。是指竣工验收前，对已完工程及设备进行保护所需的费用。

⑪ 施工排水、降水费。是指为确保工程在正常条件下施工，采取各种排水、降水措施所

发生的各种费用。

(2) 措施费的计算　本部分只列出通用措施费项目的计算方法，各专业工程的专用措施费项目的计算方法由各地区或国务院有关专业主管部门的工程造价管理机构自行制定。

① 环境保护费。

环境保护费＝直接工程费×环境保护费费率（%）

② 文明施工费。

文明施工费＝直接工程费×文明施工费费率（%）

③ 安全施工费。

安全施工费＝直接工程费×安全施工费费率（%）

④ 临时设施费。是指因建筑施工需要而搭设的生产和生活用的各种设施的费用。临时设施包括临时宿舍、文化福利及公共事业房屋，以及仓库、办公室、加工厂、施工现场规定的临时道路、管线等设施。

临时设施费由三部分组成：周转使用临建（如活动房屋）；一次性使用临建（如简易建筑）；其他临时设施（如临时管线）。

其他临时设施在临时设施费中所占比例，可由各地区造价管理部门依据典型施工企业的成本资料经分析后综合测定。

⑤ 夜间施工增加费。

$$夜间施工增加费=\left(1-\frac{合同工期}{定额工期}\right)\times\frac{直接工程费中的人工费合计}{平均日工资单价}\times 每工日夜间施工费开支$$

⑥ 二次搬运费。

二次搬运费＝直接工程费×二次搬运费费率（%）

$$二次搬运费费率(\%)=\frac{年平均二次搬运费开支额}{全年建安产值\times 直接工程费占总造价的比例(\%)}$$

⑦ 大型机械进出场及安拆费

$$大型机械进出场及安拆费=\frac{一次进出场及安拆费\times 年平均安拆次数}{年工作台班}$$

⑧ 混凝土、钢筋混凝土模板及支架。

a. 模板及支架费＝模板摊销量×模板价格＋支、拆、运输费

摊销量＝一次使用量×(1＋施工损耗)×[1＋(周转次数－1)×补损率/周转次数－(1－补损率)50%/周转次数]

b. 租赁费＝模板使用量×使用日期×租赁价格＋支、拆、运输费

⑨ 脚手架搭拆费。

a. 脚手架搭拆费＝脚手架摊销量×脚手架价格＋搭、拆、运输费

b. 租赁费＝脚手架每日租金×搭设周期＋搭、拆、运输费

⑩ 已完工程及设备保护费。

已完工程及设备保护费＝成品保护所需机械费＋材料费＋人工费

⑪ 施工排水、降水费。

排水降水费＝∑排水降水机械台班费×排水降水周期＋排水降水使用材料费、人工费

二、间接费

间接费是指施工企业为组织和管理工程施工所需要的各种费用，以及为企业职工生产、生活服务所需支出的一切费用。它不直接作用于安装工程的实体，也不属于某一部分（项）工程，只能间接地分摊到各个安装工程的费用中。

1. 间接费的组成

间接费是由规费和企业管理费组成的。

（1）规费　规费是指政府和有关权力部门规定必须缴纳的费用（简称规费），包括以下几项费用。

① 工程排污费。是指施工现场按规定缴纳的工程排污费。

② 工程定额测定费。是指按规定支付工程造价（定额）管理部门的定额测定费。

③ 社会保障费。社会保障费包括以下几方面内容。

a. 养老保险费：是指企业按照国家规定标准为职工缴纳的基本养老保险费。

b. 失业保险费：是指企业按照国家规定标准为职工缴纳的失业保险费。

c. 医疗保险费：是指企业按照国家规定标准为职工缴纳的基本医疗保险费。

④ 住房公积金。是指企业按照国家规定标准为职工缴纳的住房公积金。

⑤ 危险作业意外伤害保险。是指按照《中华人民共和国建筑法》规定，企业为从事危险作业的建筑安装施工人员支付的意外伤害保险费。

（2）企业管理费　企业管理费是指建筑安装企业组织施工生产和经营管理所需的费用，包括以下几方面内容。

① 管理人员工资。是指管理人员的基本工资、工资性补贴、职工福利费、劳动保护费等。

② 办公费。是指企业管理办公用的文具、纸张、账表、印刷、邮电、书报、会议、水电、烧水和集体取暖（包括现场临时宿舍取暖）用煤等费用。

③ 差旅交通费。是指职工因公出差、调动工作的差旅费，住勤补助费，市内交通费和误餐补助费，职工探亲路费，劳动力招募费，职工离退休、退职一次性路费，工伤人员就医路费，工地转移费及管理部门使用的交通工具的油料、燃料、养路费及牌照费。

④ 固定资产使用费。是指管理和试验部门及附属生产单位使用的属于固定资产的房屋、设备仪器等的折旧、大修、维修或租赁费。

⑤ 工具用具使用费。是指管理使用的不属于固定资产的生产工具、器具、家具、交通工具和检验、试验、测绘、消除用具等的购置、维修和摊销费。

⑥ 劳动保险费。是指由企业支付离退休职工的易地安家补助费、职工退职金、6个月以上的病假人员工资、职工死亡丧葬补助费、抚恤费、按规定支付给离休干部的各项经费。

⑦ 工会经费。是指企业按职工工资总额计提的工会经费。

⑧ 职工教育经费。是指企业为职工学习先进技术和提高文化水平，按职工工资总额计提的费用。

⑨ 财产保险费。是指施工管理用财产、车辆保险。

⑩ 财务费。是指企业为筹集资金而发生的各种费用。

⑪ 税金。是指企业按规定缴纳的房产税、车船使用税、土地使用税及印花税等。

⑫ 其他。包括技术转让费、技术开发费、业务招待费、绿化费、广告费、公证费、法律顾问费、审计费及咨询费等。

2. 间接费的计算方法

间接费的计算方法按取费基数的不同分为以下三种。

（1）以直接费为计算基础。

$$间接费=直接费合计\times间接费费率（\%）$$

（2）以人工费和机械费合计为计算基础。

$$间接费=人工费和机械费合计\times间接费费率（\%）$$

（3）以人工费为计算基础。

$$间接费=人工费合计\times间接费费率（\%）$$

3. 规费费率和企业管理费费率的确定

根据本地区典型工程发承包价的分析资料综合取定规费计算中所需数据。

① 每万元发承包价中人工费含量和机械费含量。

② 人工费占直接费的比例。

③ 每万元发承包价中所含规费缴纳标准的各项基数。

三、利润

利润是指施工企业完成所承包工程获得的赢利。

四、税金

税金是指《中华人民共和国税法》规定的应计入建筑安装工程造价内的营业税、城市维护建设税及教育费附加等。

1. 营业税

营业税税额为营业额的3%。根据1994年1月1日起执行的《中华人民共和国营业税暂行条例》规定，营业额是指纳税人从事建筑、安装、修缮、装饰及其他工程作业收取的全部收入，还包括建筑、修缮、装饰工程所用原材料及其他物质和动力的价款在内，当安装设备的价值作为安装工程产值时，也包括所安装设备的价款。但建筑业的总承包人将工程分包或转包给他人的，以工程的全部承包额减去付给分包人或转包人的价款后的余额作为营业额。

2. 城市维护建设税

纳税人所在地为市区的，按营业税的7%征收；纳税人所在地为县城镇的，按营业税的5%征收；纳税人所在地不为市区县城镇的，按营业税的1%征收，并与营业税同时缴纳。

3. 教育费附加

一律按营业税的3%征收，也同营业税同时缴纳。

根据上述规定，现行应缴纳的税金计算式如下

$$税金=(税前造价+利润)\times税率(\%)$$

(1) 规费费率的计算公式。

① 以直接费为计算基础：

$$规费费率(\%)=\frac{\sum规费缴纳标准\times每万元发承包价计算基数}{每万元发承包价中的人工费含量}\times人工费占直接费的比例(\%)$$

② 以人工费和机械费合计为计算基础：

$$规费费率(\%)=\frac{\sum规费缴纳标准\times每万元发承包价计算基数}{每万元发承包价中的人工费含量和机械费含量}\times100\%$$

③ 以人工费为计算基础：

$$规费费率(\%)=\frac{\sum规费缴纳标准\times每万元发承包价计算基数}{每万元发承包价中的人工费含量}\times100\%$$

(2) 企业管理费费率的计算公式。

① 以直接费为计算基础：

$$企业管理费费率(\%)=\frac{生产工人年平均管理费}{年有效施工天数\times人工单价}\times人工费占直接费比例(\%)$$

② 以人工费和机械费合计为计算基础：

$$企业管理费费率(\%)=\frac{生产工人年平均管理费}{年有效施工天数\times(人工单价+每一工日机械使用费)}\times100\%$$

③ 以人工费为计算基础：

$$企业管理费费率(\%)=\frac{生产工人年平均管理费}{年有效施工天数\times人工单价}\times100\%$$

五、建筑安装工程计价程序

工料单价法是以分部分项工程量乘以单价后的合计为直接工程费，直接工程费以人工、材料、机械的消耗量及其相应价格确定。直接工程费汇总后另加间接费、利润、税金生成工程发承包价，其计算程序分为以下三种。

① 以直接费为计算基础，见表1-1。

表1-1 以直接费为计算基础的工料单价法计价程序

序号	费用项目	计算方法	备　注
1	直接工程费	按预算表	
2	措施费	按规定标准计算	
3	小计	(1)+(2)	
4	间接费	(3)×相应费率	
5	利润	[(3)+(4)]×相应利润率	
6	合计	(3)+(4)+(5)	
7	含税造价	(6)×(1+相应税率)	

② 以人工费和机械费为计算基础，见表1-2。

表1-2 以人工费和机械费为计算基础的工料单价法计价程序

序号	费用项目	计算方法	备　注
1	直接工程费	按预算表	
2	其中人工费和机械费	按预算表	
3	措施费	按规定标准计算	
4	其中人工费和机械费	按规定标准计算	
5	小计	(1)+(3)	
6	人工费和机械费小计	(2)+(4)	
7	间接费	(6)×相应费率	
8	利润	(6)×相应利润率	
9	合计	(5)+(7)+(8)	
10	含税造价	(9)×(1+相应税率)	

③ 以人工费为计算基础，见表1-3。

表1-3 以人工费为计算基础的工料单价法的计价程序

序号	费用项目	计算方法	备　注
1	直接工程费	按预算表	
2	直接工程费中人工费	按预算表	
3	措施费	按规定标准计算	
4	措施费中人工费	按规定标准计算	
5	小计	(1)+(3)	
6	人工费小计	(2)+(4)	
7	间接费	(6)×相应费率	
8	利润	(6)×相应利润率	
9	合计	(5)+(7)+(8)	
10	含税造价	(9)×(1+相应税率)	

第二章　工程量清单的编制和计价

第一节　工程量清单的简介

一、《建设工程工程量清单计价规范》简介

2003 年 7 月，我国在认真总结工程招标投标实行定额计价的基础上，研究借鉴国外招标投标实行工程量清单计价的做法，制定了我国《建设工程工程量清单计价规范》（简称《计价规范》），编号为 GB 50500—2003，于 2003 年 7 月 1 日正式实施。

2008 年 7 月，国家住房和城乡建设部标准定额研究所总结了 2003 年《计价规范》实施以来的经验，在其基础上进行了修订，增加了部分条文和内容，制定了新的《建设工程工程量清单计价规范》，编号为 GB 50500—2008，于 2008 年 12 月 1 日起实施，同时原《建设工程工程量清单计价规范》同时废止。2008 年的《建设工程工程量清单计价规范》确立了我国招标投标实行工程量清单计价应遵守的规则，其中部分条款为强制性条文，必须严格执行，以保证工程量清单计价方式的顺利实施，并充分发挥其在招标投标中的重要作用。

二、《建设工程工程量清单计价规范》（GB 50500—2008）的主要内容

《建设工程工程量清单计价规范》（GB 50500—2008）包括总则、术语、工程量清单编制、工程量清单计价、工程量清单计价表格和附录，分别就《建设工程工程量清单计价规范》（GB 50500—2008）的适应范围、编制工程量清单应遵循的原则、工程量清单计价活动的规则、工程量清单及其计价格式等做了明确规定。

附录内容包括：附录 A 建筑工程工程量清单项目及计算规则；附录 B 装饰工程工程量清单项目及计算规则；附录 C 安装工程工程量清单项目及计算规则；附录 D 市政工程工程量清单项目及计算规则；附录 E 园林工程工程量清单项目及计算规则；附录 F 矿山工程工程量清单项目及计算规则。附录中包括项目编码、项目名称、项目特征、计量单位、工程量计算规则和工程内容，其中项目编码、项目名称、计量单位、工程量计算规则作为四个统一的内容，要求招标人在编制工程量清单时必须执行。

附录是编制工程量清单的依据，主要体现在工程量清单中 12 位编码的前 9 位应按附录中的编码确定，工程量清单中的项目名称应依据附录中的项目名称和项目特征设置，工程量清单中的计量单位应按附录中的计量单位确定，工程量清单中的工程数量应依据附录中的计算规则计算确定。

三、《建设工程工程量清单计价规范》（GB 50500—2008）的特点

（1）强制性　强制性主要表现在：一是由建设主管部门按照强制性国家标准的要求颁布，规定全部使用国有资金或国有资金投资为主的大中型建设工程应按《计价规范》执行；二是明确工程量清单是招标文件的组成部分，并规定了招标人在编制工程量清单时必须遵守的规则，做到四个统一，即统一项目编码、统一项目名称、统一计量单位、统一工程量计算规则。

（2）实用性　附录中工程量清单项目及计算规则的项目名称表现的是工程实体项目，项目名称明确清晰，工程量计算规则简洁明了；特别还列有项目特征和工程内容，易于编制工程量清单时确定具体项目名称和投标报价。

（3）竞争性　竞争性主要表现在：一是《计价规范》中的措施项目，在工程量清单中只列“措施项目”一栏，具体采取什么措施，如模板、脚手架、临时设施、施工排水等详细内容由

投标人根据企业的施工组织设计，视具体情况报价，这些项目在各个企业间各有不同，是企业竞争项目，是留给企业竞争的空间；二是《计价规范》中人工、材料和施工机械没有具体的消耗量，投标企业可以依据企业的定额和市场价格信息，也可以参照建设行政主管部门发布的社会平均消耗量定额进行报价，《计价规范》将报价权交给了企业。

（4）通用性　采用工程量清单计价将与国际惯例接轨，符合工程量计算方法标准化、工程量计算规则统一化、工程造价确定市场化的要求。

第二节 《建设工程工程量清单计价规范》（GB 50500—2008）的主要内容

一、总则

1.0.1　为规范工程造价计价行为，统一建设工程工程量清单的编制和计价方法，根据《中华人民共和国建筑法》、《中华人民共和国合同法》、《中华人民共和国招标投标法》等法律法规，制定本规范。

1.0.2　本规范适用于建设工程工程量清单计价活动。

1.0.3　全部使用国有资金投资或国有资金投资为主（以下二者简称“国有资金投资”）的工程建设项目，必须采用工程量清单计价。

1.0.4　非国有资金投资的工程建设项目，可采用工程量清单计价。

1.0.5　工程量清单、招标控制价、投标报价、工程价款结算等工程造价文件的编制与核对应由具有资格的工程造价专业人员承担。

1.0.6　建设工程工程量清单计价活动应遵循客观、公正、公平的原则。

1.0.7　本规范附录A、附录B、附录C、附录D、附录E、附录F应作为编制工程量清单的依据。

1. 附录A为建筑工程工程量清单项目及计算规则，适用于工业与民用建筑物和构筑物工程。

2. 附录B为装饰装修工程工程量清单项目及计算规则，适用于工业与民用建筑物和构筑物的装饰装修工程。

3. 附录C为安装工程工程量清单项目及计算规则，适用于工业与民用安装工程。

4. 附录D为市政工程工程量清单项目及计算规则，适用于城市市政建设工程。

5. 附录E为园林绿化工程工程量清单项目及计算规则，适用于园林绿化工程。

6. 附录F为矿山工程工程量清单项目及计算规则，适用于矿山工程。

1.0.8　建设工程工程量清单计价活动，除应遵守本规范外，尚应符合国家现行有关标准的规定。

二、术语

2.0.1　工程量清单

建设工程的分部分项工程项目、措施项目、其他项目、规费项目和税金项目的名称和相应数量等的明细清单。

2.0.2　项目编码

分部分项工程量清单项目名称的数字标识。

2.0.3　项目特征

构成分部分项工程量清单项目、措施项目自身价值的本质特征

2.0.4　综合单价

完成一个规定计量单位的分部分项工程量清单项目或措施清单项目所需的人工费、材料费、施工机械使用费和企业管理费与利润，以及一定范围内的风险费用。

2.0.5　措施项目（措施项目为非实体工程项目）

为完成工程项目施工，发生于该工程施工准备和施工过程中的技术、生活、安全、环境保护等方面的非工程实体项目。

2.0.6　暂列金额

招标人在工程量清单中暂定并包括在合同价款中的一笔款项。用于施工合同签订时尚未确定或者不可预见的所需材料、设备、服务的采购，施工中可能发生的工程变更、合同约定调整因素出现时的工程价款调整以及发生的索赔、现场签证确认等的费用。

2.0.7　暂估价

招标人在工程量清单中提供的用于支付必然发生但暂时不能确定价格的材料的单价以及专业工程的金额。

2.0.8　计日工

在施工过程中，完成发包人提出的施工图纸以外的零星项目或工作，按合同中约定的综合单价计价。

2.0.9　总承包服务费

总承包人为配合协调发包人进行的工程分包自行采购的设备、材料等进行管理、服务以及施工现场管理、竣工资料汇总整理等服务所需的费用。

2.0.10　索赔

在合同履行过程中，对于非己方的过错而应由对方承担责任的情况造成的损失，向对方提出补偿的要求。

2.0.11　现场签证

发包人现场代表与承包人现场代表就施工过程中涉及的责任事件所作的签证证明。

2.0.12　企业定额

施工企业根据本企业的施工技术和管理水平而编制的人工、材料和施工机械台班等的消耗标准。

2.0.13　规费

根据省级政府或省级有关权力部门规定必须缴纳的，应计入建筑安装工程造价的费用。

2.0.14　税金

国家税法规定的应计入建筑安装工程造价内的营业税、城市维护建设税以及教育费附加等。

2.0.15　发包人

具有工程发包主体资格和支付工程价款能力的当事人以及取得该当事人资格的合法继承人。

2.0.16　承包人

被发包人接受的具有工程施工承包主体资格的当事人以及取得该当事人资格的合法继承人。

2.0.17　造价工程师

取得《造价工程师注册证书》，在一个单位注册从事建设工程造价活动的专业人员。

2.0.18　造价员

取得《全国建设工程造价员资格证书》，在一个单位注册从事建设工程造价活动的专业人员。

2.0.19　工程造价咨询人

取得工程造价咨询资质等级证书，接受委托从事建设工程造价咨询活动的企业。

2.0.20　招标控制价

招标人根据国家或省级、行业建设主管部门颁发的有关计价依据和办法，按设计施工图纸计算的，对招标工程限定的最高工程造价。

2.0.21 投标价

投标人投标时报出的工程造价。

2.0.22 合同价

发、承包双方在施工合同中约定的工程造价。

2.0.23 竣工结算价

发、承包双方依据国家有关法律、法规和标准规定，按照合同约定确定的最终工程造价。

三、工程量清单编制

3.1 一般规定

3.1.1 工程量清单应由具有编制能力的招标人或受其委托，具有相应资质的工程造价咨询人编制。

3.1.2 采用工程量清单方式招标，工程量清单必须作为招标文件的组成部分，其准确性和完整性由招标人负责。

3.1.3 工程量清单是工程量清单计价的基础，应作为编制招标控制价、投标报价、计算工程量、支付工程款、调整合同价款、办理竣工结算以及工程索赔等的依据之一。

3.1.4 工程量清单应由分部分项工程量清单、措施项目清单、其他项目清单、规费项目清单、税金项目清单组成。

3.1.5 编制工程量清单应依据：

1. 本规范；
2. 国家或省级、行业建设主管部门颁发的计价依据和办法；
3. 建设工程设计文件；
4. 与建设工程项目有关的标准、规范、技术资料；
5. 招标文件及其补充通知、答疑纪要；
6. 施工现场情况、工程特点及常规施工方案；
7. 其他相关资料。

3.2 分部分项工程量清单

3.2.1 分部分项工程量清单应包括项目编码、项目名称、项目特征、计量单位和工程量。

3.2.2 分部分项工程量清单应根据附录规定的项目编码、项目名称、项目特征、计量单位和工程量计算规则进行编制。

3.2.3 分部分项工程量清单的项目编码，应采用十二位阿拉伯数字表示。一至九位应按附录的规定设置，十至十二位应根据拟建工程的工程量清单项目名称设置。同一招标工程的项目编码不得有重码。

3.2.4 分部分项工程量清单的项目名称应按附录的项目名称结合拟建工程的实际确定。

3.2.5 分部分项工程量清单中所列工程量应按附录中规定的工程量计算规则计算。

3.2.6 分部分项工程量清单的计量单位应按附录中规定的计量单位确定。

3.2.7 分部分项工程量清单项目特征应按附录中规定的项目特征，结合拟建工程项目的实际予以描述。

3.2.8 编制工程量清单出现附录中未包括的项目，编制人应作补充，并报省级或行业工程造价管理机构备案，省级或行业工程造价管理机构应汇总报住房和城乡建设部标准定额研究所。

补充项目的编码由附录的顺序码与B和三位阿拉伯数字组成，并应从×B001起顺序编制，同一招标工程的项目不得重码。工程量清单中需附有补充项目的名称、项目特征、计量单位、工程量计算规则、工程内容。

3.3 措施项目清单

3.3.1 措施项目清单应根据拟建工程的实际情况列项。通用措施项目可按表2-1选择列项，专业工程的措施项目可按附录中规定的项目选择列项。若出现本规范未列的项目，可根据工程实际情况补充。

表2-1 通用措施项目一览表

序号	项目名称	序号	项目名称
1	安全文明施工(含环境保护、文明施工、安全施工、临时设施)	5	大型机械设备进出场及安拆
		6	施工排水
2	夜间施工	7	施工降水
3	二次搬运	8	地上、地下设施,建筑物的临时保护设施
4	冬雨季施工	9	已完工程及设备保护

3.3.2 措施项目中可以计算工程量的项目清单宜采用分部分项工程量清单的方式编制，列出项目编码、项目名称、项目特征、计量单位和工程量计算规则；不能计算工程量的项目清单，以“项”为计量单位。

3.4 其他项目清单

3.4.1 其他项目清单宜按照下列内容列项：

1. 暂列金额；
2. 暂估价：包括材料暂估价、专业工程暂估价；
3. 计日工；
4. 总承包服务费。

3.4.2 出现本规范第3.4.1条未列的项目，可根据工程实际情况补充。

3.5 规费项目清单

3.5.1 规费项目清单应按照下列内容列项：

1. 工程排污费；
2. 工程定额测定费；
3. 社会保障费：包括养老保险费、失业保险费、医疗保险费；
4. 住房公积金；
5. 危险作业意外伤害保险。

3.5.2 出现本规范第3.5.1条未列的项目，应根据省级政府或省级有关权力部门的规定列项。

3.6 税金项目清单

3.6.1 税金项目清单应包括下列内容：

1. 营业税；
2. 城市维护建设税；
3. 教育费附加。

3.6.2 出现本规范第3.6.1条未列的项目，应根据税务部门的规定列项。

四、工程量清单计价

4.1 一般规定

4.1.1 采用工程量清单计价，建设工程造价由分部分项工程费、措施项目费、其他项目费、规费和税金组成。

4.1.2 分部分项工程量清单应采用综合单价计价。

4.1.3 招标文件中的工程量清单标明的工程量是投标人投标报价的共同基础，竣工结算的工程量按发、承包双方在合同中约定应予计量且实际完成的工程量确定。

4.1.4 措施项目清单计价应根据拟建工程的施工组织设计，可以计算工程量的措施项目，应按分部分项工程量清单的方式采用综合单价计价；其余的措施项目可以“项”为单位的方式计价，应包括除规费、税金外的全部费用。

4.1.5 措施项目清单中的安全文明施工费应按照国家或省级、行业建设主管部门的规定计价，不得作为竞争性费用。

4.1.6 其他项目清单应根据工程特点和本规范第4.2.6、4.3.6、4.8.6条的规定计价。

4.1.7 招标人在工程量清单中提供了暂估价的材料和专业工程属于依法必须招标的，由承包人和招标人共同通过招标确定材料单价与专业工程分包价。

若材料不属于依法必须招标的，经发、承包双方协商确认单价后计价。

若专业工程不属于依法必须招标的，由发包人、总承包人与分包人按有关计价依据进行计价。

4.1.8 规费和税金应按国家或省级、行业建设主管部门的规定计算，不得作为竞争性费用。

4.1.9 采用工程量清单计价的工程，应在招标文件或合同中明确风险内容及其范围（幅度），不得采用无限风险、所有风险或类似语句规定风险内容及其范围（幅度）。

4.2 招标控制价

4.2.1 国有资金投资的工程建设项目应实行工程量清单招标，并应编制招标控制价。招标控制价超过批准的概算时，招标人应将其报原概算审批部门审核。投标人的投标报价高于招标控制价的，其投标应予以拒绝。

4.2.2 招标控制价应由具有编制能力的招标人，或受其委托具有相应资质的工程造价咨询人编制。

4.2.3 招标控制价应根据下列依据编制：

1. 本规范；
2. 国家或省级、行业建设主管部门颁发的计价定额和计价办法；
3. 建设工程设计文件及相关资料；
4. 招标文件中的工程量清单及有关要求；
5. 与建设项目相关的标准、规范、技术资料；
6. 工程造价管理机构发布的工程造价信息；工程造价信息没有发布的参照市场价；
7. 其他的相关资料。

4.2.4 分部分项工程费应根据招标文件中的分部分项工程量清单项目的特征描述及有关要求，按本规范第4.2.3条的规定确定综合单价计算。

综合单价中应包括招标文件中要求投标人承担的风险费用。

招标文件提供了暂估单价的材料，按暂估的单价计入综合单价。

4.2.5 措施项目费应根据招标文件中的措施项目清单按本规范第4.1.4、4.1.5和4.2.3条的规定计价。

4.2.6 其他项目费应按下列规定计价：

1. 暂列金额应根据工程特点，按有关计价规定估算；
2. 暂估价中的材料单价应根据工程造价信息或参照市场价格估算；暂估价中的专业工程金额应分不同专业，按有关计价规定估算；
3. 计日工应根据工程特点和有关计价依据计算；
4. 总承包服务费应根据招标文件列出的内容和要求估算。

4.2.7 规费和税金应按本规范第4.1.8条的规定计算。

4.2.8 招标控制价应在招标时公布，不应上调或下浮，招标人应将招标控制价及有关资料报送工程所在地工程造价管理机构备查。

4.2.9 投标人经复核认为招标人公布的招标控制价未按照本规范的规定进行编制的，应在开标前5天向招投标监督机构或（和）工程造价管理机构投诉。

招投标监督机构应会同工程造价管理机构对投诉进行处理，发现确有错误的，应责成招标人修改。

4.3 投标价

4.3.1 除本规范强制性规定外，投标价由投标人自主确定，但不得低于成本。

投标价应由投标人或受其委托具有相应资质的工程造价咨询人编制。

4.3.2 投标人应按招标人提供的工程量清单填报价格。填写的项目编码、项目名称、项目特征、计量单位、工程量必须与招标人提供的一致。

4.3.3 投标报价应根据下列依据编制：

1. 本规范；
2. 国家或省级、行业建设主管部门颁发的计价办法；
3. 企业定额，国家或省级、行业建设主管部门颁发的计价定额；
4. 招标文件、工程量清单及其补充通知、答疑纪要；
5. 建设工程设计文件及相关资料；
6. 施工现场情况、工程特点及拟定的投标施工组织设计或施工方案；
7. 与建设项目相关的标准、规范等技术资料；
8. 市场价格信息或工程造价管理机构发布的工程造价信息；
9. 其他的相关资料。

4.3.4 分部分项工程费应依据本规范第2.0.4条综合单价的组成内容，按招标文件中分部分项工程量清单项目的特征描述确定综合单价计算。

综合单价中应考虑招标文件中要求投标人承担的风险费用。

招标文件中提供了暂估单价的材料，按暂估的单价计入综合单价。

4.3.5 投标人可根据工程实际情况结合施工组织设计，对招标人所列的措施项目进行增补。

措施项目费应根据招标文件中的措施项目清单及投标时拟定的施工组织设计或施工方案按本规范第4.1.4条的规定自主确定。其中安全文明施工费应按照本规范第4.1.5条的规定确定。

4.3.6 其他项目费应按下列规定报价：

1. 暂列金额应按招标人在其他项目清单中列出的金额填写；

2. 材料暂估价应按招标人在其他项目清单中列出的单价计入综合单价；专业工程暂估价应按招标人在其他项目清单中列出的金额填写；

3. 计日工按招标人在其他项目清单中列出的项目和数量，自主确定综合单价并计算计日工费用；

4. 总承包服务费根据招标文件中列出的内容和提出的要求自主确定。

4.3.7 规费和税金应按本规范第4.1.8条的规定确定。

4.3.8 投标总价应当与分部分项工程费、措施项目费、其他项目费和规费、税金的合计金额一致。

4.4 工程合同价款的约定

4.4.1 实行招标的工程合同价款应在中标通知书发出之日起30天内，由发、承包双方依据招标文件和中标人的投标文件在书面合同中约定。

不实行招标的工程合同价款，在发、承包双方认可的工程价款基础上，由发、承包双方在合同中约定。

4.4.2 实行招标的工程，合同约定不得违背招标、投标文件中关于工期、造价、质量等方面的实质性内容。招标文件与中标人投标文件不一致的地方，以投标文件为准。

4.4.3 实行工程量清单计价的工程，宜采用单价合同。

4.4.4 发、承包双方应在合同条款中对下列事项进行约定；合同中没有约定或约定不明的，由双方协商确定；协商不能达成一致的，按本规范执行。

1. 预付工程款的数额、支付时间及抵扣方式；
2. 工程计量与支付工程进度款的方式、数额及时间；
3. 工程价款的调整因素、方法、程序、支付及时间；
4. 索赔与现场签证的程序、金额确认与支付时间；
5. 发生工程价款争议的解决方法及时间；
6. 承担风险的内容、范围以及超出约定内容、范围的调整办法；
7. 工程竣工价款结算编制与核对、支付及时间；
8. 工程质量保证（保修）金的数额、预扣方式及时间；
9. 与履行合同、支付价款有关的其他事项等。

4.5～4.9（略）

五、工程量清单计价表格

5.1 计价表格组成

5.1.1 封面

1. 工程量清单（封-1）
2. 招标控制价（封-2）
3. 投标总价（封-3）
4. 竣工结算总价（封-4）

5.1.2 总说明（表-01）

5.1.3 汇总表

1. 工程项目招标控制价/投标报价汇总表（表-02）
2. 单项工程招标控制价/投标报价汇总表（表-03）
3. 单位工程招标控制价/投标报价汇总表（表-04）
4. 工程项目竣工结算汇总表（表-05）
5. 单项工程竣工结算汇总表（表-06）
6. 单位工程竣工结算汇总表（表-07）

5.1.4 分部分项工程量清单表

1. 分部分项工程量清单与计价表（表-08）
2. 工程量清单综合单价分析表（表-09）

5.1.5 措施项目清单表

1. 措施项目清单与计价表（一）（表-10）
2. 措施项目清单与计价表（二）（表-11）

5.1.6 其他项目清单表

1. 其他项目清单与计价汇总表（表-12）
2. 暂列金额明细表（表-12-1）
3. 材料暂估单价表（表-12-2）
4. 专业工程暂估价表（表-12-3）
5. 计日工表（表-12-4）
6. 总承包服务费计价表（表-12-5）

7～9（略）

5.1.7 规费、税金项目清单与计价表（表-13）

________________工程

工 程 量 清 单

招 标 人：________________ （单位盖章）	工程造价 咨 询 人：________________ （单位资质专用章）
法定代表人 或其授权人：________________ （签字或盖章）	法定代表人 或其授权人：________________ （签字或盖章）
编 制 人：________________ （造价人员签字盖专用章）	复 核 人：________________ （造价工程师签字盖专用章）
编制时间： 年 月 日	复核时间： 年 月 日

封-1

________________工程

招标控制价

招标控制价(小写)：________________

(大写)：________________

招 标 人：________________ （单位盖章）	工程造价 咨 询 人：________________ （单位资质专用章）
法定代表人 或其授权人：________________ （签字或盖章）	法定代表人 或其授权人：________________ （签字或盖章）
编 制 人：________________ （造价人员签字盖专用章）	复 核 人：________________ （造价工程师签字盖专用章）
编制时间： 年 月 日	复核时间： 年 月 日

封-2

投 标 总 价

招　标　人：________________________________

工 程 名 称：________________________________

投 标 总 价(小写)：____________________________

　　　　　(大写)：____________________________

投　标　人：________________________________

(单位盖章)

法定代表人

或其授权人：________________________________

(签字或盖章)

编　制　人：________________________________

(造价人员签字盖专用章)

编 制 时 间：　　年　　月　　日

封-3

________________工程

竣 工 结 算 总 价

中标价(小写)：________________　(大写)：________________

结算价(小写)：________________　(大写)：________________

发　包　人：____________ 承　包　人：____________ 工 程 造 价 咨　询　人：____________

(单位盖章)　(单位盖章)　(单位资质专用章)

法定代表人 或其授权人：____________ 法定代表人 或其授权人：____________ 法定代表人 或其授权人：____________

(签字或盖章)　(签字或盖章)　(签字或盖章)

编　制　人：________________ 核　对　人：________________

(造价人员签字盖专用章)　(造价工程师签字盖专用章)

编 制 时 间：　年　　月　　日　核 对 时 间：　年　　月　　日

封-4

总 说 明

工程名称：　　　　　　　　　　　　　　　　　　　　　　　　　　第　页　共　页

（表-01）

工程项目招标控制价/投标报价汇总表

工程名称：

序号	单项工程名称	金额/元	其中		
			暂估价/元	安全文明施工费/元	规费/元
合计					

注：本表适用于工程项目招标控制价或投标报价的汇总。

（表-02）

单项工程招标控制价/投标报价汇总表

工程名称：

序号	单项工程名称	金额/元	其中		
			暂估价/元	安全文明施工费/元	规费/元
合计					

注：本表适用于单项工程招标控制价或投标报价的汇总。暂估价包括分部分项工程中的暂估价和专业工程暂估价。

（表-03）

单位工程招标控制价/投标报价汇总表

工程名称：　　　　　　　　　　　　标段：

序号	汇　总　内　容	金额/元	其中:暂估价/元
1	分部分项工程		
1.1			
1.2			
1.3			
1.4			
1.5			
2	措施项目		
2.1	安全文明施工费		
3	其他项目		
3.1	暂列金额		
3.2	专业工程暂估价		
3.3	计日工		
3.4	总承包服务费		
4	规费		
5	税金		
招标控制价合计＝1＋2＋3＋4＋5			

注：本表适用于单位工程招标控制价或投标报价的汇总，如无单位工程划分，单项工程也使用本表汇总。

（表-04）

工程项目竣工结算汇总表

工程名称：

序号	单项工程名称	金额/元	其中	
			安全文明施工费/元	规费/元
合　计				

（表-05）

单项工程竣工结算汇总表

工程名称：

序号	单项工程名称	金额/元	其中	
			安全文明施工费/元	规费/元
合计				

（表-06）

单位工程竣工结算汇总表

工程名称：　　　　　　　　　　　　标段：

序号	汇总内容	金额/元
1	分部分项工程	
1.1		
1.2		
1.3		
1.4		
1.5		
2	措施项目	
2.1	安全文明施工费	
3	其他项目	
3.1	专业工程结算价	
3.2	计日工	
3.3	总承包服务费	
3.4	索赔与现场签证	
4	规费	
5	税金	
竣工结算总价合计＝1＋2＋3＋4＋5		

注：如无单位工程划分，单项工程也使用本表汇总。

（表-07）

分部分项工程量清单与计价表

工程名称：　　　　　　　　　　　　　　　标段：

序号	项目编码	项目名称	项目特征描述	计量单位	工程量	金额/元		
						综合单价	合价	其中：暂估价
本页小计								
合　计								

注：根据原建设部、财政部发布的《建筑安装工程费用组成》（建标［2003］206号）的规定，为计取规费等的使用，可在表中增设其中：“直接费”、“人工费”或“人工费＋机械费”。

（表-08）

工程量清单综合单价分析表

工程名称：　　　　　　　　　　　　　　　标段：

项目编码		项目名称		计量单位	

清单综合单价组成明细											
定额编号	定额名称	定额单位	数量	单　价				合　价			
				人工费	材料费	机械费	管理费和利润	人工费	材料费	机械费	管理费和利润
人工单价		小　计									
元/工日		未计价材料费									
清单项目综合单价											

材料费明细	主要材料名称、规格、型号	单位	数量	单价/元	合价/元	暂估单价/元	暂估合价/元
	其他材料费						
	材料费小计						

注：1. 如不使用省级或行业建设主管部门发布的计价依据，可不填定额项目、编号等。

2. 招标文件提供了暂估单价的材料，按暂估的单价填入表内“暂估单价”栏及“暂估合价”栏。

（表-09）

措施项目清单与计价表（一）

工程名称：　　　　　　　　　　　　　　　　标段：

序号	项目名称	计算基础	费率/%	金额/元
1	安全文明施工费			
2	夜间施工费			
3	二次搬运费			
4	冬雨季施工			
5	大型机械设备进出场及安拆费			
6	施工排水			
7	施工降水			
8	地上、地下设施，建筑物的临时保护设施			
9	已完工程及设备保护			
10	各专业工程的措施项目			
11				
12				
合　计				

注：1. 本表适用于以“项”计价的措施项目。

2. 根据原建设部、财政部发布的《建筑安装工程费用组成》（建标［2003］206号）的规定，“计算基础”可为“直接费”、“人工费”或“人工费＋机械费”。

（表-10）

措施项目清单与计价表（二）

工程名称：　　　　　　　　　　　　　　　　标段：

序号	项目编码	项目名称	项目特征描述	计量单位	工程量	金额/元	
						综合单价	合价
本页小计							
合　计							

注：本表适用于以综合单价形式计价的措施项目。

（表-11）

其他项目清单与计价汇总表

工程名称：　　　　　　　　　　　　　　标段：

序号	项目名称	计量单位	金额/元	备注
1	暂列金额			明细详见 暂列金额明细表
2	暂估价			
2.1	材料暂估价			明细详见 材料暂估单价表
2.2	专业工程暂估价			明细详见 专业工程暂估价表
3	计日工			明细详见 计日工表
4	总承包服务费			明细详见 总承包服务费计价表
5				
合　计				

注：材料暂估单价进入清单项目综合单价，此处不汇总。

（表-12）

暂列金额明细表

工程名称：　　　　　　　　　　　　　　标段：

序号	项 目 名 称	计量单位	暂定金额/元	备注
1				
2				
3				
4				
5				
6				
7				
8				
9				
10				
11				
合　计				

注：此表由招标人填写，如不能详列，也可只列暂定金额总额，投标人应将上述暂列金额计入投标总价中。

（表-12-1）

材料暂估单价表

工程名称：　　　　　　　　　　　　　　　　标段：

序号	材料名称、规格、型号	计量单位	单价/元	备注

注：1. 此表由招标人填写，并在备注栏说明暂估价的材料拟用在哪些清单项目上，投标人应将上述材料暂估单价计入工程量清单综合单价报价中。

2. 材料包括原材料、燃料、构配件及按规定应计入建筑安装工程造价的设备。

（表-12-2）

专业工程暂估价表

工程名称：　　　　　　　　　　　　　　　　标段：

序号	工 程 名 称	工程内容	金额/元	备注
合　计				

注：此表由招标人填写，投标人应将上述专业工程暂估价计入投标总价中。

（表-12-3）

计日工表

工程名称：　　　　　　　　　　标段：

编号	项目名称	单位	暂定数量	综合单价	合价
一	人　工				
1					
2					
3					
4					
人工小计					
二	材　料				
1					
2					
3					
4					
5					
6					
材料小计					
三	施工机械				
1					
2					
3					
4					
施工机械小计					
总　计					

注：此表项目名称、数量由招标人填写，编制招标控制价时，单价由招标人按有关计价规定确定；投标时，单价由投标人自主报价，计入投标总价中。

(表-12-4)

总承包服务费计价表

工程名称：　　　　　　　　　　标段：

序号	项目名称	项目价值/元	服务内容	费率/%	金额/元
1	发包人发包专业工程				
2	发包人供应材料				
合　计					

(表-12-5)

规费、税金项目清单与计价表

工程名称：　　　　　　　　　　　　　　标段：

序号	项目名称	计算基础	费率/%	金额/元
1	规费			
1.1	工程排污费			
1.2	社会保障费			
(1)	养老保险费			
(2)	失业保险费			
(3)	医疗保险费			
1.3	住房公积金			
1.4	危险作业意外伤害保险			
1.5	工程定额测定费			
2	税金	分部分项工程费＋措施项目费＋其他项目费＋规费		
合　计				

注：根据原建设部、财政部发布的《建筑安装工程费用组成》（建标［2003］206号）的规定，“计算基础”可为“直接费”、“人工费”或“人工费＋机械费”。

（表-13）

5.2　计价表格使用规定

5.2.1　工程量清单与计价宜采用统一格式。各省、自治区、直辖市建设行政主管部门和行业建设主管部门可根据本地区、本行业的实际情况，在本规范计价表格的基础上补充完善。

5.2.2　工程量清单的编制应符合下列规定。

1. 工程量清单编制使用表格包括：工程量清单、总说明、分部分项工程量清单与计价表、措施项目清单与计价表（一）、措施项目清单与计价表（二）、规费、税金项目清单与计价表。

2. 封面应按规定的内容填写、签字、盖章，造价员编制的工程量清单应有负责审核的造价工程师签字、盖章。

3. 总说明应按下列内容填写：

(1) 工程概况：建设规模、工程特征、计划工期、施工现场实际情况、自然地理条件、环境保护要求等。

(2) 工程招标和分包范围。

(3) 工程量清单编制依据。

(4) 工程质量、材料、施工等的特殊要求。

(5) 其他需要说明的问题。

5.2.3　招标控制价、投标报价、竣工结算的编制应符合下列规定。

1. 使用表格。

(1) 招标控制价使用表格包括：招标控制价、总说明、工程项目招标控制价/投标报价汇总表、单项工程招标控制价/投标报价汇总表、单位工程招标控制价/投标报价汇总表、分部分项工程量清单与计价表、工程量清单综合单价分析表、措施项目清单与计价表（一）、措施项目清单与计价表（二）、其他项目清单与计价汇总表、规费、税金项目清单与计价表。

(2) 投标报价使用的表格包括：投标总价、总说明、工程项目招标控制价/投标报价汇总表、单项工程招标控制价/投标报价汇总表、单位工程招标控制价/投标报价汇总表、分部分项工程量清单与计价表、工程量清单综合单价分析表、措施项目清单与计价表（一）、措施项目清单与计价表（二）、其他项目清单与计价汇总表、规费、税金项目清单与计价表。

(3) 竣工结算使用的表格包括：竣工结算总价、总说明、工程项目竣工结算汇总表、单项工程竣工结算汇总表、单位工程竣工结算汇总表、分部分项工程量清单与计价表、工程量清单综合单价分析表、措施项目清单与计价表（一）、措施项目清单与计价表（二）、其他项目清单与计价汇总表、规费、税金项目清单与计价表、工程款支付申请（核准）表。

2. 封面应按规定的内容填写、签字、盖章，除承包人自行编制的投标报价和竣工结算外，受委托编制的招标控制价、投标报价、竣工结算若为造价员编制，应有负责审核的造价工程师签字、盖章以及工程造价咨询人盖章。

3. 总说明应按下列内容填写。

(1) 工程概况：建设规模、工程特征、计划工期、合同工期、实际工期、施工现场及变化情况、施工组织设计的特点、自然地理条件、环境保护要求等。

(2) 编制依据等。

5.2.4 投标人应按招标文件的要求，附工程量清单综合单价分析表。

5.2.5 工程量清单与计价表中列明的所有需要填写的单价和合价，投标人均应填写，未填写单价和合价，视为此项费用已包含在工程量清单的其他单价和合价中。

第三节 工程量清单的编制

一、概述

工程量清单是表现拟建工程的分部分项工程项目、措施项目、其他项目名称和相应数量的明细清单，是招标人或受其委托具有工程造价咨询资质的中介机构，根据施工设计图及施工现场实际情况，将拟建招标工程全部项目和内容，按照《建设工程工程量清单计价规范》（GB 50500—2008）（以下简称《计价规范》）中统一项目编码、项目名称、计量单位和工程量计算规则的规定，编制的分部分项工程实物量，列在清单上作为招标文件的组成部分，供投标单位逐项填写单价用于投标报价。

工程施工招标发包可采用多种方式，但采用工程量清单方式招标发包，招标人必须将工程量清单作为招标文件的组成部分，连同招标文件一并发（或售）给投标人。招标人对编制的工程量清单的准确性和完整性负责，投标人依据工程量清单进行投标报价。工程量清单是工程量清单计价的基础。

工程量清单由分部分项工程量清单、措施项目清单、其他项目清单、规费项目清单及税金项目清单组成。

二、分部分项工程量清单

《建设工程工程量清单计价规范》（GB 50500—2008）规定了构成一个分部分项工程量清单的五个要件——项目编码、项目名称、项目特征、计量单位和工程量，这五个要件在分部分项工程量清单的组成中缺一不可，其分部分项工程量清单格式见分部分项工程量清单与计价表。

① 工程量清单编码的表示方式及设置的规定。

各位数字的含义是：一、二位为工程分类顺序码；三、四位为专业工程顺序码；五、六位为分部工程顺序码；七至九位为分项工程项目名称顺序码；十至十二位为清单项目名称顺序码。前九位码不能变动，后三位码，由清单编制人根据项目设置的清单项目编制，并应自 001 起顺序编制。

当同一标段（或合同段）的一份工程量清单中含有多个单位工程且工程量清单是以单位工程为编制对象时，在编制工程量清单时应特别注意对项目编码十至十二位的设置不得有重码的规定。

例如010302001×××，01表示建筑工程，03表示第三章砌筑工程，02表示第二节砖砌体，001表示砖墙，×××为具体清单项目编码，(由工程量清单编制人编制)。例如，001表示M10水泥砂浆1/2清水直形红砖墙；002表示M10水泥砂浆3/4清水直形红砖墙……

编制工程量清单出现附录[1]中未包括的项目，编制人应作补充，并报省级或行业工程造价管理机构备案，省级或行业工程造价管理机构应汇总报住房和城乡建设部标准定额研究所。

补充项目的编码由附录[1]的顺序码与B和三位阿拉伯数字组成，并应从×B001起顺序编制，同一招标工程的项目不得重码。工程量清单中需附有补充项目的名称、项目特征、计量单位、工程量计算规则、工程内容。

②《计价规范》规定了分部分项工程量清单项目的名称应按附录[1]中的项目名称，结合拟建工程的实际确定。

③《计价规范》规定了工程量应按附录中规定的工程量计算规则计算。工程数量通过有关工程量计算规则而计算得到工程数量。除另有说明外，所有清单项目的工程量均应以实体工程量为准。投标人投标报价时，应严格执行工程量清单，在综合单价中应考虑主要材料损耗和需要增加或减少的工程量。

工程量的有效位数应遵守下列规定：

a. 以“t”为单位，应保留三位小数，第四位小数四舍五入；

b. 以“m^3”、“m^2”、“m”、“kg”为单位，应保留两位小数，第三位小数四舍五入；

c. 以“个”、“项”等为单位，应取整数。

④《计价规范》规定了工程量清单的计量单位应按附录[1]中规定的计量单位确定。

附录[1]中有两个或两个以上计量单位的，应结合拟建工程项目的实际选择其中一个确定。

⑤ 工程量清单的项目特征描述。工程量清单的项目特征是确定一个清单项目综合单价不可缺少的重要依据，在编制的工程量清单中必须对其项目特征进行准确和全面的描述。但在实际的工程量清单项目特征描述中有些项目特征用文字往往又难以准确和全面地予以描述，因此为达到规范、统一、简捷、准确、全面描述项目特征的目的，在描述工程量清单项目特征时应按以下原则进行。

a. 项目特征描述的内容按《计价规范》附录规定的内容，项目特征的表述按拟建工程的实际要求，能满足确定综合单价的需要。

b. 若采用标准图集或施工图纸能够全部或部分满足项目特征描述的要求，项目特征描述可直接采用详见××图集或××图号的方式。对不能满足项目特征描述要求的部分，仍应用文字描述。

在编制的工程量清单中必须对其项目特征进行准确和全面的描述。《计价规范》规定了分部分项工程量清单的项目特征描述原则，应按附录中规定的项目特征结合拟建工程项目的实际予以描述。

⑥ 工程量清单项目特征描述的重要意义。

a. 项目特征是区分清单项目的依据。工程量清单项目特征是用来表述分部分项清单项目的实质内容，用于区分计价规范中同一清单条目下各个具体的清单项目。没有项目特征的准确描述，对于相同或相似的清单项目名称，就无从区分。

b. 项目特征是确定综合单价的前提。由于工程量清单项目的特征决定了工程实体项目的实质内容，必然直接决定了工程实体的自身价值。因此，工程量清单项目特征描述得准确与否，直接关系到工程量清单项目综合单价的准确确定。

c. 项目特征是履行合同义务的基础。实行工程量清单计价，工程量清单及其综合单价是

---

[1] 此处附录是指《建设工程工程量清单计价规范》(GB 50500—2008) 中的附录。

施工合同的组成部分，因此如果工程量清单项目特征的描述不清甚至漏项、错误，从而引起在施工过程中的更改，都会引起分歧，导致纠纷。

由此可见，清单项目特征的描述，应根据附录中有关项目特征的要求，结合技术规范、标准图集、施工图纸，按照工程结构、使用材质及规格或安装位置等，予以详细而准确的表述和说明。

⑦ 项目特征描述需要掌握的要点。

a. 必须描述的内容。

涉及正确计量的内容必须描述。如门窗洞口尺寸或框外围尺寸，直接关系到门窗的价格，对门窗洞口或框外围尺寸进行描述就十分必要。《计价规范》按“m^2”计量，如采用“樘”计量，上述描述仍是必须的。

涉及结构要求的内容必须描述。如混凝土构件的混凝土强度等级，是使用C20、C30，还是C40等，因混凝土强度等级不同，其价格也不同，必须描述。

涉及材质要求的内容必须描述。如油漆的品种，是调和漆还是硝基清漆等；管材的材质，是碳钢管，还是塑钢管、不锈钢管等；还需对管材的规格、型号进行描述。

涉及安装方式的内容必须描述。如管道工程中钢管的连接方式是螺纹连接还是焊接；塑料管是粘接连接还是热熔连接等必须描述。

b. 可不描述的内容。

对计量计价没有实质影响的内容可以不描述。如对现浇混凝土柱的高度、断面大小等的特征规定可以不描述，因为混凝土构件是按“m^3”计量，对此的描述实质意义不大。

应由投标人根据施工方案确定的可以不描述。如对石方的预裂爆破的单孔深度及装药量的特征规定，如由清单编制人来描述是困难的，由投标人根据施工要求在施工方案中确定，自主报价比较恰当。

应由投标人根据当地材料和施工要求确定的可以不描述。如对混凝土构件中的混凝土拌和料使用的石子种类及粒径、砂的种类及特征规定可以不描述。因为混凝土拌和料使用石还是碎石、使用粗砂还是中砂、细砂或特细砂，除构件本身特殊要求需要指定外，主要取决于工程所在地砂、石子材料的供应情况。至于石子的粒径大小主要取决于钢筋配筋的密度。

应由施工措施解决的可以不描述。如对现浇混凝土板、梁的标高的特征规定可以不描述。因为同样的板或梁，都可以将其归并在同一个清单项目中，但由于标高的不同，将会导致因楼层的变化对同一项目提出多个清单项目，可能不同的楼层工效不同，但这样的差异可以由投标人在报价中考虑，或在施工措施中解决。

c. 可不详细描述的内容。

无法准确描述的可不详细描述。如土壤类别，由于我国幅员辽阔，东西南北差异较大，特别对于南方来说，在同一地点，由于表层土与表层土以下的土壤，其类别是不相同的，要求清单编制人准确判定某类土壤所占的比例是困难的，在这种情况下，可考虑将土壤类别描述为综合，注明由投标人根据地勘资料自行确定土壤类别，决定报价。

施工图纸、标准图集标注明确，可不再详细描述。对这些项目可描述为见××图集××页号及节点大样等。由于施工图纸、标准图集是发、承包双方都应遵守的技术文件，这样描述可以有效减少在施工过程中对项目理解的不一致。同时，对很多工程项目，若要将项目特征一一描述清楚，也是一件费力的事情，如果能采用这一方法描述，就可以收到事半功倍的效果。因此，建议这一方法在项目特征描述中能尽量采用。

还有一些项目可不详细描述，但清单编制人在项目特征描述中应注明由招标人自定，如土石方工程中的取土运距、弃土运距等。首先，要清单编制人决定在多远取土或取、弃土运往多远是困难的；其次，由投标人根据在建工程施工情况统筹安排，自主决定取、弃土方的运距，可以充分体现竞争的要求。

d.《建设工程工程量清单计价规范》(GB 50500—2008) 规定多个计量单位的描述。

《建设工程工程量清单计价规范》(GB 50500—2008) 对 "A. 2. 1 混凝土桩" 的 "预制钢筋混凝土桩" 计量单位有 "m"、"根" 两个计量单位，但是没有具体的选用规定，在编制该项目清单时，清单编制人可以根据具体情况选择 "m"、"根" 其中之一作为计量单位。但在项目特征描述时，当以 "根" 为计量单位时，单桩长度应描述为确定值，只描述单桩长度即可；当以 "m" 为计量单位时，单桩长度可以按范围值描述，并注明根数。

《建设工程工程量清单计价规范》(GB 50500—2008) 对 "A. 3. 2 砖砌体" 中的 "零星砌砖" 的计量单位为 "m^3"、"m^2"、"m"、"个" 四个计量单位，但是规定了 "砖砌锅台与炉灶可按外形尺寸以 '个' 计算，砖砌台阶可按水平投影面积以 'm^2' 计算，小便槽、地垄墙可按长度以 'm' 计算，其他工程量按 'm^3' 计算"，所以在编制该项目的清单时，应将零星砌砖的项目具体化，并根据《建设工程工程量清单计价规范》(GB 50500—2008) 的规定选用计量单位，并按照选定的脊梁单位进行恰当的特征描述。

《建设工程工程量清单计价规范》(GB 50500—2008) 没有要求，但又必须描述的内容。对规范中没有项目特征要求的个别项目，但又必须描述的应予描述：由于规范在我国初次实施，难免在个别地方存在考虑不周的地方，需要在实际工作中来完善。例如 "A. 5. 1 厂库房大门、特种门"，《建设工程工程量清单计价规范》(GB 50500—2008) 以 "樘" 作为计量单位，但又没有规定门大小的特征描述，那么，框外围尺寸就是影响报价的重要因素，因此就必须描述，以便投标人准确报价。同理，"B. 4. 1 木门"、"B. 5. 1 门油漆"、"B. 5. 2 窗油漆" 也是如此，需要注意增加描述门窗的洞口尺寸或框外围尺寸。

计量单位按附录规定填写，附录中该项目有两个或两个以上计量单位的，应选择最适宜计量的方式决定其中一个填写。工程量应按附录规定的工程量计算规则计算填写。

⑧ 补充项目清单的编码。随着工程建设中新材料、新技术、新工艺等的不断涌现，《计价规范》附录所列的工程量清单项目不可能包含所有项目。在编制工程量清单时，当出现本规范附录中未包括的清单项目时，编制人应作补充。在编制补充项目时应注意以下三个方面：

a. 补充项目的编码应按《建设工程工程量清单计价规范》(GB 50500—2008) 的规定确定；

b. 在工程量清单中应附补充项目的项目名称、项目特征、计量单位、工程量计算规则和工作内容；

c. 将编制的补充项目报省级或行业工程造价管理机构备案。

三、措施项目清单

措施项目是指为完成工程项目施工，发生于该工程施工前和施工过程中技术、生活、安全等方面的非工程实体项目。所谓非实体性项目，一般来说，其费用的发生和金额的大小与使用时间、施工方法或者两个以上工序相关，与实际完成的实体工程量的多少关系不大，典型的是大中型施工机械、文明施工和安全防护、临时设施等。

《计价规范》的实体性项目划分为分部分项工程量清单，非实体性项目划分为措施项目。但有的非实体性项目，则是可以计算工程量的项目，典型的是混凝土浇筑的模板工程，用分部分项工程量清单的方式采用综合单价，更有利于措施费的确定和调整。

措施项目清单由发包人根据拟建工程的具体情况及合理的施工方案或施工组织设计参照《计价规范》给出的通用项目和特殊项目编制。

措施项目清单的编制需考虑多种因素，除工程本身的因素外，还涉及水文、气象、环境、安全等因素。《计价规范》提供了 "通用措施项目一览表" (见表 2-1)，作为措施项目列项的参考。表中所列内容是各专业工程均可列出的措施项目。各专业工程的措施项目清单中可列的措施项目应根据拟建工程的具体情况选择列项。建筑工程措施项目清单格式见表 2-2。

表 2-2 建筑工程措施项目清单格式

序号	项目名称
1.1	混凝土、钢筋混凝土模板及支架
1.2	脚手架
1.3	垂直运输机械

由于影响措施项目设置的因素太多，《计价规范》不可能将施工中可能出现的措施项目一一列出。在编制措施项目清单时，因工程情况不同，出现《计价规范》及附录中未列的措施项目，可根据工程的具体情况对措施项目清单作出补充，但应排列在措施项目清单所列项目之后，并在序号栏上标注“补”字，从 001 起顺序编码。

措施项目采用的具体方法，由投标人根据企业的施工组织设计、企业的技术水平和管理水平以及工程的具体情况决定。因为这些项目在各个企业间是各有不同的，这就为企业投标报价提供了竞争的空间。

四、其他项目清单

其他项目清单是指除分部分项工程量清单和措施项目清单以外，为完成工程施工可能发生的费用项目和相关数量清单。

工程建设标准的高低、工程的复杂程度、工程的工期长短、工程的组成内容、发包人对工程管理要求等都直接影响其他项目清单的具体内容。《计价规范》仅提供了四项内容作为列项参考。其不足部分，可根据工程的具体情况进行补充。

① 暂列金额是招标人暂定并包括在合同中的一笔款项。不管采用何种合同形式，其理想的标准是，一份合同的价格就是其最终的竣工结算价格，或者至少两者应尽可能接近。我国规定对政府投资工程实行概算管理，经项目审批部门批复的设计概算是工程投资控制的刚性指标，即使商业性开发项目也有成本的预先控制问题，否则无法相对准确预测投资的收益和科学合理地进行投资控制。但工程建设自身的特性决定了工程的设计需要根据工程进展不断地进行优化和调整，业主需求可能会随工程建设进展出现变化，工程建设过程还会存在一些不能预见、不能确定的因素。消化这些因素必然会影响合同价格的调整，暂列金额正是为这类不可避免的价格调整设立的，以便达到合理确定和有效控制工程造价的目标。

② 暂估价是指招标阶段直至签订合同协议时，招标人在招标文件中提供的用于支付必然要发生但暂时不能确定价格的材料以及专业工程的金额。暂估价类似于 FIDIC 合同条款中的 Prime Cost Items，在招标阶段预见肯定要发生，只是因为标准不明确或者需要由专业承包人完成，暂时无法确定价格。暂估价数量和拟用项目应当结合工程量清单中的暂估价表予以补充说明。

为方便合同管理，需要纳入分部分项工程量清单项目综合单价中的暂估价应只是材料费，以方便投标人组价。

专业工程的暂估价一般应是综合暂估价，应当包括除规费和税金以外的管理费、利润等取费。总承包招标时，专业工程设计深度往往是不够的，一般需要交由专业设计人员设计，国际上出于提高可建造性考虑，一般由专业承包人负责设计，以发挥其专业技能和专业施工经验的优势。这类专业工程交由专业分包人完成是国际工程的良好实践，目前在我国工程建设领域也已经比较普遍。公开透明地合理确定这类暂估价的实际开支金额的最佳途径，就是通过施工总承包人与工程建设项目招标人共同组织招标。

③ 计日工是为了解决现场发生的零星工作的计价而设立的。国际上常见的标准合同条款

中，大多数都设立了计日工计价机制。计日工对完成零星工作所消耗的人工工时、材料数量、施工机械台班进行计量，并按照计日工表中填报的适用项目的单价进行计价支付。计日工适用的所谓零星工作一般是指合同约定之外的或者因变更而产生的、工程量清单中没有相应项目的额外工作，尤其是时间不允许事先商定价格的额外工作。

④ 总承包服务费是为了解决招标人在法律、法规允许的条件下进行专业工程发包，以及自行供应材料、设备，并需要总承包人对发包的专业工程提供协调和配合服务，对供应的材料、设备提供收、发和保管服务以及进行施工现场管理时发生，并向总承包人支付的费用。招标人应预计该项费用并按投标人的投标报价向投标人支付该项费用。

五、规费项目清单

根据原建设部、财政部《关于印发〈建筑安装工程费用项目组成〉的通知》(建标［2003］206 号）的规定，规费包括工程排污费、工程定额测定费、社会保障费（养老保险、失业保险、医疗保险）、住房公积金、危险作业意外伤害保险。规费是政府和有关权力部门规定必须缴纳的费用，编制人对《建筑安装工程费用项目组成》未包括的规费项目，在编制规费项目清单时应根据省级政府或省级有关权力部门的规定列项。

六、税金项目清单

根据原建设部、财政部《关于印发〈建筑安装工程费用项目组成〉的通知》(建标［2003］206 号）的规定，目前我国税法规定应计入建筑安装工程造价的税种包括营业税、城市建设维护税及教育费附加。如国家税法发生变化，税务部门依据职权增加了税种，应对税金项目清单进行补充。

第三章 建筑面积的计算

第一节 概 述

一、建筑面积的概念

建筑面积，也称建筑展开面积，是指建筑物各层外围水平投影面积总和，由使用面积、辅助面积和结构面积组成。

① 使用面积：是指建筑物各层平面布置中，可直接为生产或生活使用的净面积总和，如居住生活空间、工作间和生产车间等的净面积。

② 辅助面积：是指建筑物各层平面布置中为辅助生产或生活所占净面积的总和，如楼梯间、走道间、电梯间等。使用面积与辅助面积的总和称为有效面积。

③ 结构面积：是指建筑面积各层平面布置中的墙体、柱子、通风道等结构所占面积的总和。

二、建筑面积的作用

建筑面积是反映建筑规模大小的一项重要技术经济指标，它是房屋建筑计算工程量的主要指标，也是计算单位建筑面积经济指标（如单方造价指标、单方资源消耗量指标等）的主要依据。

建筑面积在工程造价管理中起着重要的作用。它是核定估算、概算、预算工程造价的一个重要基础数据，是确定与控制工程造价、分析工程造价与工程设计合理性的一个基础指标。

建筑面积是统计部门汇总发布房屋建筑面积完成情况的基础，如开工面积、已完工面积、竣工面积等均是以建筑面积指标来表示的。

建筑面积是房产管理、土地管理、房地产交易、工程承发包交易中的一个关键指标。目前，住房和城乡建设部和国家质量技术监督局颁发的《房产测量规范》（GB/T 17986—2000）的房产面积计算，以及《住宅设计规范》（GB 50096—1999）中有关面积的计算，均以《建筑工程建筑面积计算规范》（GB/T 50353—2005）为依据。

三、相关术语

计算建筑面积时，涉及一些专业术语，现解释如下。

① 层高：上、下两层楼面或楼面与地面之间的垂直距离。

② 自然层：按楼板、地板结构分层的楼层。

③ 架空层：建筑物深基础或坡地建筑吊脚架空部位不回填土石方形成的建筑空间。

④ 走廊：建筑物的水平交通空间。

⑤ 挑廊：挑出建筑物外墙的水平交通空间。

⑥ 檐廊：设置在建筑物底层出檐下的水平交通空间。

⑦ 回廊：在建筑物门厅、大厅内设置在二层或二层以上的回形走廊。

⑧ 门斗：在建筑物出入口设置的起分隔、挡风、御寒等作用的建筑过渡空间。

⑨ 建筑物通道：为道路穿过建筑物而设置的建筑空间。

⑩ 架空走廊：建筑物与建筑物之间，在二层或二层以上专门为水平交通设置的走廊。

⑪ 勒脚：建筑物的外墙与室外地面或散水接触部位墙体的加厚部分。

⑫ 围护结构：围合建筑空间四周的墙体、门、窗等。

⑬ 围护性幕墙：直接作为外墙起围护作用的幕墙。

⑭ 装饰性幕墙：设置在建筑物墙体外起装饰作用的幕墙。

⑮ 落地橱窗：凸出外墙面根基落地的橱窗。

⑯ 阳台：供使用者进行活动和晾晒衣物的建筑空间。

⑰ 眺望间：设置在建筑物顶层或挑出房间的供人们远眺或观察周围情况的建筑空间。

⑱ 雨篷：设置在建筑物进出口上部的遮雨、遮阳篷。

⑲ 地下室：房间地平面低于室外地平面的高度超过该房间净高的 1/2 者为地下室。

⑳ 半地下室：房间地平面低于室外地平面的高度超过该房间净高的 1/3，且不超过 1/2 者为半地下室。

㉑ 变形缝：伸缩缝（温度缝）、沉降缝和抗震缝的总称。

㉒ 永久性顶盖：经规划批准设计的永久使用的顶盖。

㉓ 凸出窗：为房间采光和美化造型而设置的凸出外墙的窗。

㉔ 骑楼：楼层部分跨在人行道上的临街楼房。

㉕ 过街楼：有道路穿过建筑空间的楼房。

第二节　建筑面积的计算规则

建筑面积计算规则，是确定建筑物建筑面积数值的原则和方法。

一、单层建筑物的建筑面积计算

① 单层建筑物的建筑面积，应按其外墙勒脚以上结构外围水平面积计算，并应符合下列规定：单层建筑物高度在 2.20m 及以上者应计算全面积；高度不足 2.20m 者应计算 1/2 面积。

如图 3-1 所示，为某单层建筑平面示意图，其建筑面积计算为

$$S=L\times B \tag{3-1}$$

式中　S——单层建筑面积；

L——两端山墙勒脚以上结构外表面间水平长度；

B——两纵墙勒脚以上结构外表面间水平长度。

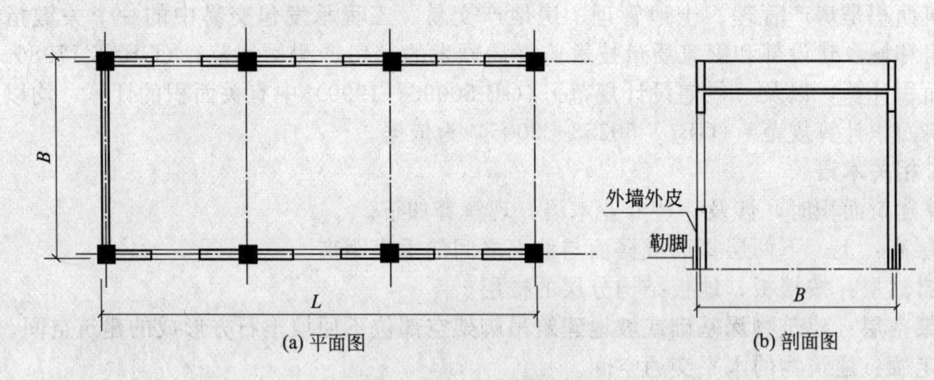

图 3-1　单层建筑物示意

② 利用坡屋顶内空间时净高超过 2.10m 的部位应计算全面积：净高在 1.20～2.10m 的部位应计算 1/2 面积；净高不足 1.20m 的部位不应计算面积。单层坡屋顶建筑如图 3-2 所示。

③ 单层建筑物内设有局部楼层的，局部楼层的二层及以上楼层，有围护结构的应按其围护结构外围水平面积计算，如图 3-3(a) 所示，无围护结构的应按其结构底板水平面积计算。层高在 2.20m 及以上者，应计算全面积；层高不足 2.20m 者，应计算 1/2 面积，如图 3-3(b) 所示。

二、多层建筑物的建筑面积计算

① 多层建筑物首层应按其外墙勒脚以上结构外围水平面积计算；二层及以上楼层应按其外墙结构外围水平面积计算。层高在 2.20m 及以上者应计算全面积；层高不足 2.20m 者应计算 1/2 面积。

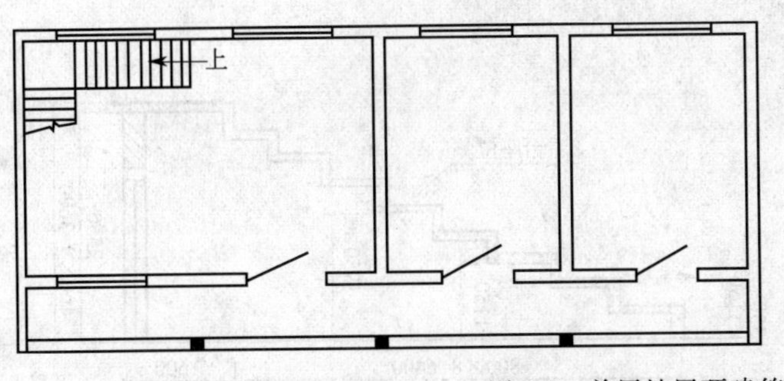

图 3-2　单层坡屋顶建筑示意

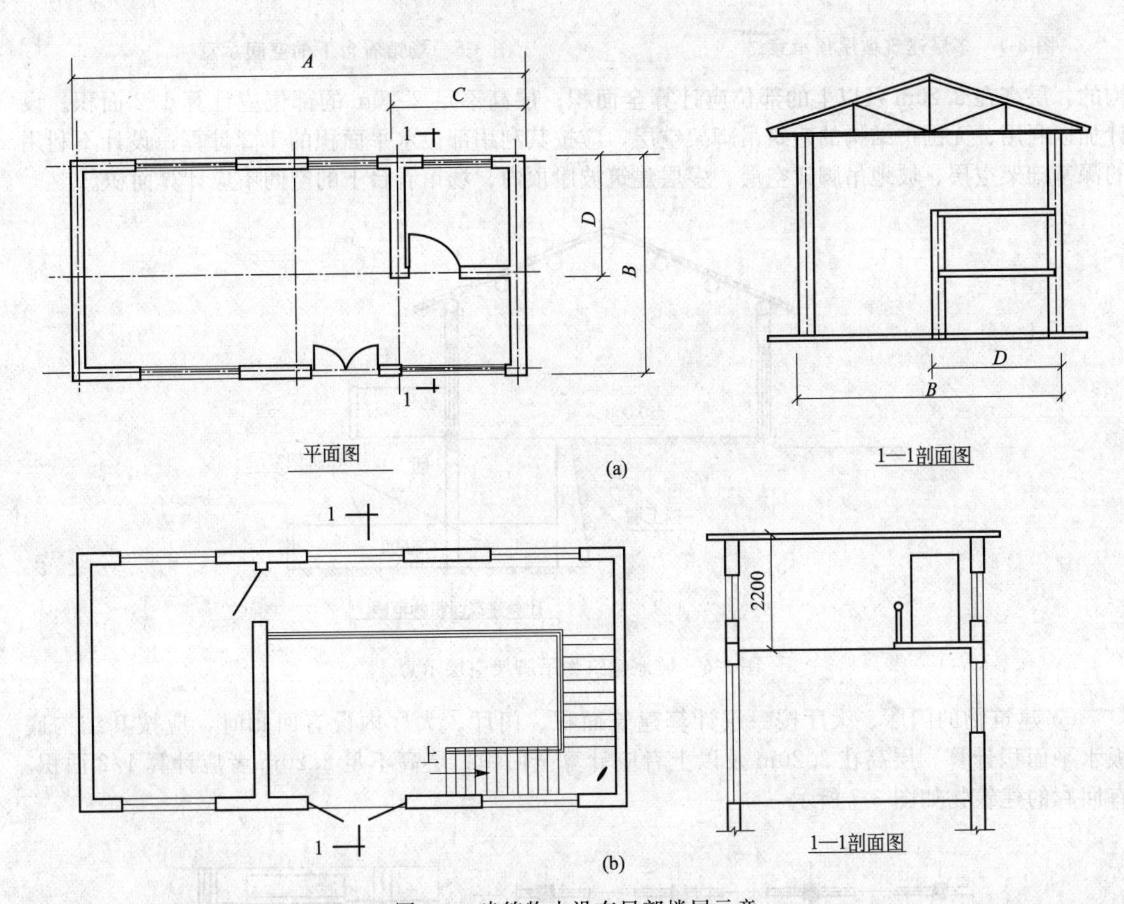

图 3-3　建筑物内设有局部楼层示意

② 多层建筑坡屋顶内和场馆看台下，当设计加以利用时，净高超过 2.10m 的部位应计算全面积；净高在 1.20～2.10m 的部位应计算 1/2 面积；当设计不利用或室内净高不足 1.20m 时，不应计算面积，如图 3-4 和图 3-5 所示。

多层建筑坡屋顶内和场馆看台下的空间应视为坡屋顶内的空间，设计加以利用时，应按其净高确定其面积的计算；设计不利用的空间，不应计算建筑面积。

③ 地下室、半地下室（车间、商店、车站、车库、仓库等），包括相应的有永久性顶盖的出入口，应按其外墙上口（不包括采光井，外墙防潮层及其保护墙）外边线外围水平面积计算。层高在 2.20m 及以上者，应计算全面积；层高不足 2.20 者，应计算 1/2 面积。

④ 坡地的建筑物吊脚架空层（如图 3-6 所示）、深基础架空层，设计加以利用并有围护结

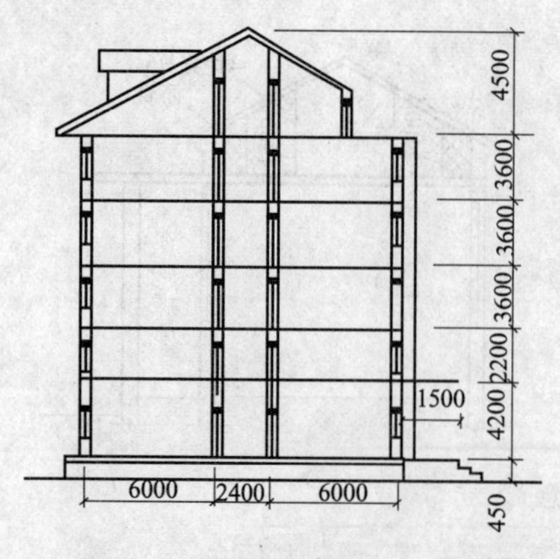

图 3-4　多层建筑坡屋顶示意

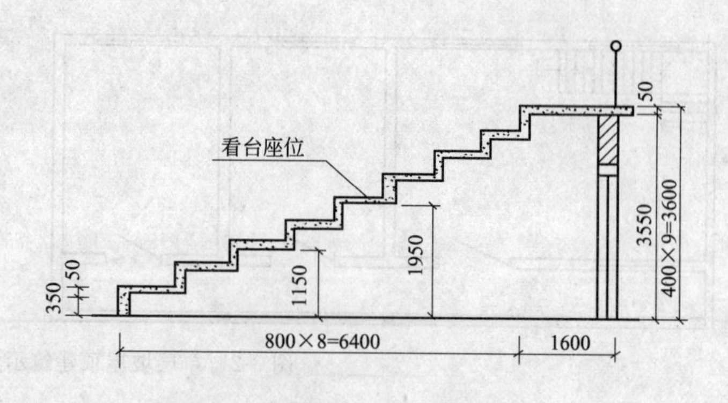

图 3-5　场馆看台下的空间示意

构的，层高在 2.20m 及以上的部位应计算全面积；层高不足 2.20m 的部位应计算 1/2 面积。设计加以利用、无围护结构的建筑吊脚架空层，应按其利用部位水平面积的 1/2 计算；设计不利用的深基础架空层、坡地吊脚架空层、多层建筑坡屋顶内、场馆看台下的空间不应计算面积。

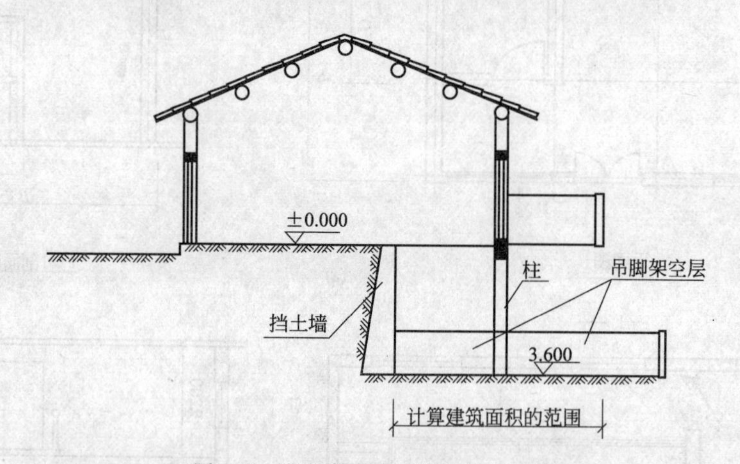

图 3-6　坡地建筑物吊脚架空层示意

⑤ 建筑物的门厅、大厅按一层计算建筑面积。门厅、大厅内设有回廊时，应按其结构底板水平面积计算。层高在 2.20m 及以上者应计算全面积；层高不足 2.20m 者应计算 1/2 面积。有回廊的建筑物如图 3-7 所示。

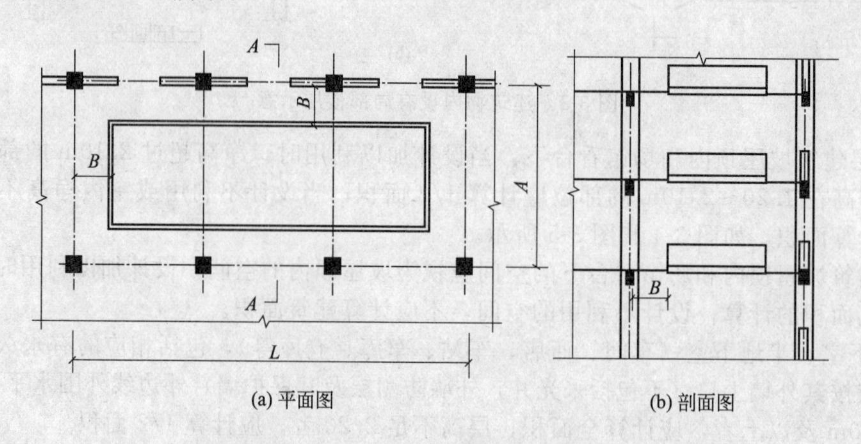

图 3-7　有回廊大厅的建筑物示意

⑥ 建筑物间有围护结构的架空走廊，应按其围护结构外围水平面积计算。层高在 2.20m 及以上者应计算全面积；层高不足 2.20m 者应计算 1/2 面积。有永久性顶盖无围护结构的应按其结构底板水平面积的 1/2 计算。有围护结构的架空走廊如图 3-8 所示，无围护结构的架空走廊如图 3-9 所示。

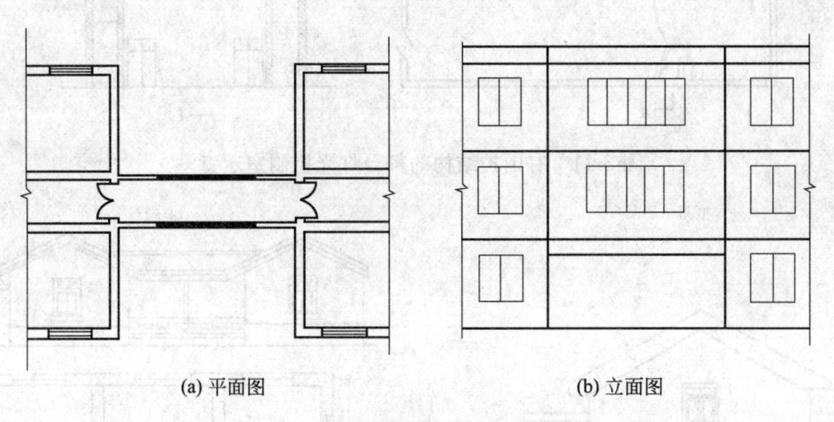
(a) 平面图　　(b) 立面图

图 3-8　有围护结构的架空走廊示意

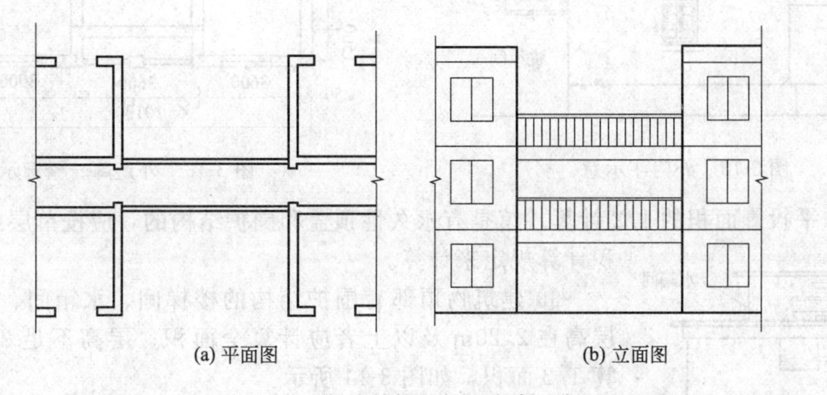
(a) 平面图　　(b) 立面图

图 3-9　无围护结构的架空走廊示意

⑦ 立体书库、立体仓库、立体车库，无结构层的应按一层计算，有结构层的应按其结构层面积分别计算。层高在 2.20m 及以上者应计算全面积；层高不足 2.20m 者应计算 1/2 面积，如图 3-10 所示。

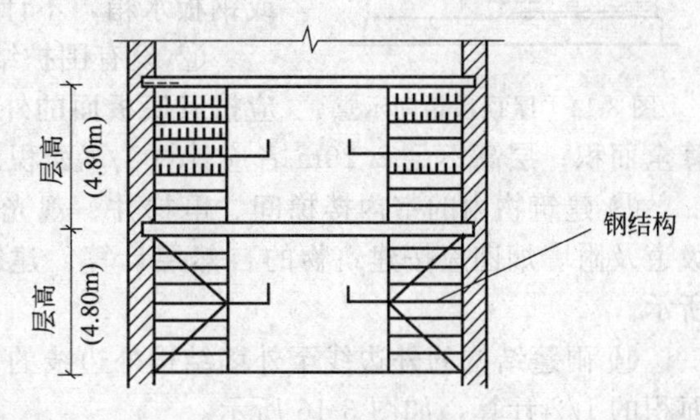

图 3-10　立体书库示意

⑧ 有围护结构的舞台灯光控制室，应按其围护结构外围水平面积计算。层高在 2.20m 及以上者应计算全面积；层高不足 2.20m 者应计算 1/2 面积，如图 3-11 所示。

⑨ 建筑物外有围护结构的落地橱窗、门斗、挑廊、走廊、檐廊，应按其围护结构外围水平面积计算。层高在 2.20m 及以上者应计算全面积；层高不足 2.20m 者应计算 1/2 面积。有永久性顶盖无围护结构的应按其结构底板水平面积的 1/2 计算，如图 3-12 和图 3-13 所示。

⑩ 有永久性顶盖无围护结构的场馆看台应按其顶盖水平投影面积的 1/2 计算。这里的场馆主要是指体育场等场所，如体育场主席台部分的看台，一般是有永久性顶盖而无围护结构，

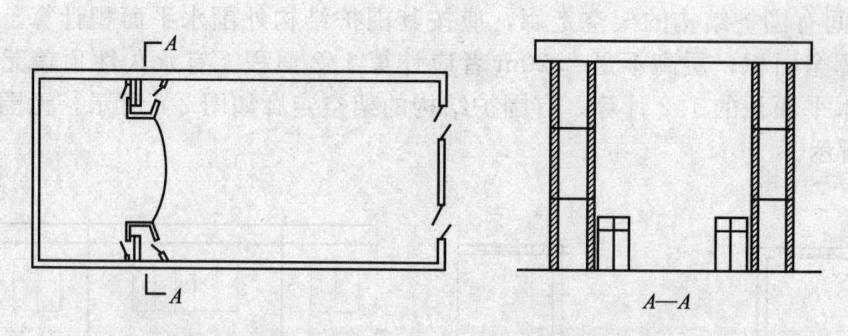

图 3-11　有围护结构的舞台灯光控制室示意

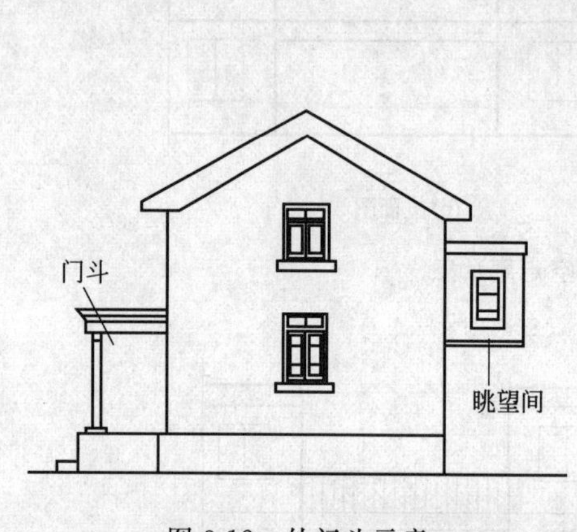

图 3-12　外门斗示意

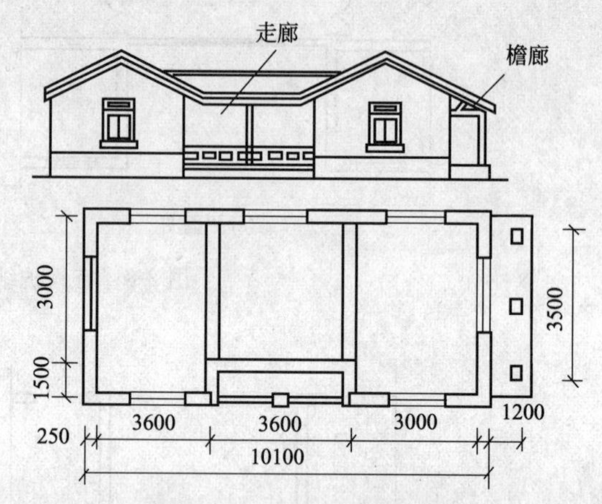

图 3-13　外走廊、檐廊示意

按其顶盖水平投影面积的 1/2 计算。馆是有永久性顶盖和围护结构的，应按单层或多层建筑面积计算规定来计算。

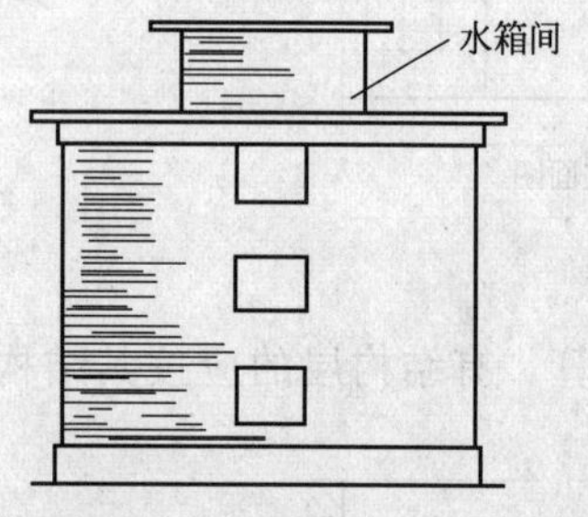

图 3-14　屋顶水箱间示意

⑪ 建筑物顶部有围护结构的楼梯间、水箱间、电梯机房等，层高在 2.20m 及以上者应计算全面积；层高不足 2.20m 者应计算 1/2 面积，如图 3-14 所示。

如遇建筑物屋顶的楼梯间是坡屋顶时，应按坡屋顶的相关规定计算面积。单独放在建筑物屋顶上没有围护结构的混凝土水箱或钢板水箱，不计算面积。

⑫ 设有围护结构不垂直于水平面而超出底板外沿的建筑物，应按其底板面的外围水平面积计算。层高在 2.20m 及以上者应计算全面积；层高不足 2.20m 者应计算 1/2 面积。

⑬ 建筑物内的室内楼梯间、电梯井、观光电梯井、提物井、管道井、通风排气竖井、垃圾道及附墙烟囱应按建筑物的自然层计算。建筑物的室内楼梯间、电梯井剖面示意如图 3-15 所示。

⑭ 雨篷结构的外边线至外墙结构外边线的宽度超过 2.10m 者，应按雨篷结构板水平投影面积的 1/2 计算，如图 3-16 所示。

⑮ 有永久性顶盖的室外楼梯，应按建筑物自然层的水平投影面积的 1/2 计算。无永久性顶盖的室外楼梯不计算面积，如图 3-17 所示。

室外楼梯，最上层楼梯无永久性顶盖或不能完全遮盖楼梯的雨篷，上层楼梯不计算面积；上层楼梯可视为下层楼梯的永久性顶盖，下层楼梯应计算面积。

⑯ 建筑物的阳台均应按其水平投影面积的 1/2 计算，如图 3-18 所示。

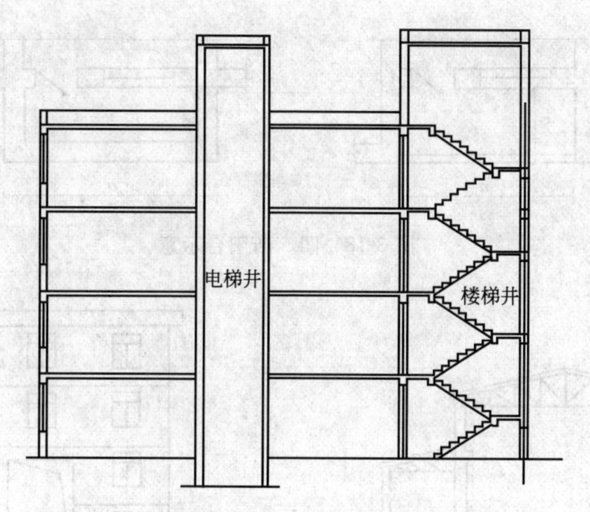

图 3-15　建筑物的室内楼梯间、电梯井剖面示意

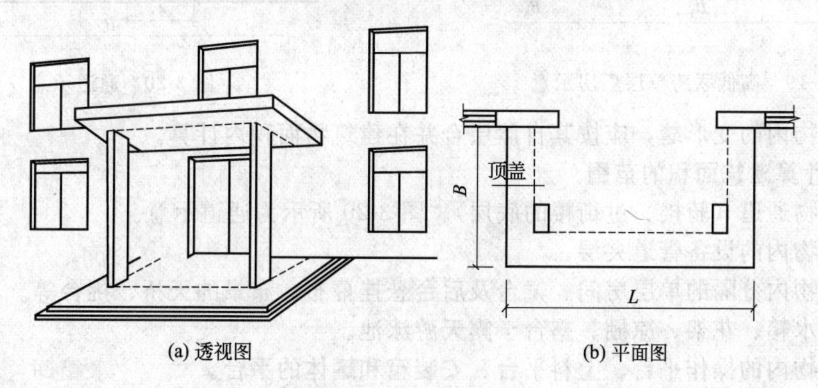

图 3-16　雨篷示意

建筑物的阳台，不论是挑阳台、凹阳台、半凸半凹阳台、封闭阳台、敞开阳台均按其水平投影面积的 1/2 计算建筑面积。

⑰ 有永久性顶盖无围护结构的车棚、货棚、站台、加油站、收费站等，应按其顶盖水平投影面积的 1/2 计算。

⑱ 高低联跨的建筑物，应以高跨结构外边线为界分别计算建筑面积；其高低跨内部连通时，其变形缝应计算在低跨面积内。高低联跨厂房示意如图 3-19 所示。

图 3-19 中，高跨部分建筑面积 S_1 和低跨部分建筑面积 S_2 分别为

$$S_1 = LB_1$$

$$S_2 = LB_2 + LB_3$$

式中　L——厂房纵向外墙外边线长。

⑲ 以幕墙作为围护结构的建筑物，应按幕墙外边线计算建筑面积。

⑳ 建筑物外墙外侧有保温隔热层的，应按保温隔热层外边线计算建筑面积。

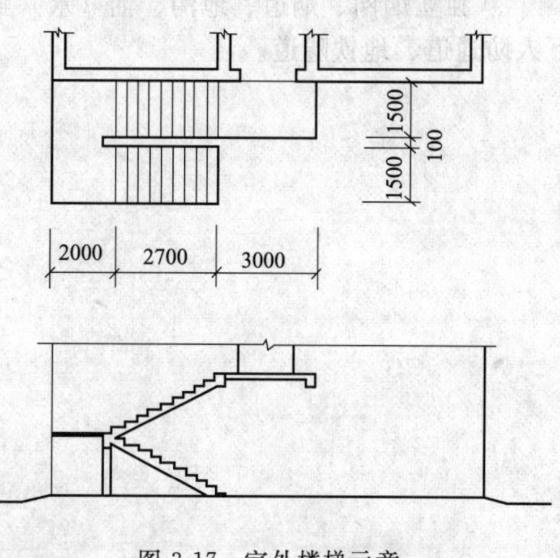

图 3-17　室外楼梯示意

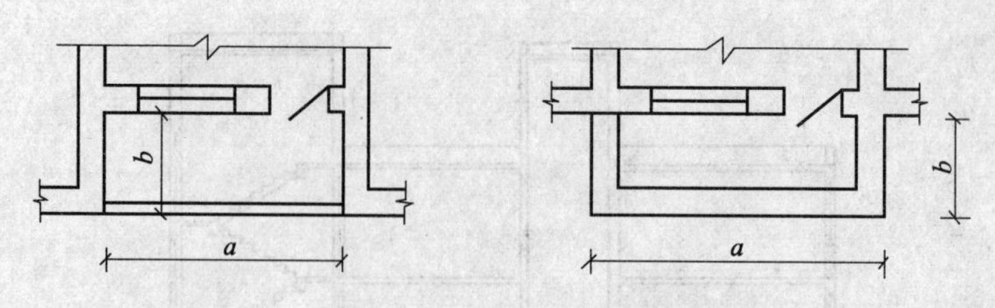

图 3-18　凹、凸阳台示意

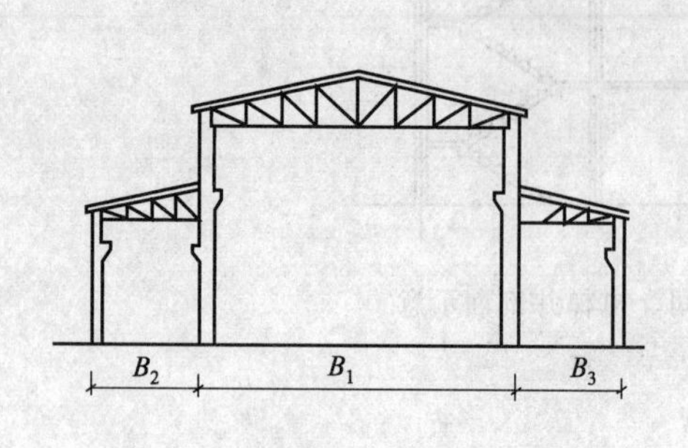

图 3-19　高低联跨单层厂房示意

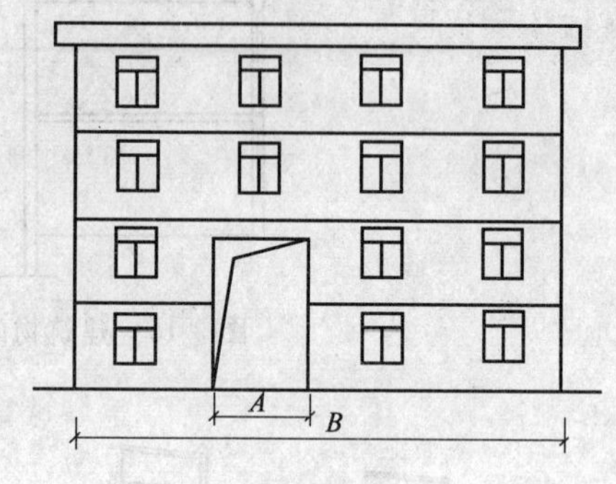

图 3-20　通道示意

㉑ 建筑物内的变形缝，应按其自然层合并在建筑物面积内计算。

三、不计算建筑面积的范围

① 建筑物通道（骑楼、过街楼的底层）。图 3-20 所示为通道示意。

② 建筑物内的设备管道夹层。

③ 建筑物内分隔的单层房间、舞台及后台悬挂幕布、布景的天桥、挑台等。

④ 屋顶水箱、花架、凉棚、露台、露天游泳池。

⑤ 建筑物内的操作平台、上料平台、安装箱和罐体的平台。

⑥ 勒脚、附墙柱、垛、台阶、墙面抹灰、装饰面、镶贴块料面层、装饰性幕墙、空调机外机搁板（箱）、飘窗、构件、配件，宽度在 2.10m 及以内的雨篷，以及与建筑物内不相连通的装饰性阳台、挑廊。

⑦ 无永久性顶盖的架空走廊、室外楼梯和用于检修、消防等的室外钢楼梯、爬梯。

⑧ 自动扶梯、自动人行道。

⑨ 独立烟囱、烟道、地沟、油（水）罐、气柜、水塔、储油（水）池、储仓、栈桥、地下人防通道、地铁隧道。

第四章　土（石）方工程

第一节　工程量清单项目设置及工程量计算规则

工程量清单的工程量，按《建设工程工程量清单计价规范》（GB 50500—2008）规定“是建设工程分项工程的实体数量”。土石方工程除场地、房心填土外，其他土石方工程不构成工程实体。但目前没有一个建筑物或构筑物是不动土可以修建起来的，土石方工程是修建中实实在在的必须发生的施工工序，如果采用基础清单项目内含土石方报价，由于地表以下存在许多不可知的自然条件，势必增加基础项目报价的难度。为此，《建设工程工程量清单计价规范》（GB 50500—2008）将土石方单独列项。

一、土方工程

土方工程工程量清单项目设置及工程量计算规则，应按表 4-1 的规定执行。

表 4-1　土方工程（编码：010101）

项目编码	项目名称	项目特征	计量单位	工程量计算规则	工程内容
010101001	平整场地	1. 土壤类别 2. 弃土运距 3. 取土运距	m^2	按设计图示尺寸以建筑物首层面积计算	1. 土方挖填 2. 场地找平 3. 运输
010101002	挖土方	1. 土壤类别 2. 挖土平均厚度 3. 弃土运距	m^3	按设计图示尺寸以体积计算	1. 排地表水 2. 土方开挖 3. 挡土板支拆 4. 截桩头 5. 基底钎探 6. 运输
010101003	挖基础土方	1. 土壤类别 2. 基础类型 3. 垫层底宽，底面积 4. 挖土深度 5. 弃土运距		按设计图示尺寸以基础垫层底面积乘以挖土深度计算	
010101004	冻土开挖	1. 冻土厚度 2. 弃土运距		按设计图示尺寸开挖面积乘以厚度以体积计算	1. 打眼、装药、爆破 2. 开挖 3. 清理 4. 运输
010101005	挖淤泥、流沙	1. 挖掘深度 2. 弃淤泥、流沙距离		按设计图示位置、界限以体积计算	1. 挖淤泥、流沙 2. 弃淤泥、流沙
010101006	管沟土方	1. 土壤类别 2. 管外径 3. 挖沟平均深度 4. 弃土石运距 5. 回填要求	m	按设计图示以管道中心线长度计算	1. 排地表水 2. 土方开挖 3. 挡土板支拆 4. 运输 5. 回填

二、石方工程

石方工程工程量清单项目设置及工程量计算规则，应按表 4-2 的规定执行。

表 4-2　石方工程（编码：010102）

项目编码	项目名称	项目特征	计量单位	工程量计算规则	工程内容
010102001	预裂爆破	1. 岩石类别 2. 单孔深度 3. 单孔装药量 4. 炸药品种、规格 5. 雷管品种、规格	m	按设计图示以钻孔总长度计算	1. 打眼、装药、放炮 2. 处理渗水、积水 3. 安全防护、警卫

续表

项目编码	项目名称	项目特征	计量单位	工程量计算规则	工程内容
010102002	石方开挖	1. 岩石类别 2. 开凿深度 3. 弃渣运距 4. 光面爆破要求 5. 基底摊座要求 6. 爆破石块直径要求	m^3	按设计图示尺寸以体积计算	1. 打眼、装药、放炮 2. 处理渗水、积水 3. 解小 4. 岩石开凿 5. 摊座 6. 清理 7. 运输 8. 安全防护、警卫
010102003	管沟石方	1. 岩石类别 2. 管外径 3. 开凿深度 4. 弃渣运距 5. 基底摊座要求 6. 爆破石块直径要求	m	按设计图示以管道中心线长度计算	1. 石方开凿、爆破 2. 处理渗水、积水 3. 解小 4. 摊座 5. 清理、运输、回填 6. 安全防护、警卫

三、土（石）方运输与回填

土（石）方运输与回填工程量清单项目设置及工程量计算规则，应按表 4-3 的规定执行。

表 4-3　土（石）方运输与回填（编码：010103）

项目编码	项目名称	项目特征	计量单位	工程量计算规则	工程内容
010103001	土(石)方回填	1. 土质要求 2. 密实度要求 3. 粒径要求 4. 夯填(碾压) 5. 松填 6. 运输距离	m^3	按设计图示尺寸以体积计算 注:1. 场地回填:回填面积乘以平均回填厚度 2. 室内回填:主墙间净面积乘以回填厚度 3. 基础回填:挖方体积减去设计室外地坪以下埋没的基础体积(包括基础垫层及其他构筑物)	1. 挖土方 2. 装卸、运输 3. 回填 4. 分层碾压、夯实

四、其他相关问题的处理

① 土壤及岩石（普氏）的分类应按表 4-4 确定。

表 4-4　土壤及岩石（普氏）的分类

土石分类	普氏分类	土壤及岩石名称	天然湿度下平均容量/(kg/m^3)	极限压碎强度/(kg/cm^2)	用轻钻孔机钻进 1m 耗时/min	开挖方法及工具	紧固系数 f
一、二类土壤	Ⅰ	砂 砂壤土 腐殖土 泥炭	1500 1600 1200 600			用尖锹开挖	0.5～0.6
	Ⅱ	轻壤和黄土类土 潮湿而松散的黄土，软的盐渍土和碱土 平均 15mm 以内的松散而软的砾石 含有草根的密实腐殖土 含有直径在 30mm 以内根类的泥炭和腐殖土 掺有卵石、碎石和石屑的砂和腐殖土 含有卵石或碎石杂质的胶结成块的填土 含有卵石、碎石和建筑料杂质的砂壤土	1600 1600 1700 1400 1100 1650 1750 1900			用锹开挖并少数用镐开挖	0.6～0.8

续表

土石分类	普氏分类	土壤及岩石名称	天然湿度下平均容量/(kg/m³)	极限压碎强度/(kg/cm²)	用轻钻孔机钻进1m耗时/min	开挖方法及工具	紧固系数 f
三类土壤	Ⅲ	肥黏土，其中包括石炭纪、侏罗纪的黏土和冰黏土	1800			用尖锹并同时用镐开挖(30%)	0.8～1.0
		重壤土、粗砾石，粒径为15～40mm的碎石和卵石	1750				
		干黄土和掺有碎石或卵石的自然含水量黄土	1790				
		含有直径大于30mm根类的腐殖土或泥炭	1400				
		掺有碎石或卵石和建筑碎料的土壤	1900				
四类土壤	Ⅳ	土含碎石重黏土，其中包括侏罗纪和石英纪的硬黏土	1950			用尖锹并同时用镐和撬棍开挖(30%)	1.0～1.5
		含有碎石、卵石、建筑碎料和重达25kg的顽石(总体积10%以内)等杂质的肥黏土和重壤土	1950				
		冰渍黏土，含有重量在50kg以内的巨砾，其含量为总体积10%以内	2000				
		泥板岩	2000				
		不含或含有重量达10kg的顽石	1950				
松石	Ⅴ	含有重量在50kg以内的巨砾(占体积10%以上)的冰渍石	2100	<200	<3.5	部分用手凿工具、部分用爆破来开挖	1.5～2.0
		矽藻岩和软白垩岩	1800				
		胶结力弱的砾岩	1900				
		各种不坚实的片岩	2600				
		石膏	2200				
次坚石	Ⅵ	凝灰岩和浮石	1100	200～400	3.5	用风镐和爆破法开挖	2～4
		松软多孔和裂隙严重的石灰岩和介质石灰岩	1200				
		中等硬变的片岩	2700				
		中等硬变的泥灰岩	2300				
	Ⅶ	石灰石胶结的带有卵石和沉积岩的砾石	2200	400～600	6.0	用爆破方法开挖	4～6
		风化的和有大裂缝的黏土质砂岩	2000				
		坚实的泥板岩	2800				
		坚实的泥灰岩	2500				
	Ⅷ	砾质花岗岩	2300	600～800	8.5		6～8
		泥灰质石灰岩	2300				
		黏土质砂岩	2200				
		砂质云母片岩	2300				
		硬石膏	2900				

续表

土石分类	普氏分类	土壤及岩石名称	天然湿度下平均容量/(kg/m³)	极限压碎强度/(kg/cm²)	用轻钻孔机钻进1m耗时/min	开挖方法及工具	紧固系数 f
普坚石	Ⅸ	严重风化的软弱的花岗岩、片麻岩和正长岩	2500	800～1000	11.5	用爆破方法开挖	8～10
		滑石化的蛇纹岩	2400				
		致密的石灰岩	2500				
		含有卵石、沉积岩的渣质胶结的砾岩	2500				
		砂岩	2500				
		砂质石灰质片岩	2500				
		菱镁矿	3000				
	Ⅹ	白云石	2700	1000～1200	15.0		10～12
		坚固的石灰岩	2700				
		大理石	2700				
		石灰胶结的致密砾石	2600				
		坚固砂质片岩	2600				
	Ⅺ	粗花岗石	2800	1200～1400	18.5		12～14
		非常坚硬的白云岩	2900				
		蛇纹岩	2600				
		石灰质胶结的含有火成岩之卵石的砾石	2800				
		石英胶结的坚固砂岩	2700				
		粗粒正长岩	2700				
	Ⅻ	具有风化痕迹的安山岩和玄武岩	2700	1400～1600	22.0		14～16
		片麻岩	2600				
		非常坚固的石灰岩	2900				
		硅质胶结的含有火成岩之卵石的砾岩	2900				
		粗石岩	2600				
	XⅢ	中粒花岗岩	3100	1600～1800	27.5		16～18
		坚固的片麻岩	2800				
		辉绿岩	2700				
		玢岩	2500				
		坚固的粗面岩	2800				
		中粒正长岩	2800				
	XⅣ	非常坚硬的细粒花岗岩	3300	1800～2000	32.5		18～20
		花岗岩麻岩	2900				
		闪长岩	2900				
		高硬度的石灰岩	3100				
		坚固的玢岩	2700				
	XⅤ	安山岩、玄武岩、坚固的角页岩	3100	2000～2500	46.0		20～25
		高硬度的辉绿岩和闪长岩	2900				
		坚固的辉长岩和石英岩	2800				
	XⅥ	拉长玄武岩和橄榄玄武岩	3300	＞2500	＞60		＞25
		特别坚固的辉长辉绿岩、石英石和玢岩	3300				

② 土（石）方体积应按挖掘前的天然密实体积计算，需按天然密实体积折算时，应按表4-5系数计算。

表 4-5　土（石）方体积折算系数

天然密实度体积	虚方体积	夯实后体积	松填体积
1.00	1.30	0.87	1.08
0.77	1.00	0.67	0.83
1.15	1.19	1.00	1.24
0.93	1.20	0.81	1.00

③ 挖土方平均厚度应按自然地面测量标高至设计地坪标高间的平均厚度确定。基础土方、石方开挖深度应按基础垫层底表面标高至交付施工场地标高确定，无交付施工场地标高时，应按自然地面标高确定。

④ 建筑物场地厚度在±30cm 以内的挖、填、运、找平，应按表 4-1 中平整场地项目编码列项。±30cm 以外的竖向布置挖土或山坡切土，应按表 4-1 中挖土方项目编码列项。

⑤ 挖基础土方包括带形基础、独立基础、满堂基础（包括地下室基础）及设备基础、人工挖孔桩等的挖方。带形基础应按不同底宽和深度，独立基础和满堂基础应按不同底面积和深度分别编码列项。

⑥ 管沟土（石）方工程量应按设计图示尺寸以长度计算。有管沟设计时，平均深度以沟垫层底表面标高至交付施工场地标高计算；无管沟设计时，直埋管深度应按管底外表面标高至交付施工场地标高的平均高度计算。

⑦ 设计要求采用减震孔方式减弱爆破震动波时，应按表 4-2 中预裂爆破项目编码列项。

⑧ 湿土的划分应按地质资料提供的地下常水位为界，地下常水位以下为湿土。

⑨ 挖方出现流沙、淤泥时，可根据实际情况由发包人与承包人双方认证。

五、有关项目的说明

1. 平整场地项目适于建筑场地厚度在±30cm 以内的挖、填、运、找平

应注意以下几个问题。

① 可能出现±30cm 以内的全部是挖方或全部是填方，需外运土方或借土回填时，在工程量清单项目中应描述弃土运距（或弃土地点）或取土运距（或取土地点），这部分的运输应包括在平整场地项目报价内。

② 工程量按建筑物首层面积计算，如施工组织设计规定超面积平整场地时，超出部分应包括在报价内。

2. 挖土方项目适用于±30cm 以外的竖向布置的挖土或山坡切土，是指设计室外地坪标高以上的挖土，并包括指定范围内的土方运输

应注意以下几个问题。

① 由于地形起伏变化大，不能提供平均挖土厚度时应提供方格网法或断面法施工的设计文件。

② 设计标高以下的填土应按土石方回填项目编码列项。

3. 挖基础土方项目适用于基础土方开挖（包括人工挖孔桩土方），并包括指定范围内的土方运输

应注意以下几个问题。

① 根据施工方案规定的放坡、操作工作面和机械挖土进出施工工作面的坡道等增加的施工量，应包括在挖基础土方报价内。

② 工程量清单挖基础土方项目中应描述弃土运距，施工增量的弃土运输应包括在报价内。

③ 截桩头包括凿除混凝土、钢筋清理、调直弯勾及清运弃渣、桩头。

④ 深基础的支护结构：如钢板桩、H 型钢桩、预制钢筋混凝土板桩、钻孔灌注混凝土排桩挡墙、预制钢筋混凝土排桩挡墙、人工挖孔灌注混凝土排桩挡墙、旋喷桩地下连续墙和基坑内的水平钢支撑、水平钢筋混凝土支撑、锚杆拉固、基坑外拉锚、排桩的圈梁、H 型钢桩之间的木挡土板及施工降水等，应列入工程量清单措施项目费内。

4. 管沟土方项目适用于管沟土方开挖、回填

应注意以下几个问题。

① 管沟土方工程量不论有无管沟设计均按长度计算。管沟开挖加宽工作面、放坡和接口处加宽工作面，应包括在管沟土方报价内。

② 采用多管同一管沟直埋时，管间距离必须符合有关规范的要求。

5. 石方开挖项目适用于人工凿石、人工打眼爆破、机械打眼爆破等，并包括指定范围内的石方清除运输

应注意以下几个问题。

① 设计规定需光面爆破的坡面、需摊座的基底，工程量清单中应进行描述。

② 石方爆破的超挖量，应包括在报价内。

6. 土（石）方回填项目适用于场地回填、室内回填和基础回填，并包括指定范围内的运输及借土回填的土方开挖

应注意：基础土方放坡等施工的增加量，应包括在报价内。

六、共性问题的说明

① 指定范围内的运输是指由招标人指定的弃土地点或取土地点的运距；若招标文件规定由投标人确定弃土地点或取土地点时，则此条件不必在工程量清单中进行描述。

② 土石方清单项目报价应包括指定范围内的土石一次或多次运输、装卸及基底夯实、修理边坡、清理现场等全部施工工序。

③ 桩间挖土方工程量不扣除桩所占体积。

④ 因地质情况变化或设计变更引起的土（石）方工程量的变更，由业主与承包人双方现场认证，依据合同条件进行调整。

七、工程常见的名词解释

① 土石方工程。是指挖土石、填土石、运土石方的施工。

② 土壤。是指地球表面的一层疏松物质，由各种颗粒状矿物质、有机物质、水分、空气及微生物等组成，能生长植物。全国统一基础定额把土壤按照天然温度下的平均密度和开挖时用的工具及紧固系数划分为四类：一、二土壤（坚土）；三类土（坚土）；四类土壤（砂砾坚土）。

③ 土方。是指挖土、填土、运土的工作量，通常都用立方米（m^3）计算，$1m^3$ 称为一个土方。这类施工称为土方工程，有时也称为土方。

④ 冻土。是指在 0℃以下且含有冰的土。冻土按冬夏季是否冻融交替分为季节性冻土和永冻土两类。

⑤ 淤泥。是一种稀软状，不易成形的灰黑色、有臭味、含有半腐朽的植物遗体（占 60%以上）、置于水中有动植物残体渣滓浮于水面，并常有气泡由水中冒出的泥土。

⑥ 流砂。在坑内抽水时，坑底的土会呈流动状态，随地下水涌出，这种土无承载力，故边挖边冒，无法挖深，强挖会掏空邻近地基。

⑦ 挖石方。是指人工凿石、人工打眼爆破、机械打眼爆破等工作，并包括指定范围内的石方清除运输。石方工程按开挖方法不同，可分为人工石方工程及机械石方工程两种。

⑧ 挡土板。是指用于不能放坡或淤泥流沙类土方的挖土工程。挡土板分木和钢两种材质。每种材质又分为密撑挡土板和疏撑挡土板，如图 4-1 所示。

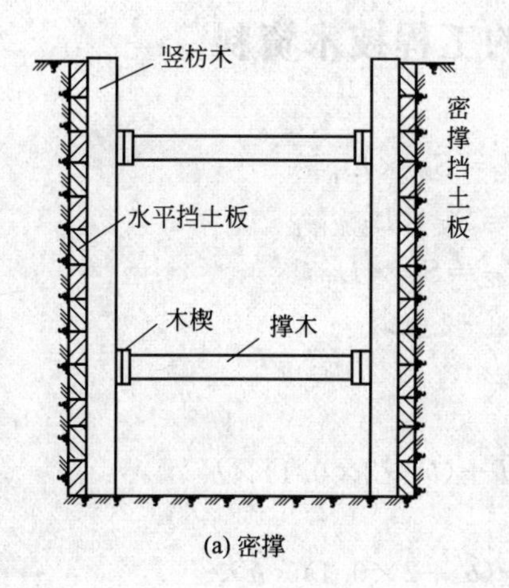

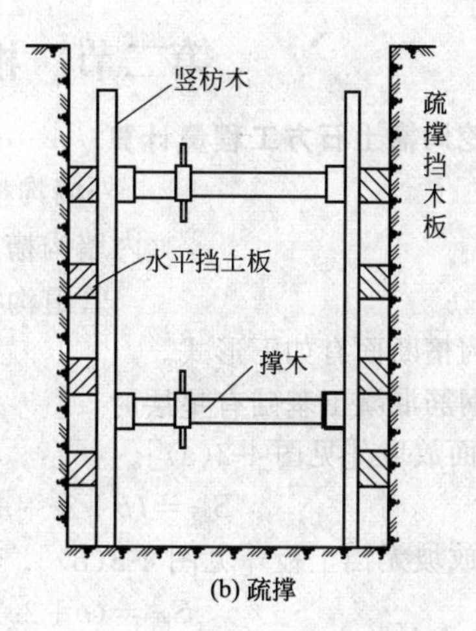

图 4-1 挡土板

⑨ 虚方。是指在自然情况下挖出的松散土方。运虚方时应乘以系数 0.8 以后，才能得出自然土方量，也就是 1.25m³ 的虚方等于 1m³ 的自然方。

⑩ 天然密度。是指在自然条件下，物体质量和其体积的比值。常用单位：g/cm³ 或 kg/m³。

⑪ 夯实后体积。是指回填土夯实后的体积。

⑫ 松填体积。是指回填土不经夯实时的体积。

⑬ 地坑。是指柱基、坑底凡图示面积小于 20m²（包括 20m²）的挖土石方。

⑭ 原土打夯。是指在不经任何挖填的土上夯实。

⑮ 松填土。是指不经任何压实的填土。

⑯ 夯填土。是指回填后，经人工或机械方法增加回填土密度的方法。

⑰ 人工运土方。是指用肩挑和抬的方法搬运土方。

⑱ 放坡。是指在挖土施工中，为防止土壁坍塌、稳定边壁而作出的边坡。

⑲ 含水量。是指土壤中含水的数量。

⑳ 地下水位。是指根据地质勘察、勘测确定的地下水的表面位置。

㉑ 爆破。是指利用化学物品爆炸时产生的大量热能和高压气体，改变或破坏周围物质的现象。在建筑工程中，爆破主要用于开挖一般石方、沟槽及土方。

㉒ 预裂爆破。是指为降低爆震波对周围已有建筑物或构筑物的影响，按照设计的开挖边线，钻一排预裂炮眼，炮眼均需按设计规定药量装炸药，在开挖炮爆破前，预先炸裂一条缝，在开挖炮爆破时，这条缝能够反射，阻隔爆震波。

㉓ 减震孔。与预裂爆破起相同作用，在设计开挖边线加密炮眼、缩小排间距离，不装炸药，起到反射阻隔爆震波的作用。

㉔ 光面爆破。是指按照设计要求，某一坡面（多为垂直面）需要实施光面爆破，在这个坡面设计开挖边线，加密炮眼和缩小排间距离，控制药量，达到爆破后该坡面比较规整的要求。

㉕ 基底摊座。是指开挖炮爆破后，在需要设置基础的基底进行剔打找平，使基底达到设计标高要求，以便基础垫层的浇筑。

㉖ 房心回填土工程量。是以主墙间净面积乘填土厚度计算，这里的“主墙”是指结构厚度在 120mm 以上（不含 120mm）的各类墙体。

㉗ 沟槽。是指凡图示沟底宽在 3m 以内，且沟槽长度大于槽宽 3m，且柱基、地坑底面大于 20m²，平整场地挖土方厚度在 30cm 以上的挖土。

第二节　相关的工程技术资料

一、挖沟槽土石方工程量计算

$$外墙沟槽：V_{挖}=S_{断}\times L_{外中}$$

$$内墙沟槽：V_{挖}=S_{断}\times L_{基底净长}$$

$$管道沟槽：V_{挖}=S_{断}\times L_{中}$$

其中沟槽断面有如下形式。

（1）钢筋混凝土基础有垫层时

① 两面放坡［见图 4-2(a)］。

$$S_{断}=(b+2c+mh)\times h+(b'+2\times 0.1)\times h'$$

② 不放坡无挡土板［见图 4-2(b)］。

$$S_{断}=(b+2c)\times h+(b'+2\times 0.1)\times h'$$

③ 不放坡加两面挡土板［见图 4-2(c)］。

$$S_{断}=(b+2c+2\times 0.1)\times h+(b'+2\times 0.1)\times h'$$

④ 一面放坡一面挡土板［见图 4-2(d)］。

$$S_{断}=(b+2c+0.1+0.5mh)\times h+(b'+2\times 0.1)\times h'$$

（2）基础有其他垫层时

① 两面放坡［见图 4-2(e)］。

$$S_{断}=(b'+mh)\times h+b'\times h'$$

② 不放坡无挡土板［见图 4-2(f)］。

$$S_{断}=b'\times(h+h')$$

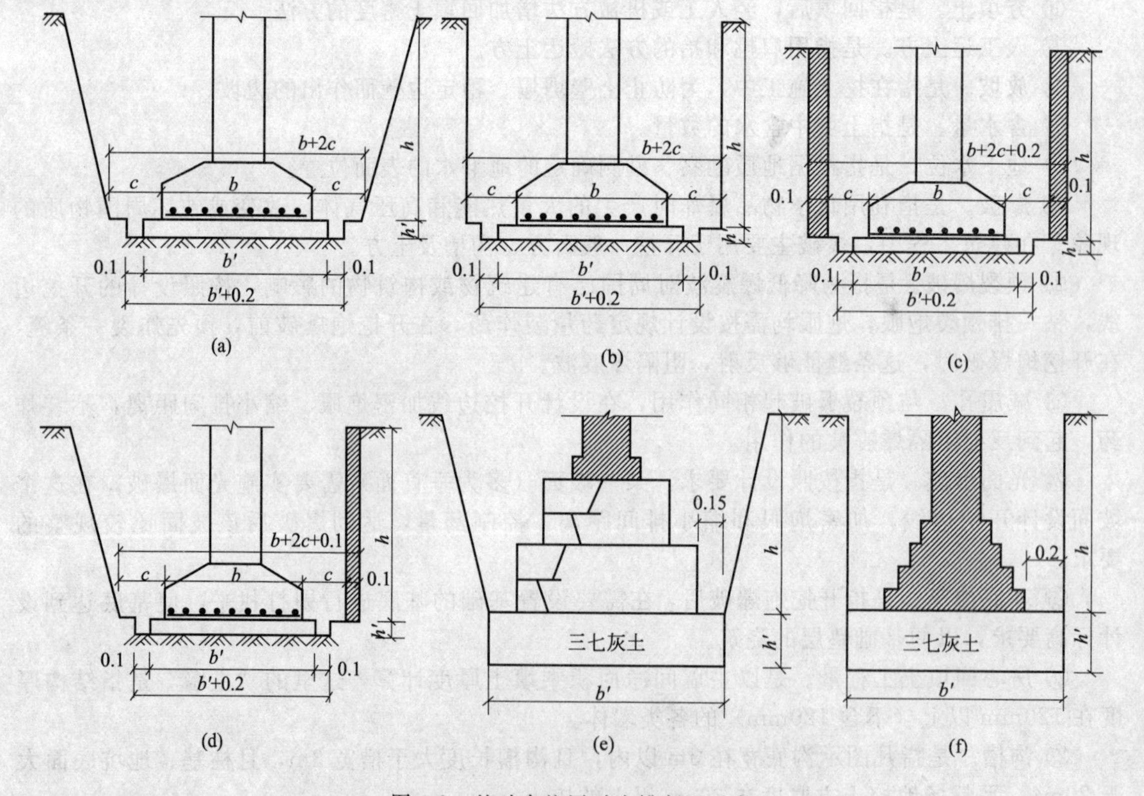

图 4-2　基础有垫层时沟槽断面示意

(3) 基础无垫层时

① 两面放坡［见图 4-3(a)］。

$$S_{断}=[(b+2c)+mh]\times h$$

② 不放坡无挡土板［见图 4-3(b)］。

$$S_{断}=(b+2c)\times h$$

③ 不放坡加两面挡土板［见图 4-3(c)］。

$$S_{断}=(b+2c+2\times 0.1)\times h$$

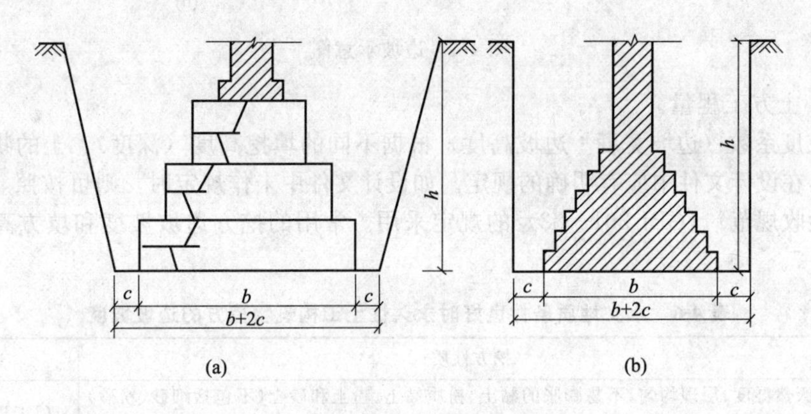

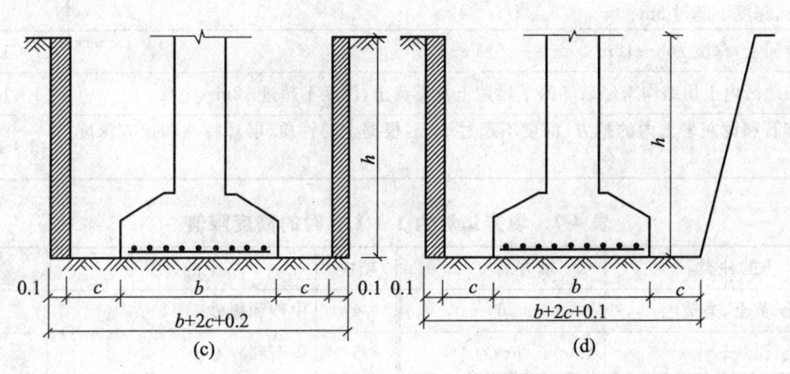

图 4-3 基础无垫层时沟槽断面示意

④ 一面放坡一面挡土板［见图 4-3(d)］。

$$S_{断}=(b+2c+0.1+0.5mh)\times h$$

式中 $S_{断}$——沟槽断面面积；

m——放坡系数；

c——工作面宽度；

h——从室外设计地面至基底深度，即垫层上基槽开挖深度；

h'——基础垫层高度；

b——基础底面宽度；

b'——垫层宽度。

二、边坡土方计算方法

为了保持土体的稳定和施工安全，挖方和填方的周边都应修筑成适当的边坡。边坡的表示方法如图 4-4(a) 所示。图中的 m，为边坡底的宽度 b 与边坡高度 h 的比，称为坡度系数。当边坡高度 h 为已知时，所需边坡底宽 b 即等于 mh ($1:m=h:b$)。若边坡高度较大，可在满足土体稳定的条件下，根据不同的土层及其所受的压力，将边坡修筑成折线形，如图 4-4(b)

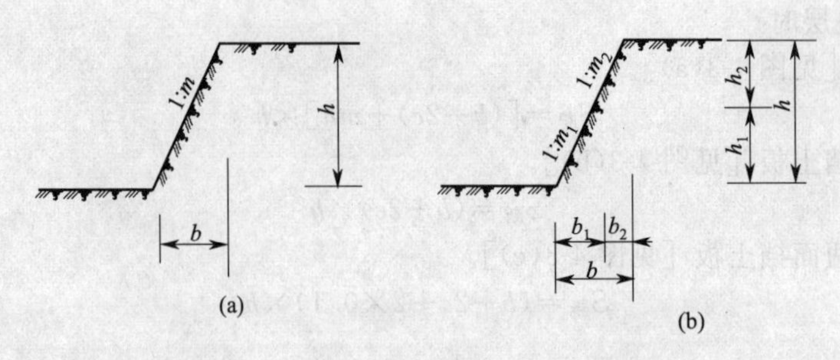

图 4-4　边坡示意图

所示，以减小土方工程量。

边坡的坡度系数（边坡宽度∶边坡高度）根据不同的填挖高度（深度）、土的物理性质和工程的重要性，在设计文件中应有明确的规定。如设计文件中未作规定时，则可按照《土方与爆破工程施工及验收规范》（GBJ 201—83）的规定采用。常用的挖方边坡坡度和填方高度限值，见表 4-6 和表 4-7。

表 4-6　水文地质条件良好时永久性土工构筑物挖方的边坡坡度

项次	挖方性质	边坡坡度
1	在天然湿度、层理均匀，不易膨胀的黏土、粉质黏土、粉土和砂土（不包括细砂、粉砂）内挖方，深度不超过 3m	(1∶1.25)～(1∶1)
2	土质同上，深度为 3～12m	(1∶1.5)～(1∶1.25)
3	干燥地区内土质结构未经破坏的干燥黄土及类黄土，深度不超过 12m	(1∶1.25)～(1∶0.1)
4	在碎石和泥灰岩土内的挖方，深度不超过 12m，根据土的性质、层理特性和挖方深度确定	(1∶1.5)～(1∶0.5)

表 4-7　填方边坡为 1∶1.5 时的高度限值

项次	土的种类	填方高度/m	项次	土的种类	填方高度/m
1	黏土类土、黄土、类黄土	6	4	中砂和粗砂	10
2	粉质黏土、泥灰岩土	6～7	5	砾石和碎石土	10～12
3	粉土	6～8	6	易风化的岩石	12

三、大型土石方工程量计算方法

大型土石方工程，由于施工面积大，地形起伏变化较大，对于此类工程比较实用的工程量计算方法，通常有横截面计算法和方格网计算法。

1. 横截面计算法

横截面计算法适用于地形起伏变化较大的场地。计算方法比较简便，但精确度没有方格网计算法高。

横截面计算法的具体方法是：根据地形图（或直接测量横截面图）及竖向布置图，将需计算的场地划分为若干个横截面。划分的原则是使横截面垂直于等高线，或垂直于主要建（构）筑物的一个边。横面之间的距离可以相等，也可以不等，视地形变化而定，地形变化复杂的间距宜小，反之宜大，但最大不宜超过 100m。然后按所划横截面的位置，在图上绘出每个横截面的自然地面和设计地面的轮廓线图。自然地面轮廓线与设计地面轮廓线之间即为所要施工的土石方工程（挖或填）。工程量计算时，先计算每个横截面的面积，将相邻两横截面的面积之和除以 2，再乘以两相邻截面的距离，即为该段的土石方工程量；将各段土石方工程量按挖、填分别相加汇总，即为总的工程量（挖和填）。民用建筑、大型管沟土石方工程量，一般都采用本方法进行计算。

2. 方格网计算法

① 根据需要平整区域的地形图（或直接测量地形）划分方格网。方格的大小视地形变化的复杂程度及计算要求的精度不同而异，一般方格的大小为 20m×20m（也可为 10m×10m）。然后按设计（总图或竖向布置图），在方格网上套划出方格角点的设计标高（即施工后需达到的高度）和自然标高（原地形高度）。设计标高与自然标高之差即为施工高度，“－”表示挖方，“＋”表示填方。

② 当方格内相邻两角一为填方、一为挖方时，则应按比例分配计算出两角之间不挖不填的“零”点位置，并标于方格边上。再将各“零”点用直线连起来，就可将建筑场地划分为填、挖方区。

③ 土石方工程量的计算公式可参照表 4-8 进行。如遇陡坡等突然变化起伏地段，由于高低悬殊，采用本方法也难准确时，应视具体情况另行补充计算。

表 4-8 方格网点常用计算公式

序号	图示	计算公式
1	a a h_1 h_2 h_3 h_4	方格内四角全为挖方或填方 $V=\frac{a^2}{4}(h_1+h_2+h_3+h_4)$
2	a a h_1 h_2 h_3	三角锥体，当三角锥体全为挖方或填方 $F=\frac{a^2}{2}$ $V=\frac{a^2}{6}(h_1+h_2+h_3)$
3	o o h_1 h_2 a a	方格网内，一对角线为零线，另两角点一为挖方一为填方 $F_{挖}=F_{填}=\frac{a^2}{2}$ $V_{挖}=\frac{a^2}{6}h_1$ $V_{填}=\frac{a^2}{6}h_2$
4	h_1 h_2 h_3 h_4 o b c a	方格网内，三角为挖(填)方，一角为填(挖)方 $b=\frac{ah_4}{h_1+h_4}$ $c=\frac{ah_4}{h_3+h_4}$ $F_{填}=\frac{1}{2}bc$ $F_{挖}=a^2-\frac{1}{2}bc$ $V_{填}=\frac{h_4}{6}bc=\frac{a^2h_4^3}{6(h_1+h_4)(h_3+h_4)}$ $V_{挖}=\frac{a^2}{6}-(2h_1+h_2+2h_3-h_4)+V_{填}$
5	h_1 h_2 h_3 h_4 o b c d e a	方格网内，两角为挖，两角为填 $b=\frac{ah_1}{h_1+h_4}$ $c=\frac{ah_2}{h_2+h_3}$ $d=a-b$ $e=a-c$ $F_{挖}=\frac{1}{2}(b+c)a$ $F_{填}=\frac{1}{2}(d+e)a$ $V_{挖}=\frac{a}{4}(h_1+h_2)\frac{b+c}{2}$ $=\frac{a}{8}(b+c)(h_1+h_2)$ $V_{填}=\frac{a}{4}(h_3+h_4)\frac{d+e}{2}$ $=\frac{a}{8}(d+e)(h_3+h_4)$

④ 将挖方区、填方区所有方格计算出的工程量列表汇总，即得出该建筑场地的土石方挖、填平整工程总量。

第三节　工程量清单工程量计算实例

项目编码：010101001　项目名称：平整场地

【例 4-1】 求如图 4-5 所示人工平整场地工程量（三类土）。

【解】 清单工程量（按设计图示尺寸以建筑物首层面积计算）：

人工平整场地工程量＝[(1.0＋2.0＋1.0＋0.24)×(1.0＋1.0＋0.24)－(2.0－0.24)×1.0]

＝7.74（m^2）

清单工程量计算见下表：

清单工程量计算表

项目编码	项目名称	项目特征描述	计量单位	工程量
010101001001	平整场地	三类土	m^2	7.74

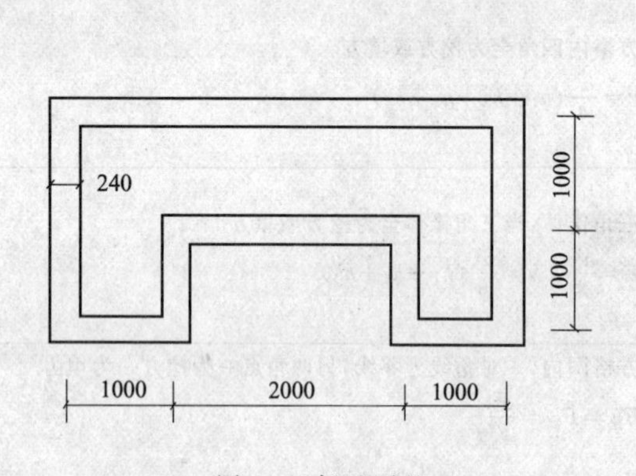

图 4-5　场地平整

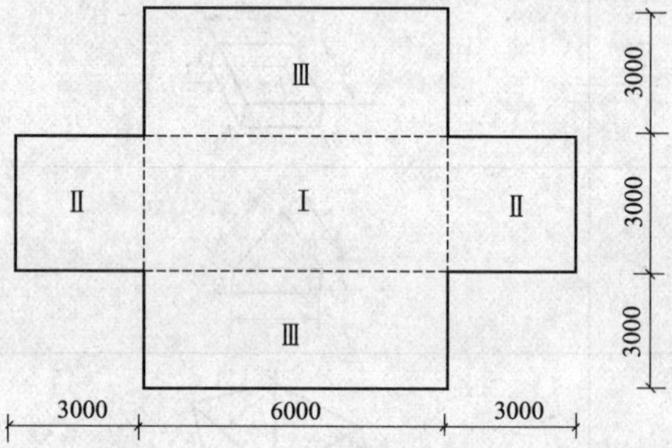

图 4-6　地坑平面图

项目编码：010101002　项目名称：挖土方

【例 4-2】 如图 4-6 所示，欲采用反铲挖掘机开挖一不规则形地坑，其平面图如图 4-6 所示，已知开挖平均深度为 2.2m，采用放坡坑上作业，求挖土方工程量（土质类别为三类土，K＝0.67）。

【解】 清单工程量：

挖土方工程量按设计图示尺寸以体积计算。

① 由地坑平面图知。

地坑平面面积＝[(3.0×2＋6.0)×(3.0×3)－(3.0×3.0×4)]

＝(12×9－36)

＝72.00（m^2）

② 挖土方工程量＝地坑平面面积×开挖平均深度

＝72×2.2

＝158.40（m^3）

清单工程量计算见下表：

清单工程量计算表

项目编码	项目名称	项目特征描述	计量单位	工程量
010101002001	挖土方	三类土，挖土厚 2.2m	m^3	158.40

项目编码：010101003　　项目名称：挖基础土方

【例 4-3】 某不放坡砖基础沟槽如图 4-7 所示，求挖基础土方工程量三类土（已知槽长 50m）。

【解】 清单工程量（按设计图示尺寸以基础垫层底面积乘以挖土深度计算）：

$$挖基础土方工程量=(1.2\times50\times1.5)=90\ (m^3)$$

清单工程量计算见下表：

清单工程量计算表

项目编码	项目名称	项目特征描述	计量单位	工程量
010101003001	挖基础土方	三类土，砖基础，垫层底宽 1.2m，底面积 60m²	m³	90

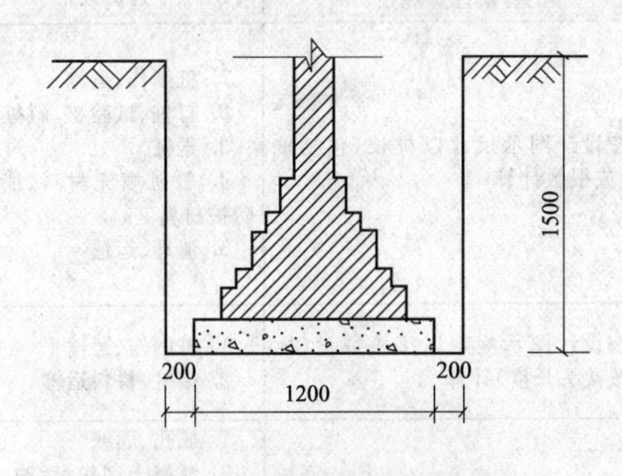

图 4-7　某砖基础沟槽剖面图

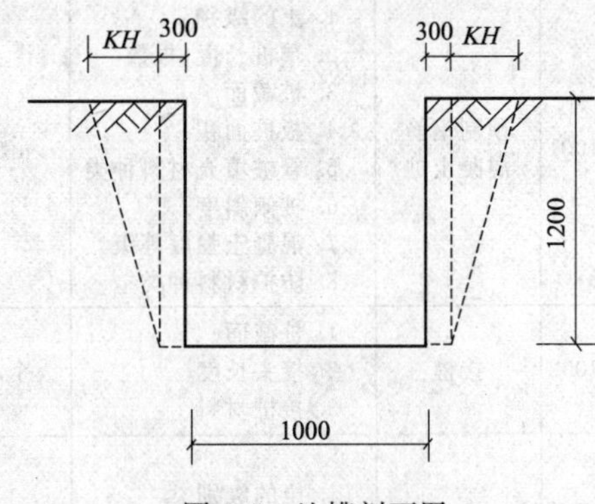

图 4-8　地槽剖面图

项目编码：010101004　　项目名称：冻土开挖

【例 4-4】 如图 4-8 所示，某工程地槽采用人工开挖，挖深 1.2m，混凝土垫层宽 1.0m，土质类型为冻土，放坡系数为 $K=0.25$，求人工挖冻土地槽工程量（已知地槽全长 116m）。

【解】 清单工程量（按设计图示尺寸开挖面积乘以厚度以体积计算冻土开挖工程量）：

$$冻土开挖工程量=1.0\times1.2\times116$$
$$=139.20\ (m^3)$$

说明：由于土质类型为冻土，所以冻土开挖厚度按图示开挖深度 1.2m 取值。

清单工程量计算见下表：

清单工程量计算表

项目编码	项目名称	项目特征描述	计量单位	工程量
010101004001	冻土开挖	挖深 1.2m	m³	139.20

第五章　桩与地基基础工程

第一节　工程量清单项目设置及工程量计算规则

一、混凝土桩

工程量清单项目设置及工程量计算规则，应按表 5-1 的规定执行。

表 5-1　混凝土桩（编码：010201）

项目编码	项目名称	项目特征	计量单位	工程量计算规则	工程内容
010201001	预制钢筋混凝土桩	1. 土的级别 2. 单桩长度、根数 3. 桩截面 4. 板桩面积 5. 管桩填充材料种类 6. 桩倾斜度 7. 混凝土强度等级 8. 防护材料种类	m/根	按设计图示尺寸以桩长（包括桩尖）或根数计算	1. 桩制作、运输 2. 打桩、试验桩、斜桩 3. 送桩 4. 管桩填充材料、刷防护材料 5. 清理、运输
010201002	接桩	1. 桩截面 2. 接头长度 3. 接桩材料	个/m	按设计图示规定以接头数量（板桩按接头长度）计算	1. 桩制作、运输 2. 接桩、材料运输
010201003	混凝土灌注桩	1. 土的级别 2. 单桩长度、根数 3. 桩截面 4. 成孔方法 5. 混凝土强度等级	m/根	按设计图示尺寸以桩长（包括桩尖）或根数计算	1. 成孔、固壁 2. 混凝土制作、运输、灌注、振捣、养护 3. 泥浆池及沟槽砌筑、拆除 4. 泥浆制作、运输 5. 清理、运输

二、其他桩

工程量清单项目设置及工程量计算规则，应按表 5-2 的规定执行。

表 5-2　其他桩（编码：010202）

项目编码	项目名称	项目特征	计量单位	工程量计算规则	工程内容
010202001	砂石灌柱桩	1. 土的级别 2. 桩长 3. 桩截面 4. 成孔方法 5. 砂石级配	m	按设计图示尺寸以桩长（包括桩尖）计算	1. 成孔 2. 砂石运输 3. 填充 4. 振实
010202002	灰土挤密桩	1. 土的级别 2. 桩长 3. 桩截面 4. 成孔方法 5. 灰土级配			1. 成孔 2. 灰土拌和、运输 3. 填充 4. 夯实
010202003	旋喷桩	1. 桩长 2. 桩截面 3. 水泥强度等级			1. 成孔 2. 水泥浆制作、运输 3. 水泥浆旋喷
010202004	喷粉桩	1. 桩长 2. 桩截面 3. 粉体种类 4. 水泥强度等级 5. 石灰粉要求			1. 成孔 2. 粉体运输 3. 喷粉固化

三、地基与边坡处理

工程量清单项目设置及工程量计算规则，应按表 5-3 的规定执行。

表 5-3　地基与边坡处理（编码：010203）

<table>
<tr><th>项目编码</th><th>项目名称</th><th>项目特征</th><th>计量单位</th><th>工程量计算规则</th><th>工程内容</th></tr>
<tr><td>010203001</td><td>地下连续墙</td><td>1. 墙体厚度
2. 成槽深度
3. 混凝土强度等级</td><td rowspan="2">m^3</td><td>按设计图示墙中心线长乘以厚度乘以槽深以体积计算</td><td>1. 挖土成槽、余土运输
2. 导墙制作、安装
3. 锁口管吊拔
4. 浇筑混凝土连续墙
5. 材料运输</td></tr>
<tr><td>010203002</td><td>振冲灌注碎石</td><td>1. 振冲深度
2. 成孔直径
3. 碎石级配</td><td>按设计图示孔深乘以孔截面积以体积计算</td><td>1. 成孔
2. 碎石运输
3. 灌注、振实</td></tr>
<tr><td>010203003</td><td>地基强夯</td><td>1. 夯击能量
2. 夯击遍数
3. 地耐力要求
4. 夯填材料种类</td><td rowspan="3">m^2</td><td>按设计图示尺寸以面积计算</td><td>1. 铺夯填材料
2. 强夯
3. 夯填材料运输</td></tr>
<tr><td>010203004</td><td>锚杆支护</td><td>1. 锚孔直径
2. 锚孔平均深度
3. 锚固方法、浆液种类
4. 支护厚度、材料种类
5. 混凝土强度等级
6. 砂浆强度等级</td><td>按设计图示尺寸以支护面积计算</td><td>1. 钻孔
2. 浆液制作、运输、压浆
3. 张拉锚固
4. 混凝土制作、运输、喷射、养护
5. 砂浆制作、运输、喷射、养护</td></tr>
<tr><td>010203005</td><td>土钉支护</td><td>1. 支护厚度、材料种类
2. 混凝土强度等级
3. 砂浆强度等级</td><td>按设计图示尺寸以支护面积计算</td><td>1. 钉土钉
2. 挂网
3. 混凝土制作、运输、喷射、养护
4. 砂浆制作、运输、喷射、养护</td></tr>
</table>

四、其他相关问题的处理

① 土壤级别按表 5-4 确定。

表 5-4　土壤级别

<table>
<tr><th colspan="2" rowspan="2">内　　容</th><th colspan="2">土壤级别</th><th rowspan="2">内　　容</th><th colspan="2">土壤级别</th></tr>
<tr><th>一级土</th><th>二级土</th><th>一级土</th><th>二级土</th></tr>
<tr><td rowspan="2">砂夹层</td><td>砂层连续厚度</td><td><1m</td><td>>1m</td><td rowspan="2">每米纯沉桩时间平均值</td><td rowspan="2"><2min</td><td rowspan="2">>2min</td></tr>
<tr><td>砂层中卵石含量</td><td>—</td><td><15%</td></tr>
<tr><td rowspan="2">物理性能</td><td>压缩系数</td><td>>0.02</td><td><0.02</td><td rowspan="4">说明</td><td rowspan="4">桩经外力作用较易沉入的土，土中夹有较薄的砂层</td><td rowspan="4">桩经外力作用较难沉入的土，土中夹有不超过 3m 的连续厚度砂层</td></tr>
<tr><td>孔隙比</td><td><0.7</td><td><0.7</td></tr>
<tr><td rowspan="2">力学性能</td><td>静力触探值</td><td><50</td><td>>50</td></tr>
<tr><td>动力触探系数</td><td><20</td><td>>12</td></tr>
</table>

② 混凝土灌注桩的钢筋笼、地下连续墙的钢筋网制作、安装，应按标准附录 A.4 中相关项目编码列项。

五、有关项目的说明

① 预制钢筋混凝土桩项目适用于预制混凝土方桩、管桩和板桩等。

应注意以下几个问题。

a. 试桩应按预制钢筋混凝土桩项目编码单独列项。

b. 试桩与打桩之间间歇时间，机械在现场的停滞，应包括在打试桩报价内。

c. 打钢筋混凝土预制板桩是指留滞原位（即不拔出）的板桩，板桩应在工程量清单中描述其单桩垂直投影面积。

d. 预制桩刷防护材料应包括在报价内。

② 接桩项目适用于预制钢筋混凝土方桩、管桩和板桩的接桩。

应注意以下几个问题。

a. 方桩、管桩接桩按接头个数计算；板桩按接头长度计算。

b. 接桩应在工程量清单中描述接头材料。

③ 混凝土灌注桩项目适用于人工挖孔灌注桩、钻孔灌注桩、爆扩灌注桩、打管灌注桩、振动管灌注桩等。

应注意以下几个问题。

a. 人工挖孔时采用的护壁（如：砖砌护壁、预制钢筋混凝土护壁、现浇钢筋混凝土护壁、钢模周转护壁、竹笼护壁等），应包括在报价内。

b. 钻孔固壁泥浆的搅拌运输，泥浆池、泥浆沟槽的砌筑、拆除，应包括在报价内。

④ 砂石灌注桩适用于各种成孔方式（振动沉管、锤击沉管等）的砂石灌注桩。

应注意：灌注桩的砂石级配、密实系数均应包括在报价内。

⑤ 挤密桩项目适用于各种成孔方式的灰土、石灰、水泥粉、煤灰、碎石等挤密桩。

应注意：挤密桩的灰土级配、密实系数均应包括在报价内。

⑥ 旋喷桩项目适用于水泥浆旋喷桩。

⑦ 喷粉桩项目适用于水泥、生石灰粉等喷粉桩。

⑧ 地下连续墙项目适用于各种导墙施工的复合型地下连续墙工程。

⑨ 锚杆支护项目适用于岩石削坡混凝土支护挡墙和风化岩石混凝土、砂浆护坡。

应注意以下几个问题。

a. 钻孔、布筋、锚杆安装、灌浆、张拉等搭设的脚手架，应列入措施项目费内。

b. 锚杆土钉应按混凝土及钢筋混凝土相关项目编码列项。

⑩ 土钉支护项目适用于土层的锚固（注意事项同锚杆支护）。

六、共性问题的说明

① 本章各项目适用于工程实体，如：地下连续墙适用于构成建筑物、构筑物地下结构部分的永久性复合型地下连续墙。作为深基础支护结构，应列入清单措施项目费，在分部分项工程量清单中不反映其项目。

② 各种桩（除预制钢筋混凝土桩）的充盈量，应包括在报价内。

③ 振动沉管、锤击沉管若使用预制钢筋混凝土桩尖时，应包括在报价内。

④ 爆扩桩扩大头的混凝土量，应包括在报价内。

⑤ 桩的钢筋（如：灌注桩的钢筋笼、地下连续墙的钢筋网、锚杆支护、土钉支护的钢筋网及预制桩头钢筋等）应按混凝土及钢筋混凝土有关项目编码列项。

七、工程常见的名词解释

1. 桩基础工程常见定额解释

① 桩基础：是指地基的松软土层较厚，上部荷载较大，通过桩的作用将荷载传给埋藏较深的坚硬土层，或通过桩周围的摩擦力传给地基，以提高地基的承载力。

② 桩：是指能增加地基承载能力的柱形基础构件。

③ 沉桩：是指利用外加动力使桩强制沉入土中的施工过程。外加动力方式有锤击（即打桩）、压桩（即静力压桩）和振动打桩等。

④ 接桩：是指有些桩很深，而预制桩因吊装、运输、就位等原因，不能将桩预制很长，

这里可分段预制，打桩时先打第一段，到位后连接第二段后续打，直至一根桩完成。接桩的方式有三种，即焊接法、法兰接桩和硫黄胶泥锚接。前两种适用于各类土层，后一种适用于软弱土层。当两根桩头事先埋入预制铁件者，即用电焊连接，当两根桩头未设预埋铁件，或留有钢筋公母榫者，即采用硫黄胶泥铺设于接头端面上互相粘接起来。

⑤ 送桩：是指打桩时因打桩底盘距地面有一段距离（一般为50cm），因而不能继续将桩打入地面以下设计位置，这里可在尚未打入土中的桩顶上放一冲桩，让桩锤将桩冲入土中。因此，只有桩顶（预制桩顶）设计标高超出室外自然标高50cm以上时才送桩。

⑥ 斜度：由于设计上工艺的需要，不能按常规的做法垂直于地面打桩，就出现了打斜桩的特殊情况。斜度是指水平位移与垂直高度之比。

⑦ 坡度：由于施工操作地点位于坡地上，并且依靠场地平整也难以将地坪处理成理想的平地，由此就避免不了在坡地上打桩的实际情况。坡度是指实际地坪与理想水平面的夹角α。

⑧ 级配密实系数：混凝土工程或碎石垫层工程都存在粗骨料和细骨料的搭配问题，也可解释为不同粒径的碎石（卵石）之间的空隙由合适用量的粗细砂填充，级配密实系数是考核粗细骨料最佳状态的搭配以求得最高密实度的一个技术参数。

⑨ 桩间补桩：由于各种原因，需要在已打完桩的地区内间隔地补打预制或现浇桩。

⑩ 夯扩成孔灌注混凝土桩：分单打和复打两种。单打是指沉管灌注混凝土后充盈系数达到规范要求的灌注桩。复打是指在土质不好的情况下，沉灌混凝土后，由于充盈系数小于规范要求必须再次沉管灌注混凝土，以保证桩的截面达到设计要求，复打的混凝土量就是另加的设计夯扩混凝土体积。

⑪ 灰土挤密桩：是将钢管打入土中，将管拔出后，在形成的桩孔中回填三七灰土加以夯实而成。适用于处理湿陷性黄土、素填土及杂填土地基，处理后地基承载力可以提高一倍以上，同时具有节省大量土方、降低造价、施工简便等优点。灰土挤密桩施工前应在现场进行成孔、夯填工艺和挤密效果试验，以确定分层填料厚度，夯击次数和夯实后干密度等。桩施工一般采用先将基坑挖好，预留20～30cm土层，然后在坑内施工灰土桩，基础施工前再将已搅动的土层挖去。

⑫ 扩大桩：一种形如蒜槌，端头增大，靠端头与持力层接触面来抵御上部荷载的混凝土灌注桩。

⑬ 截桩：当打桩结束后，桩顶标高高于设计要求许多，需要采用各种手段将混凝土桩在适当的部位截断，这个截断的全过程称为截桩。

⑭ 纯沉桩时间：是指从打桩至设计深度的净时间。

⑮ 砂夹层：是指地下土壤与土壤中间的砂层。

⑯ 压缩系数：是指土壤经施加压力后，土体积缩小的比例。

⑰ 钢筋混凝土方桩：多是指用钢筋和混凝土浇制成截面为方形的桩。

⑱ 钢筋混凝土管桩：是指用钢筋和混凝土浇制而成的管状桩，亦称离心管桩。

⑲ 钢筋混凝土板桩：是指钢筋和混凝土浇制成断面宽度大于厚度的板形桩。

⑳ 灌注桩：灌注桩亦称现场灌注桩、沉管灌注桩和钻孔灌注桩。它是指用钻孔机（或人工钻孔）成孔后，将钢筋笼放入沉管内，然后随浇混凝土随将钢沉管拔出，或不加钢筋笼，直接将混凝土倒入桩孔经振动而成的桩。一般可分为冲击振动灌注桩、振动灌注桩、钻孔灌注桩和爆扩灌注桩等。

㉑ 钢筋笼：是指按设计桩截面尺寸和长度制作的桩的钢筋骨架。

㉒ 钢板桩：一般是两边有销口的槽形钢板，成排地沉入地下，作为挡水、挡土的临时性围墙，用于较深坑槽、地下管道的施工，也可用钢筋混凝土板桩作为永久性的挡土结构。

㉓ 砂桩：是指用于加固松砂、软黏土及大孔性土地基的一种方法。一般把钢管打入土中，在拔出钢套管的同时填砂，然后振动压实，形成较高密度与强度的砂桩；或使原基土密实，提

高承载能力，或与原基土组成强度较高的复合地基。

㉔ 灰土桩：也称灰土挤密桩，是指600kg的柴油打桩（或落锤），按设计要求的桩径打入土中，拔出钢管后，在孔中填灌2∶8或3∶7（灰土的体积比）灰土夯筑而成的桩。一般多用于加固杂填土、湿陷性黄土新填土地基。桩径为250～400cm，深4～6m。

㉕ 桩帽：是指在打桩时，为保护桩顶不被打破而采用的保护措施。

㉖ 桩尖：是指在打桩时，桩入土端头制作的锥形尖。

㉗ 打桩：是指用机械桩锤打桩顶，用桩锤动量转换的功，除去各种损耗外，还足以克服桩身与土的摩擦阻力和桩尖阻力，使桩沉入土中。

2. 地基基础工程常见定额名词解释

① 地基：是指为支承基础的土体或岩体。

② 基础：是指将结构所承受的各种作用传递到地基上的结构组成部分。

③ 地基承载力特征值：是指由载荷试验测定的地基土压力变形曲线线性变形段内规定的变形所对应的压力值，其最大值为比例界限值。

④ 重力密度（重度）：单位体积岩土所承受的重力，为岩土的密度与重力加速度的乘积。

⑤ 岩体结构面：是指岩体内开裂的和易开裂的面，如层面、节理、断层、片理等，又称不连续构造面。

⑥ 标准冻深：在地面平坦、裸露、城市之外的空旷场地中不少于10年的实测最大冻深的平均值。

⑦ 地基变形允许值：为保证建筑物正常使用而确定的变形控制值。

⑧ 土岩组合地基：在建筑地基（或被沉降缝分隔区段的建筑地基）的主要受力层范围内，有下卧基岩表面坡度较大的地基；或石芽密布并有出露的地基；或大块孤石或个别石芽出露的地基。

⑨ 重锤夯实地基：利用重锤自由下落时的冲击能来夯实浅层填土地基，使表面形成一层较为均匀的硬层来承受土中载荷，强夯的锤击与落距要远大于重锤夯实地基。

⑩ 地基强夯：是为提高地基的强度和承载能力，降低地基压缩性，使地基在上部荷载作用下，满足容许沉降量和容许承载力要求，对地基进行加固处理。

⑪ 强夯法：是用起重机械将大吨位夯锤（一般不小于8t）起吊到高处（一般不小于6m）自由落下以对土体进行强力夯击，以提高地基强度，降低地基压缩性。强夯法是在重锤法的基础上发展起来的。强夯法是用很大的冲击波和应力，迫使土中孔隙压缩，土体局部液化，强夯点周围产生裂隙形成良好的排水通道，土体迅速固结。适用于黏性土、湿陷性黄土及人工填土地基的深层加固。

⑫ 夯击能：由夯锤和落距决定，设夯锤质量为G，落距为H，则每一击的夯击能为GH，一般为500～3000kJ。夯击遍数一般为2～5遍，对于细颗粒较多的透水性土层，加固要求高的工程，夯击遍数可适当增加。

⑬ 注浆地基：将配置好的化学浆液或水泥浆液，通过导管注入土体孔隙中，与土体结合，发生物化反应，从而提高土体强度，减小其压缩性和渗透性。

⑭ 预压地基：在原状土上加载，使土中水排出，以实现土的预先固结，减少建筑物地基后期沉降和提高地基承载力。按加载方法的不同，可分为堆载预压、真空预压和降水预压三种不同方法的预压地基。

⑮ 高压喷射注浆地基：利用钻机把带有喷嘴的注浆管钻至土层的预定位置或先钻孔后将注浆管放至预定位置，以高压使浆液或水从喷嘴中射出，边旋转边喷射的浆液，使土堆栈与浆液搅拌混合形成一固结体。施工采用单独喷出水泥浆的工艺，称为单管法；施工采用同时喷出高压空气与水泥浆的工艺，称为二管法；施工采用同时喷出高压水、高压空气及水泥浆的工艺，称为三管法。

⑯ 水泥土搅拌桩地基：是指利用水泥作为固化剂，通过搅拌机械将其与地基土强制搅拌，

硬化后构成的地基。

⑰ 土与灰土挤密桩地基：在原土中成孔后分层填以素土或灰土并夯实，使填土压密，同时挤密周围土体，构成坚实的地基。

⑱ 水泥粉煤灰、碎石桩：用长螺旋钻机钻孔或管桩机成孔后，将水泥、粉煤灰及碎石混合搅拌后，泵压或经下料斗投入孔内，构成密实的桩体。

⑲ 锚杆静压桩：利用锚杆将桩分节压入土层中的沉桩工艺。锚杆可用垂直土锚或临时锚在混凝土底板和承台中的地锚。

⑳ 地基处理：是指为提高地基土的承载力，改善其变形性质或渗透性质而采取的人工方法。

㉑ 复合地基：是指部分土体被增强或被置换，而形成的由地基土和增强体共同承担荷载的人工地基。

㉒ 扩展基础：将上部结构传来的荷载，通过向侧边扩展成一定底面积，使作用在基底的压应力等于或小于地基土的允许承载力，而基础内部的应力应同时满足材料本身的强度要求，这种起到压力扩散作用的基础称为扩展基础。

㉓ 无筋扩展基础：由砖、毛石、混凝土或毛石混凝土灰土和三合土等材料组成的，且无需配置钢筋的墙下条形基础或柱下独立基础。

㉔ 桩基础：是指由设置于岩土中的桩和连接于桩顶端的承台组成的基础。

㉕ 支挡结构：使岩土边坡保持稳定、控制位移而建造的结构物。

㉖ 静力触探：是指单桥电阻应变式探头或双桥电阻应变式探头以静力贯入所要测试的土层中，用电阻应变仪或电位差计量测土的比贯入阻力，从而判定土的力学性质。与常规的勘探方法比较，它能快速、连续地探测土层及其性质的变化，还能确定桩的持力层及预估单桩承载力，为桩基设计（桩长、桩径、数量）提供依据，但不适用于难于贯入的坚硬地层。

㉗ 动力触探：系利用一定质量的落锤，以一定的落距将触探头打入土中，根据打入的难易程度（贯入度）得到每贯入一定深度的锤击次数作为表示地基强度的指标值。其设备主要由触探头、触探杆和穿心锤三部分组成。测试方法有轻型动力触探、中型动力触探、重型Ⅰ动力触探和重型Ⅱ动力触探四种，可测得触探指标 N_{10}、N_{28}、$N_{63.5}$、$N_{(63.5)}$，即可确定土的容许承载力和变形模量，也可划分土层、了解土层的均匀性。常用动力探测系数划分土层中土壤的类别。

第二节　相关的工程技术资料

一、爆扩桩的体积

爆扩桩的体积可参照表 5-5 进行计算。

表 5-5　爆扩桩的体积

桩身直径/mm	桩头直径/mm	桩长/m	混凝土量/m^3	桩身直径/mm	桩头直径/mm	桩长/m	混凝土量/m^3
250	800	3.0	0.376	300	800	3.0	0.424
		3.5	0.401			3.5	0.459
		4.0	0.425			4.0	0.494
		4.5	0.454			4.5	0.530
		5.0	0.474			5.0	0.565
250	1000	3.0	0.622	300	900	3.0	0.530
		3.5	0.647			3.5	0.566
		4.0	0.671			4.0	0.601
		4.5	0.696			4.5	0.637
		5.0	0.720			5.0	0.672
每增减		0.50	0.025	每增减		0.50	0.026

续表

桩身直径/mm	桩头直径/mm	桩长/m	混凝土量/m³	桩身直径/mm	桩头直径/mm	桩长/m	混凝土量/m³
300	1000	3.0	0.665	400	1000	3.0	0.755
		3.5	0.701			3.5	0.838
		4.0	0.736			4.0	0.901
		4.5	0.771			4.5	0.964
		5.0	0.807			5.0	1.027
300	1200	3.0	1.032	400	1200	3.0	1.156
		3.5	1.068			3.5	1.219
		4.0	1.103			4.0	1.282
		4.5	1.138			4.5	1.345
		5.0	1.174			5.0	1.408
每增减		0.50	0.036	每增减		0.50	0.064

注：1. 桩长系指桩全长包括桩头。

2. 计算公式：$V=A(L-D)+(1/6\pi D^3)$

式中 A——断面面积；

L——桩长（全长包括桩尖）；

D——球体直径。

二、混凝土灌注桩的体积

混凝土灌注桩的体积可参照表 5-6 进行计算。

表 5-6 混凝土灌注桩的体积

桩直径/mm	套管外径/mm	桩全长/m	混凝土体积/m³	桩直径/mm	套管外径/mm	桩全长/m	混凝土体积/m³
300	325	3.00	0.2489	300	351	5.00	0.4838
		3.50	0.2904			5.50	0.5322
		4.00	0.3318			6.00	0.5806
		4.50	0.3733			每增减 0.10	0.0097
		5.00	0.4148	400	459	3.00	0.4965
		5.50	0.4563			3.50	0.5793
		6.00	0.4978			4.00	0.6620
		每增减 0.10	0.0083			4.50	0.7448
300	351	3.00	0.2903			5.00	0.8275
		3.50	0.3387			5.50	0.9103
		4.00	0.3870			6.00	0.9930
		4.50	0.4354			每增减 0.10	0.0165

注：混凝土体积$=\pi r^2=0.7854\times$套管外径的平方。式中 r 为套管外径。

三、预制钢筋混凝土桩的体积

预制钢筋混凝土桩的体积可参照表 5-7 及表 5-8 进行计算。

表 5-7 预制钢筋混凝土方桩的体积

桩截面/mm	桩尖长/mm	桩长/m	混凝土体积/m³		桩截面/mm	桩尖长/mm	桩长/m	混凝土体积/m³	
			A	B				A	B
250×250	400	3.00	0.171	0.188	300×300	400	3.00	0.246	0.270
		3.50	0.202	0.229			3.50	0.291	0.315
		4.00	0.233	0.250			4.00	0.336	0.360
		5.00	0.296	0.312			5.00	0.426	0.450
		每增减 0.5	0.031	0.031			每增减 0.5	0.045	0.045

续表

桩截面/mm	桩尖长/mm	桩长/m	混凝土体积/m³		桩截面/mm	桩尖长/mm	桩长/m	混凝土体积/m³	
			A	*B*				*A*	*B*
320×320	400	3.00	0.280	0.307	350×350	400	8.00	0.947	0.980
		3.50	0.331	0.358			每增减 0.5	0.0613	0.0613
		4.00	0.382	0.410	400×400	400	5.00	0.757	0.800
		5.00	0.485	0.512			6.00	0.917	0.960
		每增减 0.5	0.051	0.051			7.00	1.077	1.120
350×350	400	3.00	0.335	0.368			8.00	1.237	1.280
		3.50	0.396	0.429			10.00	1.557	1.600
		4.00	0.457	0.490			12.00	1.877	1.920
		5.00	0.580	0.613			15.00	2.357	2.400
		6.00	0.702	0.735			每增减 0.5	0.08	0.08

注：1. 混凝土体积栏中，*A* 为理论计算体积，*B* 为按工程量计算的体积。

2. 桩长包括桩尖长度。混凝土体积理论计算公式为

$$V=(L\times A)+\frac{1}{3}AH$$

式中 V——体积；

L——桩长（不包括桩尖长）；

A——桩截面面积；

H——桩尖长。

表 5-8 预制钢筋混凝土圆桩的体积 单位：m³

桩 长/m	桩断面直径/mm			
	250	300	350	400
5.0	0.2453	0.3532	0.4808	0.6280
5.5	0.2698	0.3886	0.5289	0.6908
6.0	0.2944	0.4239	0.5770	0.7536
6.5	0.3189	0.4592	0.6250	0.8164
7.0	0.3434	0.4945	0.6731	0.8792
7.5	0.3684	0.5299	0.7212	0.9420
8.0	0.3925	0.5652	0.7693	1.0048
8.5	0.4170	0.6005	0.8173	1.0676
9.0	0.4416	0.6358	0.8655	1.1304
9.5	0.4661	0.6712	0.9135	1.1932
10.0	0.4906	0.7065	0.9616	1.2560

四、护壁和桩芯的体积

护壁和桩芯的体积计算见表 5-9。

表 5-9　护壁和桩芯体积计算

项　目	体积计算式	图　示
上部护壁	上部护壁(h_1、h_2 部分)体积计算式(每段): $V=\frac{\pi}{2}h\delta(D+d-2\delta)$ $=1.5708h\delta(D+d-2\delta)$ (h 为标准段 h_1 或扩大段 h_2) 常用标准段护壁混凝土量见表 5-10	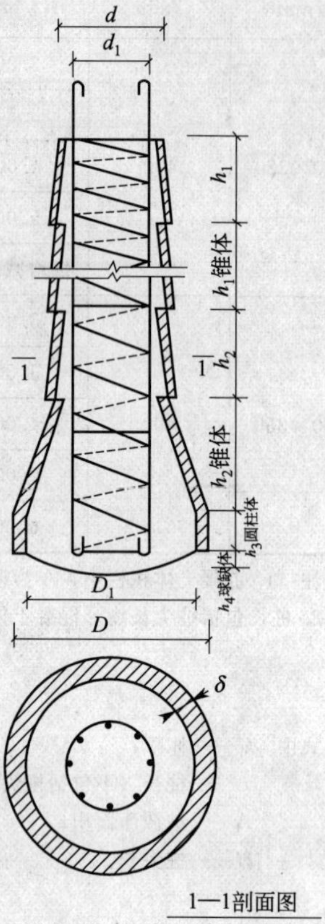 1—1剖面图
底段护壁	底段护壁(h_3 部分、空心桩体)体积计算式: $V=\frac{\pi}{4}h_3(D^2-D_1^2)$ $=0.7854h_3(D^2-D_1^2)$	
混凝土桩芯	(1)标准段和底部扩大段体积 $V=\frac{\pi}{12}h(D_1^2+d_1^2+D_1d_1)$ $=0.2618h(D_1^2+d_1^2+D_1d_1)$ (h 为标准段 h_1 或扩大段 h_2) 常用标准段桩芯混凝土量见表 5-10。 (2)底段圆柱体体积 $V=\frac{\pi}{4}h_3D_1^2$ $=0.7854h_3D_1^2$ (3)底端球缺体体积 $V=\frac{\pi}{6}h_4\left(\frac{3}{4}D_1^2+h_4^2\right)$ $=0.5236h_4\left(\frac{3}{4}D_1^2+h_4^2\right)$ 以上各式中 D、D_1——锥体下口外径、内径,m; d、d_1——锥体上口外径、内径,m; δ——护壁壁厚,m	

表 5-10　常用人工挖孔桩标准段护壁和桩芯混凝土量(壁厚 0.10m，高度 1.00m)

标准段上口外径/m	护壁/m^3	桩芯/m^3	合计/m^3	备　注
0.80	0.2513	0.3875	0.6388	合计混凝土量即为人工挖孔土石方量
0.90	0.2827	0.5053	0.7880	
1.00	0.3142	0.6388	0.9530	
1.10	0.3456	0.7880	1.1336	
1.20	0.3770	0.9530	1.3300	
1.30	0.4084	1.1336	1.5420	
1.40	0.4398	1.3299	1.7697	
1.50	0.4712	1.5420	2.0132	
1.60	0.5026	1.7698	2.2724	
1.70	0.5340	2.0132	2.5472	
1.80	0.5654	2.2724	2.8378	
1.90	0.5968	2.5473	3.1441	
2.00	0.6282	2.8379	3.4661	
2.10	0.6596	3.1442	3.8038	
2.20	0.6910	3.4662	4.1572	
2.30	0.7224	3.8040	4.5264	
2.40	0.7538	4.1574	4.9112	
2.50	0.7852	4.5265	5.3117	
2.60	0.8166	4.9114	5.7280	
2.70	0.8480	5.3119	6.1599	
2.80	0.8794	5.7282	6.6076	
2.90	0.9108	6.1602	7.0710	
3.00	0.9422	6.6078	7.5500	

五、灌注桩箍筋的质量

灌注桩箍筋的质量见表 5-11 及表 5-12。

表 5-11　每根圆形箍筋的质量　　单位：kg

桩身直径/mm	300	350	400	450	500	550	600	650	700
$\phi6$	0.218	0.252	0.287	0.322	0.357	0.392	0.427	0.642	0.497
$\phi8$	0.413	0.475	0.537	0.599	0.661	0.723	0.785	0.847	0.909

注：1. 箍筋质量=(圆桩直径－保护层＋两端弯勾＋搭接长度)×单位质量。

2. 保护层=2×2.5mm。

3. 弯钩长=12.5d。

4. 搭接长=20d。

表 5-12　每米高螺旋形箍筋的质量　　单位：kg

桩及钢筋直径/mm 箍筋旋距/m	300		400		500		600		700	
	$\phi6$	$\phi8$	$\phi6$	$\phi8$	$\phi6$	$\phi8$	$\phi6$	$\phi8$	$\phi6$	$\phi8$
100	1.758	3.127	2.451	4.361	3.146	5.598	3.842	6.836	4.539	8.076
120	1.470	2.615	2.046	3.641	2.625	4.670	3.204	5.701	3.784	6.733
150	1.183	2.106	1.642	2.922	2.104	3.744	2.567	4.567	3.030	5.392
180	0.994	1.768	1.374	2.445	1.758	3.127	2.143	3.812	2.528	4.498
200	0.900	1.601	1.240	2.207	1.585	2.820	1.931	3.435	2.277	4.052
220	0.823	1.464	1.122	1.996	1.444	2.569	1.758	3.127	2.072	3.688
250	0.732	1.302	1.001	1.728	1.275	2.268	1.550	2.758	1.827	3.250
280	0.661	1.176	0.900	1.601	1.143	2.033	1.388	2.469	1.634	2.908
300	0.622	1.107	0.843	1.501	1.069	1.903	1.298	2.309	1.527	2.717

注：每米螺旋筋重=$\sqrt{1+\left[\frac{\pi(D-50)^2}{b}\right]}$×相应钢筋单重，$D$为桩直径，$b$为螺距。

第三节　工程量清单工程量计算实例

项目编码：010201001　　项目名称：预制钢筋混凝土桩

【例 5-1】 某工程打预制钢筋混凝土桩，其形状如图 5-1 所示，其中土质为二类土，试计算打桩工程量。

【解】 清单工程量：

工程量按设计图示尺寸以桩长（包括桩尖）或根数计算，即

工程量=8.60（m）

清单工程量计算见下表：

清单工程量计算表

项目编码	项目名称	项目特征描述	计量单位	工程量
010201001001	预制钢筋混凝土桩	二类土，单桩长 8.6m。共 1 根，桩截面为 300mm×300mm，管桩填充钢筋混凝土	m	8.60

项目编码：010201002　　项目名称：接桩

【例 5-2】 某工程土质为二类土，需打桩 30 根，每根桩由四段接成，如图 5-2 所示用硫黄胶泥接头，求其接桩工程量。

【解】 清单工程量：

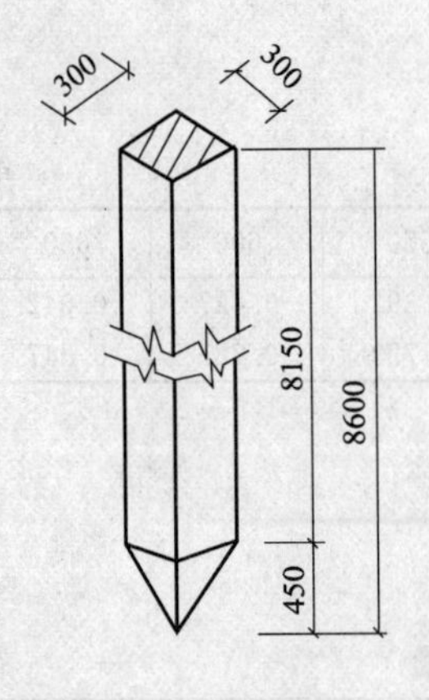

图 5-1 钢筋混凝土桩

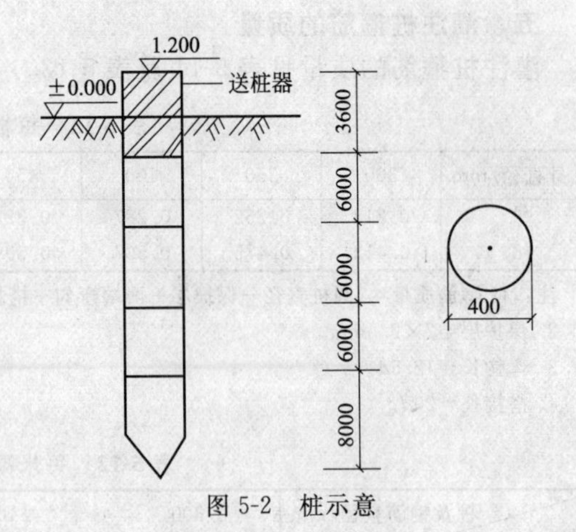

图 5-2 桩示意

工程量＝(4－1)×30＝90（个）

清单工程量计算见下表：

清单工程量计算表

项目编码	项目名称	项目特征描述	计量单位	工程量
010201002001	接桩	桩截面为 R＝0.2m 的圆形截面，接桩材料为硫黄胶泥接头	个	90

项目编码：010201003　　项目名称：混凝土灌注桩

【例 5-3】 某工程灌注桩，土质为二类土，单桩设计长度 6m，总根数 136 根，用柴油打孔机打孔，钢管外径 450mm，采用扩大桩复打两次，求其工程量。

【解】 清单工程量：

据计算规则可知，工程量按设计图示尺寸以桩长计算，则

工程量＝136×6＝816.00（m）

清单工程量计算见下表：

清单工程量计算表

项目编码	项目名称	项目特征描述	计量单位	工程量
010201003001	混凝土灌注桩	二类土，单桩长 6m，共 136 根，桩截面为 R＝450mm 的圆形截面，用柴油打孔机打孔	m	816.00

项目编码：010202001　　项目名称：砂石灌注桩

【例 5-4】 某工程钻孔灌注桩示意图如图 5-3 所示，共有承台 20 座，D＝500mm，L＝16m，求其工程量。

【解】 清单工程量：

工程量＝16×4×20＝1280.00（m）

说明：钻孔砂石灌注桩的工程量包括：①成孔；②砂石运输；③填实；④振实。

清单工程量计算见下表：

清单工程量计算表

项目编码	项目名称	项目特征描述	计量单位	工程量
010202001001	砂石灌注桩	桩长 16m，桩截面为 R＝0.25m 的圆形截面	m	1280.00

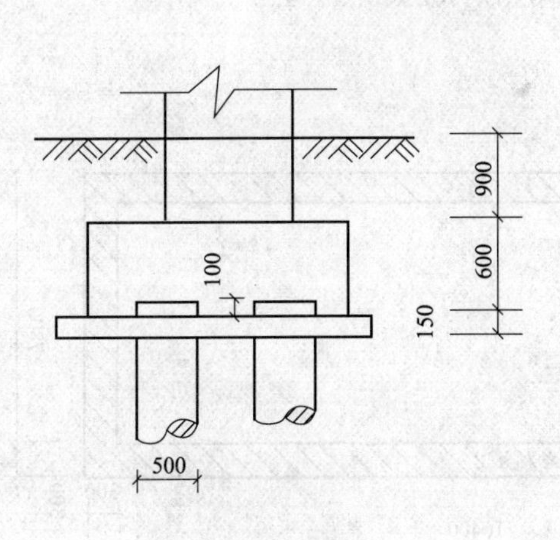

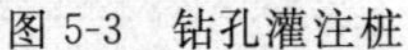
图 5-3　钻孔灌注桩

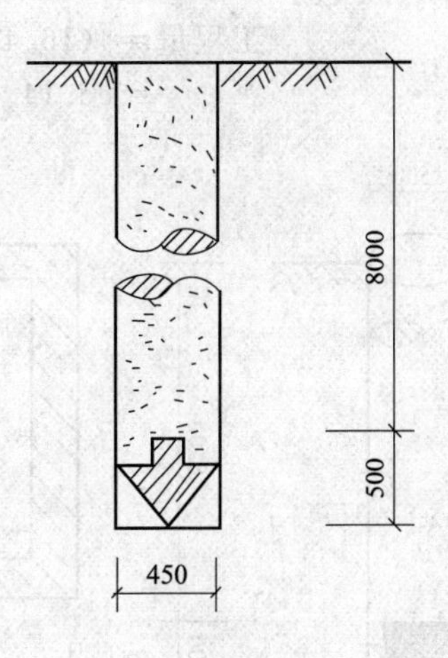

图 5-4　高压旋喷桩

项目编码：010202003　　项目名称：旋喷桩

【例 5-5】 某工程桩基施工采用高压旋喷桩，土质为一级土，桩成孔孔径 $D=150$mm，形状如图 5-4 所示，共需此桩 36 根，求其工程量。

【解】 清单工程量：

据计算规则按设计图示尺寸以桩长（包括桩尖）计算，则

$$工程量=(8+0.5)\times 36\text{m}=306.00\ (\text{m})$$

说明：工程内容包括成孔、水泥浆制作、运输、水泥浆旋喷。

清单工程量计算见下表：

清单工程量计算表

项目编码	项目名称	项目特征描述	计量单位	工程量
010202003001	旋喷桩	桩长 8.5m，桩截面为 $R=225$mm 的圆形截面	m	306.00

项目编码：010202004　　项目名称：喷粉桩

【例 5-6】 工程喷粉桩施工中，桩大致形状如图 5-5 所示，求其喷粉桩工程量。

【解】 清单工程量：

按设计图示尺寸以桩长（包括桩尖）计算，则

$$工程量=8.5+0.5=9.00\ (\text{m})$$

说明：工程内容包括成孔，粉体运输，喷粉固化。

清单工程量计算见下表：

清单工程量计算表

项目编码	项目名称	项目特征描述	计量单位	工程量
010202004001	喷粉桩	桩长 9m，桩截面为 $R=250$mm 的圆形截面	m	9.00

项目编码：010203001　　项目名称：地下连续墙

【例 5-7】 某工程地基处理采用地下连续墙形式，如图 5-6 所示，墙体厚 300mm，埋深 4.6m，土质为二类土，求其工程量。

【解】 清单工程量：

按工程量清单规则得，按设计图示墙中心线长乘以厚度再乘以槽深以体积计算。即

$$工程量=[(16.4-0.3)+(7.8-0.3)]\times 2\times 0.3\times 4.6$$
$$=65.14\ (m^3)$$

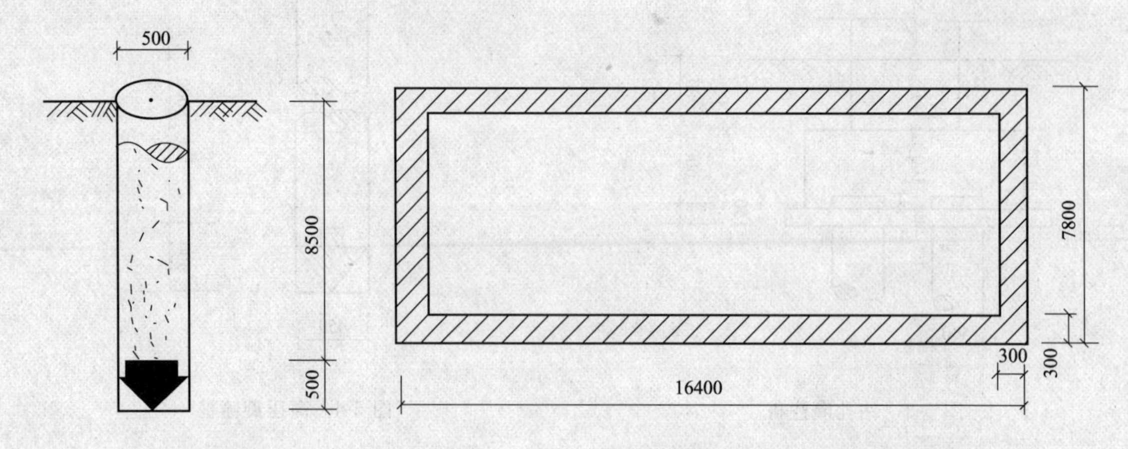

图 5-5 喷粉桩　　　　图 5-6 地下连续墙平面图

说明：工程内容包括以下几方面内容。①挖土成槽，余土外运；②导墙制作、安装；③锁口管吊拔；④浇筑混凝土连续墙；⑤材料运输。

清单工程量计算见下表：

清单工程量计算表

项目编码	项目名称	项目特征描述	计量单位	工程量
010203001001	地下连续墙	1. 墙体厚度 300mm 2. 成槽深度 4.6m 3. 混凝土强度等级 C30	m^3	65.14

项目编码：010203003　　项目名称：地基强夯

【例 5-8】 某工程基础强夯工程，夯点布置如图 5-7 所示，夯击能 400t·m，每坑击数 5 击，设计要求第一遍、第二遍为隔点夯击，第三遍为低锤满夯。土质为二类土，试计算其强夯工程量。

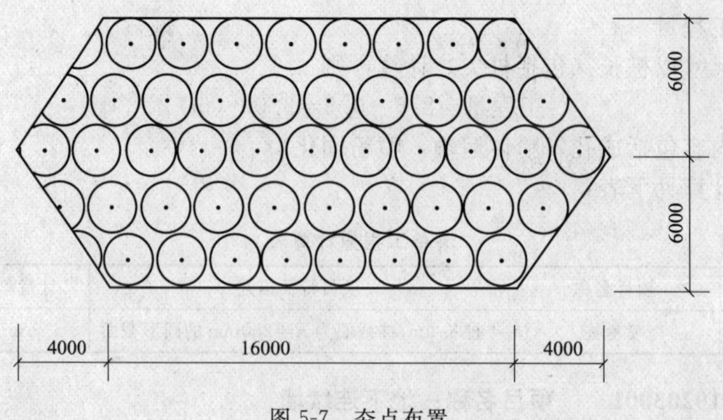

图 5-7 夯点布置

【解】 清单工程量：

由《建设工程工程量清单计价规范》(GB 50500—2008) 可知，地基强夯工程量按设计图示以面积计算。即

$$工程量=16\times(6+6)+\frac{1}{2}\times(6+6)\times4\times2$$
$$=192+48$$
$$=240.00\ (m^2)$$

说明：工程内容包括以下几方面内容。①铺夯填材料；②强夯；③夯填材料运输。项目特征有以下几方面内容。①夯击能量；②夯击遍数；③地基承载力要求；④夯填材料种类。

清单工程量计算见下表：

清单工程量计算表

项目编码	项目名称	项目特征描述	计量单位	工程量
010203003001	地基强夯	夯击能量 400t·m,夯击 3 遍	m^2	240.00

项目编码：010203004　　项目名称：锚杆支护

【例 5-9】 某工程地基边坡处理采用锚杆支护，如图 5-8 所示，锚杆直径 $D=500$mm，斜边×边坡（6m），土质为二类土，求其工程量。

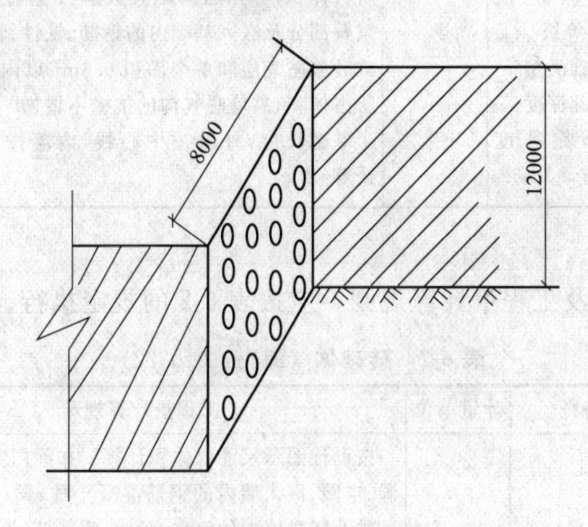

图 5-8　锚杆支护示意

【解】 清单工程量：

按设计图示尺寸以支护面积计算。即

$$工程量=8\times12=96.00\ (m^2)$$

说明：工程内容包括以下几方面内容。①钻孔；②浆液制作、运输及压浆；③张拉锚固；④混凝土制作、运输、喷射及养护；⑤砂浆制作、运输、喷射及养护。

清单工程量计算见下表：

清单工程量计算表

项目编码	项目名称	项目特征描述	计量单位	工程量
010203004001	锚杆支护	锚孔直径 $D=500$mm,锚孔深 6m	m^2	96.00

第六章 砌筑工程

第一节 工程量清单项目设置及工程量计算规则

一、砖基础

工程量清单项目设置及工程量计算规则，应按表 6-1 的规定执行。

表 6-1 砖基础（编码：010301）

项目编码	项目名称	项目特征	计量单位	工程量计算规则	工程内容
010301001	砖基础	1. 垫层材料种类、厚度 2. 砖品种、规格、强度等级 3. 基础类型 4. 基础深度 5. 砂浆强度等级	m^3	按设计图示尺寸以体积计算。包括附墙垛基础宽出部分体积，扣除地梁（圈梁）、构造柱所占体积，不扣除基础大放脚 T 形接头处的重叠部分及嵌入基础内的钢筋、铁件、管道、基础砂浆防潮层和单个面积 $0.3m^2$ 以内的孔洞所占体积，靠墙暖气沟的挑檐不增加 基础长度：外墙按中心线，内墙按净长线计算	1. 砂浆制作、运输 2. 铺设垫层 3. 砌砖 4. 防潮层铺设 5. 材料运输

二、砖砌体

工程量清单项目设置及工程量计算规则，应按表 6-2 的规定执行。

表 6-2 砖砌体（编码：010302）

项目编码	项目名称	项目特征	计量单位	工程量计算规则	工程内容
010302001	实心砖墙	1. 砖品种、规格、强度等级 2. 墙体类型 3. 墙体厚度 4. 墙体高度 5. 勾缝要求 6. 砂浆强度等级、配合比	m^3	按设计图示尺寸以体积计算。扣除门窗洞口、过人洞、空圈、嵌入墙内的钢筋混凝土柱、梁、圈梁、挑梁、过梁及凹进墙内的壁龛、管槽、暖气槽、消火栓箱所占体积。不扣除梁头、板头、檩头、垫木、木楞头、沿椽木、木砖、门窗走头、砖墙内加固钢筋、木筋、铁件、钢管及单个面积 $0.3m^2$ 以内的孔洞所占体积。凸出墙面的腰线、挑檐、压顶、窗台线、虎头砖、门窗套的体积亦不增加。凸出墙面的砖垛并入墙体体积内计算 (1)墙长度 外墙按中心线，内墙按净长计算 (2)墙高度 ①外墙：斜（坡）屋面无檐口天棚者算至屋面板底；有屋架且室内外均有天棚者算至屋架下弦底另加 200mm；无顶棚者算至屋架下弦底另加 300mm，出檐宽度超过 600mm 时按实砌高度计算；平屋面算至钢筋混凝土板底 ②内墙：位于屋架下弦者，算至屋架下弦底；无屋架者算至顶棚底另加 100mm；有钢筋混凝土楼板隔层者算至楼板顶；有框架梁时算至梁底 ③女儿墙：从屋面板上表面算至女儿墙顶面（如有混凝土压顶时算至压顶下表面） ④内、外山墙：按其平均高度计算 (3)围墙 高度算至压顶上表面（如有混凝土压顶时算至压顶下表面），围墙柱并入围墙体积内	1. 砂浆制作运输 2. 砌砖 3. 勾缝 4. 砖压顶砌筑 5. 材料运输

续表

项目编码	项目名称	项目特征	计量单位	工程量计算规则	工程内容
010302002	空斗墙	1. 砖品种、规格、强度等级 2. 墙体类型 3. 墙体厚度 4. 勾缝要求 5. 砂浆强度等级、配合比	m³	按设计图示尺寸以空斗墙外形体积计算，墙角、内外墙交接处、门窗洞口立边、窗台砖、屋檐处的实砌部分体积并入空斗墙体积内	1. 砂浆制作、运输 2. 砌砖 3. 装填充料 4. 勾缝 5. 材料运输
010302003	空花墙	1. 砖品种、规格、强度等级 2. 墙体类型 3. 墙体厚度 4. 勾缝要求 5. 砂浆强度等级		按设计图示尺寸以空花部分外形体积计算，不扣除空洞部分体积	
010302004	填充墙	1. 砖品种、规格、强度等级 2. 墙体厚度 3. 填充材料种类 4. 勾缝要求 5. 砂浆强度等级		按设计图示尺寸以填充墙外形体积计算	
010302005	实心砖柱	1. 砖品种、规格、强度等级 2. 柱类型 3. 柱截面 4. 柱高 5. 勾缝要求 6. 砂浆强度等级、配合比		按设计图示尺寸以体积计算。扣除混凝土及钢筋混凝土梁垫、梁头、板头所占体积	1. 砂浆制作、运输 2. 砌砖 3. 勾缝 4. 材料运输
010302006	零星砌砖	1. 零星砌砖名称、部位 2. 勾缝要求 3. 砂浆强度等级、配合比	m³(m²、m、个)		

三、砖构筑物

工程量清单项目设置及工程量计算规则，应按表 6-3 的规定执行。

表 6-3　砖构筑物（编码：010303）

项目编码	项目名称	项目特征	计量单位	工程量计算规则	工程内容
010303001	砖烟囱、水塔	1. 筒身高度 2. 砖品种、规格、强度等级 3. 耐火砖品种、规格 4. 耐火泥品种 5. 隔热材料种类 6. 勾缝要求 7. 砂浆强度等级、配合比	m³	按设计图示筒壁平均中心线周长乘以厚度乘以高度以体积计算。扣除各种孔洞、钢筋混凝土圈梁、过梁等的体积	1. 砂浆制作、运输 2. 砌砖 3. 涂隔热层 4. 装填充料 5. 砌内衬 6. 勾缝 7. 材料运输

续表

项目编码	项目名称	项目特征	计量单位	工程量计算规则	工程内容
010303002	砖烟道	1. 烟道截面形状、长度 2. 砖品种、规格、强度等级 3. 耐火砖品种规格 4. 耐火泥品种 5. 勾缝要求 6. 砂浆强度等级、配合比	m^3	按图示尺寸以体积计算	1. 砂浆制作、运输 2. 砌砖 3. 涂隔热层 4. 装填充料 5. 砌内衬 6. 勾缝 7. 材料运输
010303003	砖窨井、检查井	1. 井截面 2. 垫层材料种类、厚度 3. 底板厚度 4. 勾缝要求 5. 混凝土强度等级 6. 砂浆强度等级、配合比 7. 防潮层材料种类	座	按设计图示数量计算	1. 土方挖运 2. 砂浆制作、运输 3. 铺设垫层 4. 底板混凝土制作、运输、浇筑、振捣、养护 5. 砌砖 6. 勾缝 7. 井池底、壁抹灰 8. 抹防潮层 9. 回填 10. 材料运输
010303004	砖水池、化粪池	1. 池截面 2. 垫层材料种类、厚度 3. 底板厚度 4. 勾缝要求 5. 混凝土强度等级 6. 砂浆强度等级、配合比			

四、砌块砌体

工程量清单项目设置及工程量计算规则，应按表6-4的规定执行。

表6-4　砌块砌体（编码：010304）

项目编码	项目名称	项目特征	计量单位	工程量计算规则	工程内容
010304001	空心砖墙砌块墙	1. 墙体类型 2. 墙体厚度 3. 空心砖、砌块品种、规格、强度等级 4. 勾缝要求 5. 砂浆强度等级、配合比	m^3	按设计图示尺寸以体积计算。扣除门窗洞口、过人洞、空圈、嵌入墙内的钢筋混凝土柱、梁、圈梁、挑梁、过梁及凹进墙内的壁龛、管槽、暖气槽、消火栓箱所占体积，不扣除梁头、板头、檩头、垫木、木楞头、沿椽木、木砖、门窗走头、砖墙内加固钢筋、木筋、铁件、钢管及单个面积0.3m^2以内的孔洞所占体积。凸出墙面的腰线、挑檐、压顶、窗台线、虎头砖、门窗套的体积不增加，凸出墙面的砖垛并入墙体体积内 1. 墙长度　外墙按中心线，内墙按净长计算 2. 墙高度 (1)外墙：斜(坡)屋面无檐口天棚者算至屋面板底；有屋架且室内外均有天棚者算至屋架下弦底另加200mm；无顶棚者算至屋架下弦底另加300mm，出檐宽度超过600mm时按实砌高度计算；平屋面算至钢筋混凝土板底 (2)内墙：位于屋架下弦者，算至屋架下弦底；无屋架者算至天棚底另加100mm；有钢筋混凝土楼板隔层者算至楼板顶；有框架梁时算至梁底 (3)女儿墙：从屋面板上表面算至女儿墙顶面(如有压顶时算至压顶下表面) (4)内、外山墙：按其平均高度计算 3. 围墙　高度算至压顶上表面(如有混凝土压顶时算至压顶下表面)，围墙柱并入围墙体积内	1. 砂浆制作、运输 2. 砌砖、砌块 3. 勾缝 4. 材料运输

续表

项目编码	项目名称	项目特征	计量单位	工程量计算规则	工程内容
010304002	空心砖柱、砌块柱	1. 柱高度 2. 柱截面 3. 空心砖、砌块品种、规格、强度等级 4. 勾缝要求 5. 砂浆强度等级、配合比	m^3	按设计图示尺寸以体积计算。扣除混凝土及钢筋混凝土梁垫、梁头、板头所占体积	1. 砂浆制作、运输 2. 砌砖、砌块 3. 勾缝 4. 材料运输

五、石砌体

工程量清单项目设置及工程量计算规则，应按表 6-5 的规定执行。

表 6-5　石砌体（编码：010305）

项目编码	项目名称	项目特征	计量单位	工程量计算规则	工程内容
010305001	石基础	1. 垫层材料种类、厚度 2. 石料种类、规格 3. 基础深度 4. 基础类型 5. 砂浆强度等级、配合比	m^3	按设计图示尺寸以体积计算。包括附墙垛基础宽出部分体积，不扣除基础砂浆防潮层及单个面积 0.3m^2 以内的孔洞所占体积，靠墙暖气沟的挑檐不增加体积。基础长度：外墙按中心线，内墙按净长计算	1. 砂浆制作、运输 2. 铺设垫层 3. 砌石 4. 防潮层铺设 5. 材料运输
010305002	石勒脚	1. 石料种类、规格 2. 石表面加工要求 3. 勾缝要求 4. 砂浆强度等级、配合比		按设计图示尺寸以体积计算。扣除单个 0.3m^2 以外的孔洞所占的体积	1. 砂浆制作、运输 2. 砌石 3. 石表面加工 4. 勾缝 5. 材料运输
010305003	石墙	1. 石料种类、规格 2. 墙厚 3. 石表面加工要求 4. 勾缝要求 5. 砂浆强度等级、配合比		按设计图示尺寸以体积计算。扣除门窗洞口、过人洞、空圈、嵌入墙内的钢筋混凝土柱、梁、圈梁、挑梁、过梁及凹进墙内的壁龛、管槽、暖气槽、消火栓箱所占体积，不扣除梁头、板头、檩头、垫木、木楞头、沿椽木、木砖、门窗走头、砖墙内加固钢筋、木筋、铁件、钢管及单个面积 0.3m^2 以内的孔洞所占体积，凸出墙面的腰线、挑檐、压顶、窗台线、虎头砖、门窗套不增加体积，凸出墙面的砖垛并入墙体体积内 1. 墙长度：外墙按中心线，内墙按净长计算 2. 墙高度 (1)外墙：斜(坡)屋面无檐口顶棚者算至屋面板底；有屋架且室内外均有顶棚者算至屋架下弦底另加 200mm；无顶棚者算至屋架下弦底另加 300mm，出檐宽度超过 600mm 时按实砌高度计算；平屋面算至钢筋混凝土板底 (2)内墙：位于屋架下弦者，算至屋架下弦底；无屋架者算至顶棚底另加 100mm；有钢筋混凝土楼板隔层者算至楼板顶；有框架梁时算至梁底 (3)女儿墙：从屋面板上表面算至女儿墙顶面(如有压顶时算至压顶下表面) (4)内、外山墙：按其平均高度计算 3. 围墙　高度算至压顶上表面(如有混凝土压顶时算至压顶下表面)，围墙柱、砖压顶并入围墙体积内	

续表

项目编码	项目名称	项目特征	计量单位	工程量计算规则	工程内容
010305004	石挡土墙	1. 石料种类、规格 2. 墙厚 3. 石表面加工要求 4. 勾缝要求 5. 砂浆强度等级、配合比	m^3	按设计图示尺寸以体积计算	1. 砂浆制作、运输 2. 砌石 3. 压顶抹灰 4. 勾缝 5. 材料运输
010305005	石柱	1. 石料种类、规格 2. 柱截面 3. 石表面加工要求 4. 勾缝要求 5. 砂浆强度等级、配合比			1. 砂浆制作、运输 2. 砌石 3. 石表面加工 4. 勾缝 5. 材料运输
010305006	石栏杆		m	按设计图示以长度计算	
010305007	石护坡	1. 垫层材料种类、厚度 2. 石料种类、规格 3. 护坡厚度、高度 4. 石表面加工要求 5. 勾缝要求 6. 砂浆强度等级、配合比	m^3	按设计图示尺寸以体积计算	1. 铺设垫层 2. 石料加工 3. 砂浆制作、运输 4. 砌石 5. 石表面加工 6. 勾缝 7. 材料运输
010305008	石台阶				
010305009	石坡道		m^2	按设计图示尺寸以水平投影面积计算	
010305010	石地沟、石明沟	1. 沟截面尺寸 2. 垫层种类、厚度 3. 石料种类、规格 4. 石表面加工要求 5. 勾缝要求 6. 砂浆强度等级、配合比	m	按设计图示以中心线长度计算	1. 土石挖运 2. 砂浆制作、运输 3. 铺设垫层 4. 砌石 5. 石表面加工 6. 勾缝 7. 回填 8. 材料运输

六、砖散水、地坪及地沟

工程量清单项目设置及工程量计算规则，应按表 6-6 的规定执行。

表 6-6 砖散水、地坪及地沟（编码：010306）

项目编码	项目名称	项目特征	计量单位	工程量计算规则	工程内容
010306001	砖散水、地坪	1. 垫层材料种类、厚度 2. 散水、地坪厚度 3. 面层种类、厚度 4. 砂浆强度等级、配合比	m^2	按设计图示尺寸以面积计算	1. 地基找平、夯实 2. 铺设垫层 3. 砌砖散水、地坪 4. 抹砂浆面层

续表

项目编码	项目名称	项目特征	计量单位	工程量计算规则	工程内容
010306002	砖地沟、明沟	1. 沟截面尺寸 2. 垫层材料种类、厚度 3. 混凝土强度等级 4. 砂浆强度等级、配合比	m	按设计图示以中心线长度计算	1. 挖运土石 2. 铺设垫层 3. 底板混凝土制作、运输、浇筑、振捣、养护 4. 砌砖 5. 勾缝、抹灰 6. 材料运输

七、其他相关问题的处理

① 基础垫层包括在基础项目内。

② 标准砖尺寸应为240mm×115mm×53mm。标准砖墙厚度应按表6-7计算。

表6-7　标准砖墙计算厚度

砖数(厚度)	$\frac{1}{4}$	$\frac{1}{2}$	$\frac{3}{4}$	1	$1\frac{1}{2}$	2	$2\frac{1}{2}$	3
计算厚度/mm	53	115	180	240	365	490	615	740

③ 砖基础与砖墙（身）划分应以设计室内地坪为界（有地下室的按地下室室内设计地坪为界），以下为基础，以上为墙（柱）身。基础与墙身使用不同材料，位于设计室内地坪±300mm以内时以不同材料为界，超过±300mm，应以设计室内地坪为界。砖围墙应以设计室外地坪为界，以下为基础，以上为墙身。

④ 框架外表面的镶贴砖部分，应单独按《计价规范》附录A.3.2中相关零星项目编码列项。

⑤ 附墙烟囱、通风道、垃圾道，应按设计图示尺寸以体积（扣除孔洞所占体积）计算，并入所依附的墙体体积内。当设计规定孔洞内需抹灰时，应按《计价规范》附录B.2中相关项目编码列项。

⑥ 空斗墙的窗间墙、窗台下、楼板下等的实砌部分，应按《计价规范》附录A.3.2中零星砌砖项目编码列项。

⑦ 台阶、台阶挡墙、梯带、锅台、炉灶、蹲台、池槽、池槽腿、花台、花池、楼梯栏板、阳台栏板、地垄墙、屋面隔热板下的砖墩、0.3m^{2}孔洞填塞等，应按零星砌砖项目编码列项。砖砌锅台与炉灶可按外形尺寸以个计算，砖砌台阶可按水平投影面积以平方米计算，小便槽、地垄墙可按长度计算，其他工程量按立方米计算。

⑧ 砖烟囱应按设计室外地坪为界，以下为基础，以上为筒身。

⑨ 砖烟囱体积可按下式分段计算：$V=\sum H\times C\times\pi D$。式中，$V$表示筒身体积，$H$表示每段筒身垂直高度，$C$表示每段筒壁厚度，$D$表示每段筒壁平均直径。

⑩ 砖烟道与炉体的划分应按第一道闸门为界。

⑪ 水塔基础与塔身划分应以砖砌体的扩大部分顶面为界，以上为塔身，以下为基础。

⑫ 石基础、石勒脚、石墙身的划分：基础与勒脚应以设计室外地坪为界，勒脚与墙身应以设计室内地坪为界。石围墙内外地坪标高不同时，应以较低地坪标高为界，以下为基础；内外标高之差为挡土墙时，挡土墙以上为墙身。

⑬ 石梯带工程量应计算在石台阶工程量内。

⑭ 石梯膀应按《计价规范》附录A.3.5石挡土墙项目编码列项。

⑮ 砌体内加筋的制作、安装，应按《计价规范》附录A.4相关项目编码列项。

八、有关项目的说明

① 基础垫层包括在各类基础项目内，垫层的材料种类、厚度、材料的强度等级、配合比，

应在工程量清单中进行描述。

② 砖基础项目适用于各种类型砖基础，如柱基础、墙基础、烟囱基础、水塔基础及管道基础等。应注意：对基础类型应在工程量清单中进行描述。

③ 实心砖墙项目适用于各种类型实心砖墙，可分为外墙、内墙、围墙、双面混水墙、双面清水墙、单面清水墙、直形墙、弧形墙及不同的墙厚，砌筑砂浆分水泥砂浆、混合砂浆及不同的强度，不同的砖强度等级，加浆勾缝、原浆勾缝等，应在工程量清单项目中逐一进行描述。应注意以下几个问题。

a. 不论三皮砖以下或三皮砖以上的腰线、挑檐凸出墙面部分均不计算体积（与《全国统一建筑工程基础定额》不同）。

b. 内墙算至楼板隔层板顶（与《全国统一建筑工程基础定额》不同）。

c. 女儿墙的砖压顶、围墙的砖压顶凸出墙面部分不计算体积、压顶顶面凹进墙面的部分也不扣除（包括一般围墙的抽屉檐、棱角檐、仿瓦砖檐等）。

d. 墙内砖平碳、砖拱碳、砖过梁的体积不扣除，应包括在报价内。

④ 空斗墙项目适用于各种砌法的空斗墙。应注意：空斗墙工程量以空斗墙外形体积计算，包括墙角、内外墙交接处、门窗洞口立边、窗台砖、屋檐实砌部分的体积；窗间墙、窗台下、楼板下、梁头下的实砌部分，应另行计算。按零星砌砖项目编码列项。

⑤ 空花墙项目适用于各种类型空花墙。应注意以下几个问题。

a. 空花部分的外形体积计算应包括空花的外框。

b. 使用混凝土花格砌筑的空花墙，分实砌墙体与混凝土花格分别计算工程量，混凝土花格按混凝土及钢筋混凝土预制零星构件编码列项。

⑥ 实心砖柱项目适用于各种类型柱、矩形柱、异形柱、圆柱及包柱等。应注意：工程量应扣除混凝土及钢筋混凝土梁垫、梁头、板头所占体积（与《全国统一建筑工程基础定额》不同）。

⑦“零星砌砖”项目适用于台阶、台阶挡墙、梯带、锅台、炉灶及蹲台等。应注意以下几个问题。

a. 台阶工程量可按水平投影面积计算（不包括梯带或台阶挡墙）。

b. 小型池槽、锅台、炉灶可按个计算，以“长×宽×高”顺序标明外形尺寸。

c. 砖砌小便槽等可按长度计算。

⑧ 砖烟囱、水塔、砖烟道项目适用于各种类型砖烟囱、水塔和烟道。应注意以下几个问题。

a. 烟囱内衬和烟道内衬及隔热填充材料可与烟囱外壁、烟道外壁分别编码（第五级编码）列项。

b. 烟囱、水塔爬梯按《计价规范》附录 A. 6. 6 相关项目编码列项。

c. 砖水箱内外壁可按《计价规范》附录 A. 3. 2 相关项目编码列项。

⑨ 砖窨井、检查井、砖水池、化粪池项目适用于各类砖砌窨井、检查井、砖水池、化粪池、沼气池及公厕生化池等。应注意以下几个问题。

a. 工程量的“座”计算包括挖土、运输、回填、井池底板、池壁、井池盖板、池内隔断、隔墙、隔栅小梁、隔板及滤板等全部工程。

b. 井、池内爬梯按《计价规范》附录 A. 6. 6 相关项目编码列项，构件内的钢筋按混凝土及钢筋混凝土相关项目编码列项。

⑩ 空心砖墙、砌块墙项目适用于各种规格的空心砖和砌块砌筑的各种类型的墙体。应注意：嵌入空心砖墙、砌块墙的实心砖不扣除。

⑪ 空心砖柱、砌块柱项目适用于各种类型柱（矩形柱、方柱、异形柱、圆柱及包柱等）。应注意：

a. 工程量扣除混凝土及钢筋混凝土梁头、梁垫、板头所占体积（与《全国统一建筑工程基础定额》不同)。

b. 梁头、板头下镶嵌的实心砖体积不扣除。

⑫ 石基础项目适用于各种规格(条石、块石等)、各种材质(砂石、青石等)和各种类型(柱基、墙基、直形、弧形等)基础。应注意以下几个问题。

a. 包括剔打石料天、地座及荒包等全部工序。

b. 包括搭拆简易起重架。

⑬ 石勒脚、石墙项目适用于各种规格(条石、块石等)、各种材质(砂石、青石、大理石、花岗石等)和各种类型(直形、弧形等)勒脚和墙体。应注意以下几个问题。

a. 石料天、地座打平、拼缝打平、打扁口等工序包括在报价内。

b. 石表面加工:打钻路、钉麻石、剁斧、扁光等。

⑭ 石挡土墙项目适用于各种规格(条石、块石、毛石、卵石等)、各种材质(砂石、青石、石灰石等)和各种类型(直形、弧形、台阶形等)挡土墙。应注意以下几个问题。

a. 变形缝、泄水孔、压顶抹灰等应包括在项目内。

b. 挡土墙若有滤水层要求的应包括在报价内。

c. 包括搭、拆简易起重架。

⑮ 石柱项目适用于各种规格、各种石质、各种类型的石柱。应注意:工程量应扣除混凝土梁头、板头和梁垫所占体积。

⑯ 石栏杆项目适用于无雕饰的一般石栏杆。

⑰ 石护坡项目适用于各种石质和各种石料(如条石、片石、毛石、块石、卵石等)的护坡。

⑱ 石台阶项目包括石梯带(垂带),不包括石梯膀,石梯膀按石挡墙项目编码列项。

九、共性问题的说明

① 标准砖墙体厚度按表 6-8 计算。

表 6-8 标准砖墙墙厚的计算

砖数(厚度)	$\frac{1}{4}$	$\frac{1}{2}$	$\frac{3}{4}$	1	1.5	2	2.5	3
计算厚度/mm	53	115	180	240	365	490	615	740

② 墙体内加筋按混凝土及钢筋混凝土的钢筋相关项目编码列项。

十、工程常见的名词解释

① 空斗墙:一般使用标准砖砌筑,使墙体内形成许多空腔的墙体。如:一斗一眠、二斗一眠、三斗一眠及无眠空斗等砌法。

② 石梯带:是指在石梯的两侧(或一侧)、与石梯斜度完全一致的石梯封头的条石。

③ 石梯膀:石梯的两侧面,形成的两直角三角形(古建筑中称象眼)。石梯膀的工程量计算以石梯带下边线为斜边,与地坪相交的直线为一直角边,石梯与平台相交的垂线为另一直角边,形成一个三角形,三角形面积乘以砌石的宽度为石梯膀的工程量。

④ 石墙勾缝,有平缝、平圆凹缝、平凹缝、平凸缝、半圆凸缝及三角凸缝等。

第二节 相关的工程技术资料

一、条形砖基础工程量计算

条形基础:

$$V_{外墙基}=S_{断}L_{中}+V_{垛基}$$

$$V_{内墙基}=S_{断}\ L_{净}$$

其中,条形砖基断面面积 $S_{断}$=(基础高度+大放脚折加高度)×基础墙厚。

或 $S_{断}$=基础高度×基础墙厚+大放脚增加面积。

砖基础的大放脚形式有等高式和间隔式两种，如图 6-1(a)、(b) 所示。大放脚的折加高度或大放脚增加面积可根据砖基础的大放脚形式、大放脚错台层数从表 6-9 和表 6-10 中查得。

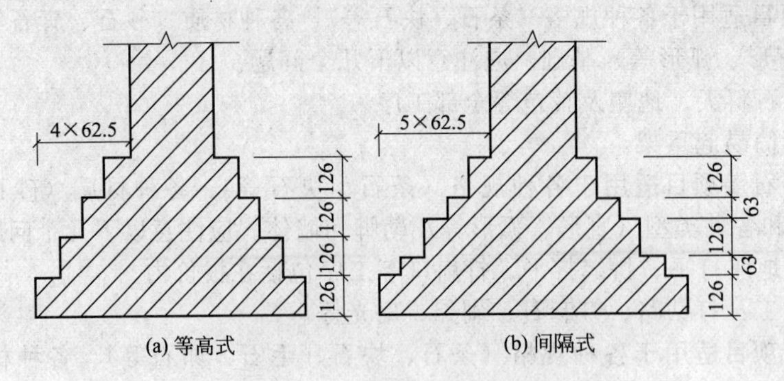

图 6-1　砖基础放脚形式

表 6-9　标准砖等高式砖墙基大放脚折加高度

放脚层数	折加高度/m						增加断面积/m²
	$\frac{1}{2}$砖 (0.115)	1砖 (0.24)	$1\frac{1}{2}$砖 (0.365)	2砖 (0.49)	$2\frac{1}{2}$砖 (0.615)	3砖 (0.74)	
一	0.137	0.066	0.043	0.032	0.026	0.021	0.01575
二	0.411	0.197	0.129	0.096	0.077	0.064	0.04725
三	0.822	0.394	0.259	0.193	0.154	0.128	0.0945
四	1.369	0.656	0.432	0.321	0.259	0.213	0.1575
五	2.054	0.984	0.647	0.482	0.384	0.319	0.2363
六	2.876	1.378	0.906	0.675	0.538	0.447	0.3308
七		1.838	1.208	0.900	0.717	0.596	0.4410
八		2.363	1.553	1.157	0.922	0.766	0.5670
九		2.953	1.942	1.447	1.153	0.958	0.7088
十		3.609	2.373	1.768	1.409	1.171	0.8663

注：1. 本表按标准砖双面放脚，每层等高 12.6cm（二皮砖、二灰缝）砌出 6.25cm 计算。

2. 本表折加墙基高度的计算，以 240×115×53（mm）标准砖，1cm 灰缝及双面大放脚为准。

3. 折加高度（m）$=\frac{\text{放脚断面积}(\text{m}^2)}{\text{墙厚}(\text{m})}$。

4. 采用折加高度数字时，取两位小数，第三位以后四舍五入。采用增加断面数字时，取三位小数，第四位以后四舍五入。

表 6-10　标准砖间隔式墙基大放脚折加高度

放脚层数	折加高度/m						增加断面积/m²
	$\frac{1}{2}$砖 (0.115)	1砖 (0.24)	$1\frac{1}{2}$砖 (0.365)	2砖 (0.49)	$2\frac{1}{2}$砖 (0.615)	3砖 (0.74)	
一	0.137	0.066	0.043	0.032	0.026	0.021	0.0158
二	0.343	0.164	0.108	0.080	0.064	0.053	0.0394
三	0.685	0.320	0.216	0.161	0.128	0.106	0.0788
四	1.096	0.525	0.345	0.257	0.205	0.170	0.1260
五	1.643	0.788	0.518	0.386	0.307	0.255	0.1890
六	2.260	1.083	0.712	0.530	0.423	0.331	0.2597
七		1.444	0.949	0.707	0.563	0.468	0.3465
八			1.208	0.900	0.717	0.596	0.4410
九				1.125	0.896	0.745	0.5513
十					1.088	0.905	0.6694

注：1. 本表适用于间隔式砖墙基大放脚（即底层为二皮开始高 12.6cm，上层为一皮砖高 6.3cm，每边每层砌出 6.25cm）。

2. 本表折加墙基高度的计算，以 240×115×53（mm）标准砖，1cm 灰缝及双面大放脚为准。

3. 本表砖墙基础体积计算公式与表 6-9（等高式砖墙基）相同。

垛基是大放脚凸出部分的基础，如图 6-2 所示，为了方便使用，垛基工程量可直接查表 6-11 计算。垛基工程量公式为

$$V_{垛基}=垛基正身体积+放脚部分体积$$

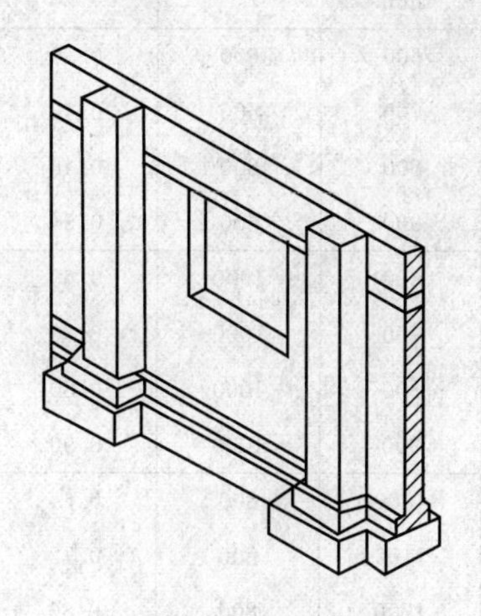

图 6-2 垛基

表 6-11 砖垛基础体积 单位：m^3/每个砖垛基础

项目	凸出墙面宽		$\frac{1}{2}$砖(12.5cm)		1 砖(25cm)			$1\frac{1}{2}$砖(37.8cm)			2 砖(50cm)		
	砖垛尺寸/mm		125×240	125×365	250×240	250×365	250×490	375×365	375×490	375×615	500×490	500×615	500×740
垛基正身体积	垛基高	80cm	0.024	0.037	0.048	0.073	0.098	0.110	0.147	0.184	0.196	0.246	0.296
		90cm	0.027	0.014	0.054	0.028	0.110	0.123	0.165	0.208	0.221	0.277	0.333
		100cm	0.030	0.046	0.060	0.094	0.123	0.137	0.184	0.231	0.245	0.308	0.370
		110cm	0.033	0.050	0.066	0.100	0.135	0.151	0.202	0.254	0.270	0.338	0.407
		120cm	0.036	0.055	0.072	0.110	0.147	0.164	0.221	0.277	0.294	0.369	0.444
		130cm	0.039	0.059	0.078	0.119	0.159	0.178	0.239	0.300	0.319	0.400	0.481
		140cm	0.042	0.064	0.084	0.128	0.172	0.192	0.257	0.323	0.343	0.431	0.518
		150cm	0.045	0.068	0.090	0.137	0.184	0.205	0.276	0.346	0.368	0.461	0.555
		160cm	0.048	0.073	0.096	0.146	0.196	0.219	0.294	0.369	0.392	0.492	0.592
		170cm	0.051	0.078	0.102	0.155	0.208	0.233	0.312	0.392	0.417	0.523	0.629
		180cm	0.054	0.082	0.108	0.164	0.221	0.246	0.331	0.415	0.441	0.554	0.666
		每增减 5cm	0.0015	0.0023	0.0030	0.0045	0.0062	0.0063	0.0092	0.0115	0.0126	0.0154	0.1850
放脚部分体积	层数		等高式/间隔式		等高式/间隔式			等高式/间隔式			等高式/间隔式		
		一	0.002/0.002		0.004/0.004			0.006/0.006			0.008/0.008		
		二	0.006/0.005		0.012/0.010			0.018/0.015			0.023/0.020		
		三	0.012/0.010		0.023/0.020			0.035/0.029			0.047/0.039		
		四	0.020/0.016		0.039/0.032			0.050/0.047			0.078/0.063		
		五	0.029/0.024		0.059/0.047			0.088/0.070			0.117/0.094		
		六	0.041/0.032		0.082/0.065			0.123/0.097			0.164/0.129		
		七	0.055/0.043		0.109/0.086			0.164/0.129			0.221/0.172		
		八	0.070/0.055		0.141/0.109			0.211/0.164			0.284/0.225		

二、条形毛石基础工程量计算

条形毛石基础工程量的计算可参照表 6-12 进行。

表 6-12　条形毛石基础工程量（定值）

基础阶数	图示	截面尺寸			截面面积/m²	毛石砌体/(m³/10m)	材料消耗	
		顶宽	底宽	高			毛石	砂浆
		mm					m³	
一阶式	600~900；600	600	600	600	0.36	3.60	4.14	1.44
		700	700	600	0.42	4.20	4.83	1.68
		800	800	600	0.48	4.80	5.52	1.92
		900	900	600	0.54	5.40	6.21	2.16
	600~900；1000	600	600	1000	0.60	6.00	6.90	2.40
		700	700	1000	0.70	7.00	8.05	2.80
		800	800	1000	0.80	8.00	9.20	3.20
		900	900	1000	0.90	9.00	10.12	3.60
二阶式	200；600~900；200；400；400	600	1000	800	0.64	6.40	7.36	2.56
		700	1100	800	0.72	7.20	8.28	2.88
		800	1200	800	0.80	8.00	9.20	3.20
		900	1300	800	0.88	8.80	10.12	3.52
	200；600~900；200；400；800	600	1000	1200	1.04	9.40	11.96	4.16
		700	1100	1200	1.16	11.60	13.34	4.64
		800	1200	1200	1.28	12.80	14.72	5.12
		900	1300	1200	1.40	14.00	16.10	5.60
三阶式	200；600~900；200；200；200；400400400	600	1400	1200	1.20	12.00	13.80	4.80
		700	1500	1200	1.32	13.20	15.18	5.28
		800	1600	1200	1.44	14.40	16.56	5.76
		900	1700	1200	1.56	15.60	17.94	6.24
	200；600~900；200；200；200；800400400	600	1400	1600	1.76	17.60	20.24	7.04
		700	1500	1600	1.92	19.20	22.08	7.68
		800	1600	1600	2.08	20.80	23.92	8.92
		900	1700	1600	2.24	22.40	25.76	8.96

条形毛石基础断面面积可参照表 6-13 进行计算。

表 6-13　条形毛石基础断面面积

宽度/mm	断面面积/m²											
	高度/mm											
	400	450	500	550	600	650	700	750	800	850	900	950
500	0.200	0.225	0.250	0.275	0.300	0.325	0.350	0.375	0.400	0.425	0.450	0.475
550	0.220	0.243	0.275	0.303	0.330	0.358	0.385	0.413	0.440	0.468	0.495	0.523
600	0.240	0.270	0.300	0.330	0.360	0.390	0.420	0.450	0.480	0.510	0.540	0.570
650	0.260	0.293	0.325	0.358	0.390	0.423	0.455	0.488	0.520	0.553	0.585	0.518
700	0.280	0.315	0.350	0.385	0.420	0.455	0.490	0.525	0.560	0.595	0.630	0.665
750	0.300	0.338	0.375	0.413	0.450	0.488	0.525	0.563	0.600	0.638	0.675	0.713
800	0.320	0.360	0.400	0.440	0.480	0.520	0.560	0.600	0.640	0.680	0.720	0.760

续表

宽度/mm	断面面积/m²											
	高度/mm											
	400	450	500	550	600	650	700	750	800	850	900	950
850	0.340	0.383	0.425	0.468	0.510	0.553	0.595	0.638	0.680	0.723	0.765	0.808
900	0.360	0.405	0.450	0.495	0.540	0.585	0.630	0.675	0.720	0.765	0.810	0.855
950	0.380	0.428	0.475	0.523	0.570	0.618	0.665	0.713	0.760	0.808	0.855	0.903
1000	0.400	0.450	0.500	0.550	0.600	0.650	0.700	0.750	0.800	0.850	0.900	0.950
1050	0.420	0.473	0.525	0.578	0.630	0.683	0.735	0.788	0.840	0.893	0.945	0.998
1100	0.440	0.495	0.550	0.605	0.660	0.715	0.770	0.825	0.880	0.935	0.990	1.050
1150	0.460	0.518	0.575	0.633	0.690	0.748	0.805	0.863	0.920	0.978	1.040	1.093
1200	0.480	0.540	0.600	0.660	0.720	0.780	0.840	0.900	0.960	1.020	1.080	1.140
1250	0.500	0.563	0.625	0.688	0.750	0.813	0.875	0.933	1.000	1.063	1.125	1.188
1300	0.520	0.585	0.650	0.715	0.780	0.845	0.910	0.975	1.040	1.105	1.170	1.235
1350	0.540	0.608	0.675	0.743	0.810	0.878	0.945	1.013	1.080	1.148	1.215	1.283
1400	0.560	0.630	0.700	0.770	0.840	0.910	0.980	1.050	1.120	1.19	1.260	1.330
1450	0.580	0.653	0.725	0.798	0.870	0.943	1.015	1.088	1.160	1.233	1.305	1.378
1500	0.600	0.675	0.750	0.825	0.900	0.975	1.050	1.125	1.200	1.275	1.350	1.425
1600	0.640	0.720	0.800	0.880	0.960	1.040	1.120	1.200	1.280	1.260	1.440	1.520
1700	0.680	0.765	0.850	0.935	1.020	1.105	1.190	1.275	1.360	1.445	1.530	1.615
1800	0.720	0.810	0.900	0.990	1.080	1.170	1.260	1.350	1.440	1.530	1.620	1.710
2000	0.800	0.900	1.000	1.100	1.200	1.300	1.400	1.500	1.600	1.700	1.800	1.900

三、独立砖基础工程量计算

独立砖基础按图 6-3 所示尺寸计算。

对于砖柱基础，可查表 6-14 及表 6-15 计算，具体计算公式为：

$$V_{柱基}=V_{柱基身}+V_{柱放脚}$$

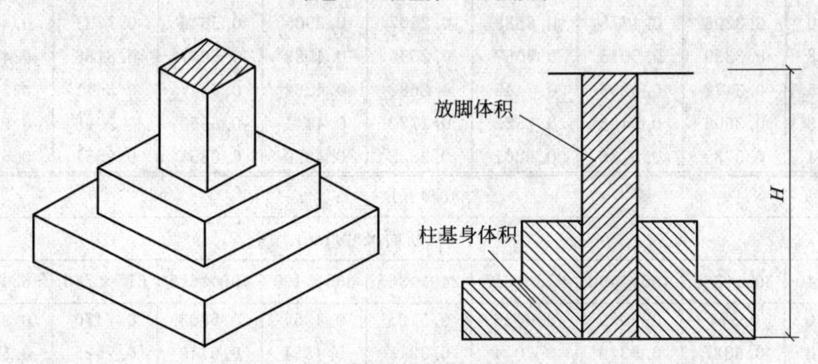

图 6-3　柱基

表 6-14　等高式砖柱基础体积　　　单位：m³/个

砖基深度/mm	放脚二层									
	柱断面尺寸/mm									
	240×240	365×365	490×490	615×615	240×365	365×490	490×615	615×740	365×615	490×740
300	0.0498	0.843	0.1282	0.1814	0.0647	0.1039	0.1525	0.2104	0.1235	0.1767
400	0.0556	0.0976	0.1522	0.2193	0.0735	0.1218	0.1826	0.2559	0.1459	0.2130
500	0.0613	0.1109	0.1762	0.2571	0.0822	0.1397	0.2127	0.3014	0.1684	0.2493
600	0.0671	0.1243	0.2002	0.2949	0.0910	0.1576	0.2429	0.3469	0.1908	0.2855
700	0.0728	0.1376	0.2242	0.3327	0.0997	0.1754	0.2730	0.3924	0.2133	0.3218
800	0.0786	0.1509	0.2482	0.3705	0.1085	0.1933	0.3031	0.4379	0.2357	0.3580
900	0.0844	0.1642	0.2722	0.4084	0.1173	0.2112	0.3333	0.4835	0.2582	0.3943
1000	0.0910	0.1776	0.2962	0.4462	0.1260	0.2291	0.3634	0.5290	0.2806	0.4306
1100	0.0959	0.1909	0.3203	0.1840	0.1348	0.2470	0.3935	0.5745	0.3031	0.4668
1200	0.1016	0.2042	0.3443	0.5218	0.1435	0.2649	0.4237	0.6200	0.3255	0.5031

续表

放脚三层										
砖基深度/mm	柱断面尺寸/mm									
	240×240	365×365	490×490	615×615	240×365	365×490	490×615	615×740	365×615	490×740
400	0.0960	0.1498	0.2162	0.2951	0.1198	0.1790	0.2525	0.3377	0.2100	0.2883
500	0.1017	0.1632	0.2402	0.3329	0.1285	0.1978	0.2827	0.3832	0.2324	0.3245
600	0.1075	0.1765	0.2642	0.3707	0.1373	0.2157	0.3128	0.4287	0.2549	0.3608
700	0.1132	0.1898	0.2882	0.4086	0.1461	0.2336	0.3428	0.4742	0.2773	0.3971
800	0.1190	0.2031	0.3123	0.4464	0.1548	0.2514	0.3731	0.5197	0.2998	0.4333
900	0.1248	0.2165	0.3363	0.4842	0.1636	0.2693	0.4032	0.5652	0.3222	0.4696
1000	0.1305	0.2298	0.3603	0.5220	0.1723	0.2872	0.4333	0.6107	0.3446	0.5058
1100	0.1363	0.2431	0.3843	0.5598	0.1811	0.3051	0.4635	0.6562	0.3671	0.5421
1200	0.1420	0.2564	0.4083	0.5977	0.1899	0.3230	0.4936	0.7017	0.3895	0.5784
1300	0.1478	0.2697	0.4323	0.6355	0.1986	0.3409	0.5237	0.7472	0.4120	0.6146
1400	0.1536	0.2831	0.4563	0.6733	0.2074	0.3588	0.5539	0.7928	0.4344	0.6509

放脚四层										
砖基深度/mm	柱断面尺寸/mm									
	240×240	365×365	490×490	615×615	240×365	365×490	490×615	615×740	365×615	490×740
600	0.1692	0.2540	0.3575	0.4797	0.2069	0.3010	0.4139	0.5455	0.3475	0.4698
700	0.1750	0.2673	0.3815	0.5175	0.2157	0.3189	0.4440	0.5910	0.3700	0.5060
800	0.1807	0.2806	0.4055	0.5554	0.2244	0.3368	0.4742	0.6366	0.3924	0.5423
900	0.1865	0.2939	0.4295	0.5932	0.2332	0.3547	0.5043	0.6821	0.4149	0.5786
1000	0.1923	0.3073	0.4535	0.6310	0.2420	0.3726	0.5345	0.7276	0.4373	0.6148
1100	0.1980	0.3206	0.4775	0.6688	0.2507	0.3905	0.5646	0.7731	0.4598	0.6511
1200	0.2038	0.3339	0.5015	0.7067	0.2595	0.4083	0.5947	0.8186	0.4822	0.6873
1300	0.2095	0.3472	0.5255	0.7445	0.2682	0.4262	0.6247	0.8641	0.5047	0.7236
1400	0.2153	0.3606	0.5496	0.7823	0.2770	0.4441	0.6550	0.9096	0.5271	0.7599
1500	0.2211	0.3739	0.5736	0.8201	0.2858	0.4620	0.6851	0.9551	0.5496	0.7961

放脚五层										
砖基深度/mm	柱断面尺寸/mm									
	240×240	365×365	490×490	615×615	240×365	365×490	490×615	615×740	365×615	490×740
700	0.2620	0.374	0.5079	0.6636	0.3125	0.4354	0.5803	0.7470	0.4960	0.6521
800	0.2678	0.3837	0.5319	0.7014	0.3213	0.4534	0.6140	0.7925	0.5188	0.6884
900	0.2735	0.4006	0.5559	0.7393	0.3301	0.4712	0.6406	0.8380	0.5413	0.7246
1000	0.2793	0.4140	0.5799	0.7771	0.3388	0.4891	0.6707	0.8835	0.5637	0.7609
1100	0.2850	0.4273	0.6039	0.8149	0.3476	0.5070	0.7008	0.9290	0.5862	0.7972
1200	0.2908	0.4406	0.6279	0.8527	0.3563	0.5249	0.7310	0.9745	0.6086	0.8334
1300	0.2966	0.4539	0.6519	0.8706	0.3651	0.5428	0.7611	1.0200	0.6311	0.8697
1400	0.3023	0.4673	0.6759	0.9284	0.3739	0.5607	0.7912	1.0655	0.6535	0.9059
1500	0.3081	0.4806	0.7000	0.9662	0.3826	0.5786	0.8214	1.1111	0.6760	0.9422
1600	0.3138	0.4939	0.7240	1.0040	0.3914	0.5964	0.8515	1.1566	0.6984	0.9785

放脚六层										
砖基深度/mm	柱断面尺寸/mm									
	240×240	365×365	490×490	615×615	240×365	365×490	490×615	615×740	365×615	490×740
800	0.3840	0.5272	0.6954	0.8886	0.4493	0.6050	0.7857	0.9914	0.6823	0.8755
900	0.3989	0.5405	0.7194	0.9264	0.4581	0.6229	0.8159	1.0369	0.7048	0.9188
1000	0.3955	0.5538	0.7434	0.9642	0.4669	0.6408	0.8460	1.0824	0.7272	0.9480

续表

砖基深度/mm	放脚六层 柱断面尺寸/mm									
	240×240	365×365	490×490	615×615	240×365	365×490	490×615	615×740	365×615	490×740
1100	0.4013	0.5672	0.7674	1.0020	0.4756	0.6587	0.8761	1.1279	0.7497	0.9843
1200	0.4070	0.5805	0.7914	1.0398	0.4844	0.6766	0.9063	1.1734	0.7721	1.0205
1300	0.4128	0.5938	0.8154	1.0777	0.4931	0.6945	0.9364	1.2190	0.7945	1.0568
1400	0.4186	0.6071	0.8394	1.1155	0.5019	0.7123	0.9665	1.2645	0.8170	1.0931
1500	0.4243	0.6204	0.8634	1.5333	0.5107	0.7302	0.9667	1.3100	0.8394	1.1293
1600	0.4301	0.6338	0.8875	1.1911	0.5190	0.7481	1.0268	1.3555	0.8619	1.1656
1700	0.4358	0.6471	0.9115	1.2290	0.5282	0.7660	1.0569	1.4010	0.8843	1.2018

表 6-15　不等高式砖柱基础体积　　单位：m³/个

砖基深度/mm	放脚二层 柱断面尺寸/mm									
	240×240	365×365	490×490	615×615	240×365	365×490	490×615	615×740	365×615	490×740
300	0.0450	0.0776	0.1195	0.1708	0.0590	0.0962	0.1428	0.1987	0.1148	0.1661
400	0.0508	0.0909	0.1435	0.2086	0.0677	0.1141	0.1729	0.2443	0.1372	0.2023
500	0.0566	0.1042	0.1675	0.2464	0.0765	0.1320	0.2030	0.2898	0.1597	0.2386
600	0.0623	0.1175	0.1915	0.2842	0.0852	0.1498	0.2332	0.3353	0.1821	0.2749
700	0.0681	0.1309	0.2155	0.3220	0.0940	0.1677	0.2633	0.3808	0.2046	0.3111
800	0.0738	0.1442	0.2395	0.3599	0.1028	0.1856	0.2934	0.4263	0.2270	0.3474
900	0.0796	0.1575	0.2635	0.3977	0.1115	0.2035	0.3236	0.4718	0.2495	0.3836
1000	0.0854	0.1708	0.2875	0.4355	0.1203	0.2214	0.3537	0.5173	0.2719	0.4199
1100	0.0911	0.1841	0.3116	0.4733	0.1290	0.2393	0.3839	0.5628	0.2944	0.4562
1200	0.0969	0.1975	0.3356	0.5112	0.1378	0.2571	0.4140	0.6083	0.3168	0.4924

砖基深度/mm	放脚三层 柱断面尺寸/mm									
	240×240	365×365	490×490	615×615	240×365	365×490	490×615	615×740	365×615	490×740
500	0.0902	0.1477	0.2208	0.3096	0.1151	0.1804	0.2613	0.3579	0.3130	0.3012
600	0.0960	0.1610	0.2449	0.3474	0.1238	0.1983	0.2915	0.4034	0.2355	0.3467
700	0.1017	0.1744	0.2689	0.3852	0.1326	0.2162	0.3216	0.4489	0.2579	0.3922
800	0.1075	0.1877	0.2929	0.4231	0.1413	0.2340	0.3517	0.4944	0.2804	0.4378
900	0.1133	0.2010	0.3169	0.4609	0.1501	0.2519	0.3819	0.5399	0.3028	0.4833
1000	0.1190	0.2143	0.3409	0.4987	0.1589	0.2689	0.4120	0.5854	0.3253	0.5288
1100	0.1248	0.2277	0.3649	0.5365	0.1676	0.2877	0.4421	0.6309	0.3477	0.5743
1200	0.1305	0.2410	0.3889	0.5744	0.1764	0.3056	0.4723	0.6765	0.3702	0.6198
1300	0.1363	0.2543	0.4129	0.6122	0.1851	0.3235	0.5024	0.7220	0.3926	0.6653
1400	0.1421	0.2676	0.4369	0.6500	0.1939	0.3413	0.5325	0.7675	0.4151	0.6276

砖基深度/mm	放脚四层 柱断面尺寸/mm									
	240×240	365×365	490×490	615×615	240×365	365×490	490×615	615×740	365×615	490×740
500	0.1385	0.2078	0.2927	0.3933	0.1692	0.2464	0.3391	0.4475	0.2844	0.3852
600	0.1443	0.2211	0.3168	0.4311	0.1780	0.2643	0.3693	0.4930	0.3068	0.4215
700	0.1500	0.2345	0.3408	0.4690	0.1868	0.2821	0.3994	0.5385	0.3293	0.4577
800	0.1558	0.2478	0.3648	0.5068	0.1955	0.3000	0.4295	0.5840	0.3517	0.4940
900	0.1615	0.2611	0.3888	0.5446	0.2043	0.3179	0.4597	0.6295	0.3742	0.5303
1000	0.1673	0.2744	0.4128	0.5824	0.2130	0.3358	0.4898	0.6750	0.3966	0.5665

续表

放脚四层

砖基深度/mm	柱断面尺寸/mm									
	240×240	365×365	490×490	615×615	240×365	365×490	490×615	615×740	365×615	490×740
1100	0.1731	0.2877	0.4368	0.6202	0.2218	0.3537	0.5199	0.7206	0.4191	0.6028
1200	0.1788	0.3011	0.4608	0.6581	0.2306	0.3716	0.5501	0.7661	0.4415	0.6390
1300	0.1846	0.3144	0.4848	0.6959	0.2393	0.3895	0.5802	0.8116	0.4640	0.6753
1400	0.1903	0.3277	0.5088	0.7337	0.2481	0.4073	0.6103	0.8571	0.4864	0.7116
1500	0.1961	0.3410	0.5328	0.7715	0.2568	0.4252	0.6405	0.9026	0.5088	0.7478

放脚五层

砖基深度/mm	柱断面尺寸/mm									
	240×240	365×365	490×490	615×615	240×365	365×490	490×615	615×740	365×615	490×740
600	0.2139	0.3065	0.4179	0.5480	0.2555	0.3575	0.4782	0.6177	0.4082	0.5381
700	0.2196	0.3198	0.4419	0.5858	0.2643	0.3754	0.5084	0.6633	0.4307	0.5743
800	0.2254	0.3331	0.4659	0.6236	0.2730	0.3933	0.5385	0.7088	0.4531	0.6106
900	0.2312	0.3465	0.4899	0.6615	0.2818	0.4112	0.5687	0.7543	0.4756	0.6468
1000	0.2369	0.3598	0.5139	0.6993	0.2905	0.4290	0.5988	0.7998	0.4980	0.6831
1100	0.2427	0.3731	0.5379	0.7371	0.2993	0.4469	0.6289	0.8453	0.5205	0.7194
1200	0.2484	0.3864	0.5619	0.7749	0.3081	0.4648	0.6591	0.8908	0.5429	0.7556
1300	0.2542	0.3998	0.5859	0.8128	0.3168	0.4827	0.6892	0.9363	0.5654	0.7919
1400	0.2600	0.4131	0.6100	0.8506	0.3256	0.5006	0.7193	0.9818	0.5878	0.8281
1500	0.2657	0.4264	0.6340	0.8884	0.3343	0.5185	0.7495	1.0273	0.6102	0.8644
1600	0.2715	0.4397	0.6580	0.9262	0.3431	0.5363	0.7796	1.0728	0.6327	0.9007

放脚六层

砖基深度/mm	柱断面尺寸/mm									
	240×240	365×365	490×490	615×615	240×365	365×490	490×615	615×740	365×615	490×740
600	0.3040	0.4143	0.5434	0.6913	0.3545	0.4742	0.6127	0.7699	0.5335	0.6816
700	0.3098	0.4277	0.5675	0.7291	0.3632	0.4921	0.6428	0.8154	0.5560	0.7179
800	0.3155	0.4410	0.5915	0.7669	0.3720	0.5100	0.6729	0.8609	0.5784	0.7541
900	0.3213	0.4543	0.6155	0.8048	0.3808	0.5279	0.7031	0.9064	0.6008	0.7904
1000	0.3270	0.4676	0.6395	0.8426	0.3895	0.5457	0.7332	0.9519	0.6233	0.8267
1100	0.3328	0.4810	0.6635	0.8804	0.3983	0.5636	0.7634	0.9974	0.6457	0.8629
1200	0.3386	0.4943	0.6875	0.9182	0.4070	0.5815	0.7935	1.0430	0.6682	0.8992
1300	0.3443	0.5076	0.7115	0.9560	0.4158	0.5994	0.8236	1.0885	0.6906	0.9354
1400	0.3501	0.5209	0.7355	0.9939	0.4246	0.6173	0.8538	1.1340	0.7131	0.9717
1500	0.3558	0.5342	0.7595	1.0317	0.4333	0.6352	0.8839	1.1795	0.7355	1.0080
1.600	0.3616	0.5476	0.7835	1.0695	0.4421	0.6531	0.9140	1.2250	0.7580	1.0442

放脚七层

砖基深度/mm	柱断面尺寸/mm									
	240×240	365×365	490×490	615×615	240×365	365×490	490×615	615×740	365×615	490×740
800	0.4329	0.5800	0.7521	0.9493	0.5002	0.6598	0.8445	1.0541	0.7394	0.9362
900	0.4387	0.5933	0.7762	0.9871	0.5090	0.6777	0.8746	1.0996	0.7618	0.9725
1000	0.4444	0.6067	0.8002	1.0249	0.5177	0.6956	0.9047	1.1451	0.7843	1.0087
1100	0.4502	0.6200	0.8242	1.0627	0.5265	0.7135	0.9349	1.1906	0.8067	1.0450
1200	0.4559	0.6333	0.8482	1.1006	0.5353	0.7314	0.9650	1.2361	0.8292	1.0813
1300	0.4617	0.6466	0.8722	1.1384	0.5440	0.7493	0.9951	1.2816	0.8516	1.1175
1400	0.4675	0.6600	0.8962	1.1762	0.5528	0.7671	1.0253	1.3271	0.8741	1.1538
1500	0.4732	0.6733	0.9202	1.2140	0.5615	0.7850	1.0554	1.3727	0.8965	1.1900
1600	0.4790	0.6866	0.9442	1.2519	0.5703	0.8029	1.0855	1.4182	0.9189	1.2263
1700	0.4847	0.6999	0.9682	1.2897	0.5791	0.8208	1.1157	1.4637	0.9414	1.2626

四、砖墙体工程量计算

砖墙体有外墙、内墙、女儿墙及围墙之分，计算时要注意墙体砖品种、规格、强度等级、墙体类型、墙体厚度、墙体高度、砂浆强度等级及配合比不同时需分别计算。

1. 外墙

$$V_{外}=(H_{外}\times L_{中}-F_{洞})\times b+V_{增减}$$

式中 $H_{外}$——外墙高度；

$L_{中}$——外墙中心线长度；

$F_{洞}$——门窗洞口、过人洞、空圈面积；

$V_{增减}$——相应的增减体积，其中 $V_{增}$ 是指有墙垛时增加的墙垛体积；

b——墙体厚度。

注：对于砖垛工程量的计算可查表 6-16。

表 6-16 标准砖附墙砖垛或附墙烟囱、通风道折算墙身面积系数

墙身厚度 D/cm 突出断面 a×b/cm×cm	$\frac{1}{2}$砖	$\frac{3}{4}$砖	1 砖	$1\frac{1}{2}$砖	2 砖	$2\frac{1}{2}$砖
	11.5	18	24	36.5	49	61.5
12.25×24	0.2609	0.1685	0.1250	0.0822	0.0612	0.0488
12.5×36.5	0.3970	0.2562	0.1900	0.1249	0.0930	0.0741
12.5×49	0.5330	0.3444	0.2554	0.1680	0.1251	0.0997
12.5×61.5	0.6687	0.4320	0.3204	0.2107	0.1569	0.1250
25×24	0.5218	0.3371	0.2500	0.1644	0.1224	0.0976
25×36.5	0.7938	0.5129	0.3804	0.2500	0.1862	0.1485
25×49	1.0625	0.6882	0.5104	0.2356	0.2499	0.1992
25×61.5	1.3374	0.8641	0.6410	0.4214	0.3138	0.2501
37.5×24	0.7826	0.5056	0.3751	0.2466	0.1836	0.1463
37.5×36.5	1.1904	0.7691	0.5700	0.3751	0.2793	0.2226
37.5×49	1.5983	1.0326	0.7650	0.5036	0.3749	0.2989
37.5×61.5	2.0047	1.2955	0.9608	0.6318	0.4704	0.3750
50×24	1.0435	0.6742	0.5000	0.3288	0.2446	0.1951
50×36.5	1.5870	1.0253	0.7604	0.5000	0.3724	0.2967
50×49	2.1304	1.3764	1.0208	0.6712	0.5000	0.3980
50×61.5	2.6739	1.7273	1.2813	0.8425	0.6261	0.4997
62.5×36.5	1.9813	1.2821	0.9510	0.6249	0.4653	0.3709
62.5×49	2.6635	1.7208	1.3763	0.8390	0.6249	0.4980
62.5×61.5	3.3426	2.1600	1.6016	1.0532	0.7842	0.6250
74×36.5	2.3487	1.5174	1.1254	0.7400	0.5510	0.4392

注：表中 a 为凸出墙面尺寸（cm），b 为砖垛（或附墙烟囱、通风道）的宽度（cm）。

2. 内墙

$$V_{内}=(H_{内}\times L_{净}-F_{洞})\times b+V_{增减}$$

式中 $H_{内}$——内墙高度；

$L_{净}$——内墙净长度；

$F_{洞}$——门窗洞口、过人洞、空圈面积；

$V_{增减}$——计算墙体时相应的增减体积；

b——墙体厚度。

3. 女儿墙

$$V_{女}=H_{女}\times L_{中}\times b+V_{增减}$$

式中　$H_{女}$——女儿墙高度；

$L_{女}$——女儿墙中心线长度；

b——女儿墙厚度。

4. 砖围墙

高度算至压顶上表面（如有混凝土压顶时算至压顶下表面），围墙柱并入围墙体积内计算。

五、砖墙用砖和砂浆计算

1. 一斗一卧空斗墙用砖和砂浆理论计算公式

$$砖的用量=\frac{一斗一卧一层砖的块数}{墙厚\times一斗一卧砖高\times墙长}$$

$$砂浆的用量=\frac{(墙长\times4\times立砖净空\times10+斗砖宽\times20+卧砖长\times12.52)\times0.01\times0.053}{墙厚\times一斗一卧砖高\times墙长}$$

2. 各种不同厚度的墙用砖和砂浆净用量计算公式

砖墙：每 $1m^3$ 砖砌体各种不同厚度的墙用砖和砂浆净用量的理论计算公式如下。

$$砖的净用量=\frac{1}{墙厚\times(砖长+灰缝)\times(砖厚\times灰缝)}\times K$$

式中　K——墙厚的砖数×2（墙厚的砖数是指 0.5，1，1.5，2，…）。

$$砂浆净用量=1-砖数净用量\times每块砖体积$$

标准砖规格为 240mm×115mm×53mm，每块砖的体积为 $0.0014628m^3$，灰缝横竖方向均为 1cm。

3. 方形砖柱用砖和砂浆用量理论计算公式

$$砖的用量=\frac{一层砖的块数}{长\times宽\times(一层砖厚+灰缝)}$$

$$砂浆的用量=1-砖数净用量\times每块砖体积$$

4. 圆形砖柱用砖和砂浆理论计算公式

$$砖的用量=\frac{1}{\pi/4\times0.49\times0.49\times(砖厚+灰缝)}$$

$$砂浆的用量=1-每块砖体积\times\frac{1}{(长+1/2灰缝)\times(宽+灰缝)\times(厚+灰缝)}$$

六、砖砌山墙面积计算

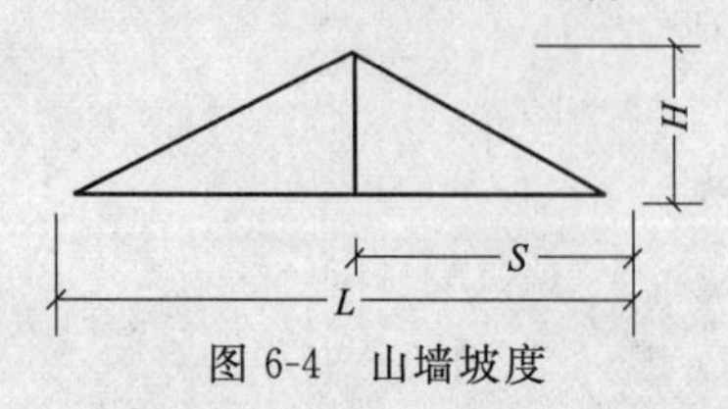

图 6-4　山墙坡度

1. 山墙（尖）面积计算公式

坡度 1∶2(26°34′)$=L^2\times0.125$

坡度 1∶4(14°02′)$=L^2\times0.0625$

坡度 1∶12(4°45′)$=L^2\times0.02083$

公式中坡度$=H:S$（见图 6-4）

2. 山墙（尖）面积（见表 6-17）

七、烟囱环形砖基础工程量计算

烟囱环形砖基础如图 6-5 所示，砖基大放脚分等高式和非等高式两种类型。基础体积的计算方法与条形基础的方法相同，分别计算出砖基身及放脚增加断面面积，即可得出烟囱基础体积公式。

表 6-17　山墙（尖）面积

长度 L /m	坡度（H：S）			长度 L /m	坡度（H：S）		
	1：2	1：4	1：12		1：2	1：4	1：12
	山墙（尖）面积/m²				山墙（尖）面积/m²		
4.0	2.00	1.00	0.33	10.4	13.52	6.76	2.25
4.2	2.21	1.10	0.37	10.6	14.05	7.02	2.34
4.4	2.42	1.21	0.40	10.8	14.58	7.29	2.43
4.6	2.65	1.32	0.44	11.0	15.13	7.56	2.53
4.8	2.88	1.44	0.48	11.2	15.68	7.84	2.61
5.0	3.13	1.56	0.52	11.4	16.25	8.12	2.71
5.2	3.38	1.69	0.56	11.6	16.82	8.41	2.80
5.4	3.65	1.82	0.61	11.8	17.41	8.70	2.90
5.6	3.92	1.96	0.65	12.0	18.00	9.00	3.00
5.8	4.21	2.10	0.70	12.2	18.61	9.30	3.10
6.0	4.50	2.25	0.75	12.4	19.22	9.61	3.20
6.2	4.81	2.40	0.80	12.6	19.85	9.92	3.31
6.4	5.12	2.56	0.85	12.8	20.43	10.24	3.41
6.6	5.45	2.72	0.91	13.0	21.13	10.56	3.52
6.8	5.78	2.89	0.96	13.2	21.73	10.89	3.63
7.0	6.13	3.06	1.02	13.4	22.45	11.22	3.74
7.2	6.43	3.24	1.08	13.6	23.12	11.56	3.85
7.4	6.85	3.42	1.14	13.8	23.81	11.90	3.97
7.6	7.22	3.61	1.20	14.0	24.50	12.23	4.08
7.8	7.61	3.80	1.27	14.2	25.21	12.60	4.20
8.0	8.00	4.00	1.33	14.4	25.92	12.96	4.32
8.2	8.41	4.20	1.40	14.6	26.65	13.32	4.44
8.4	8.82	4.41	1.47	14.8	27.33	13.69	4.56
8.6	9.25	4.62	1.54	15.0	28.13	14.06	4.69
8.8	9.68	4.84	1.61	15.2	28.88	14.44	4.81
9.0	10.13	5.06	1.69	15.4	29.65	14.82	4.94
9.2	10.58	5.29	1.76	15.6	30.42	15.21	5.07
9.4	11.05	5.52	1.84	15.8	21.21	15.60	5.20
9.6	11.52	5.76	1.92	16.0	32.00	16.00	5.33
9.8	12.01	6.00	2.00	16.2	32.81	16.40	5.47
10.0	12.50	6.25	2.08	16.4	33.62	16.81	5.60
10.2	13.01	6.50	2.17	16.6	34.45	17.22	5.76

1. 砖基身断面面积

$$砖基身断面积=b\times h_c$$

式中　b——砖基身顶面宽度，m；

h_c——砖基身高度，m。

2. 砖基础体积

$$V_{hj}=(b\times h_c+V_f)\times l_c$$

式中　V_{hj}——烟囱环形砖基础体积，m³；

V_f——烟囱基础放脚增加断面面积，m²；

l_c——烟囱砖基础计算长度，$l_c=2\pi r_0$ 其中 r_0 是烟囱中心至环形砖基扩大面中心的半径。

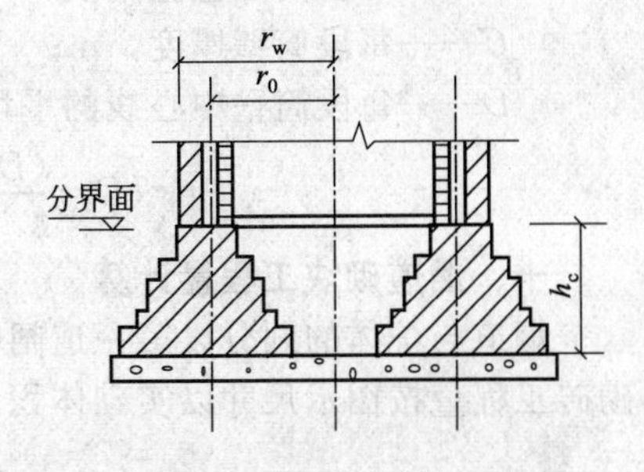

图 6-5　烟囱环形砖基础

八、圆形整体式烟囱砖基础工程量计算

图 6-6 是圆形整体式砖基础，其基础体积的计算同样可分为两个部分：一部分是基身，另一部分为大放脚，其基身与放脚应以基础扩大顶面向内收一个台阶宽（62.5mm）处为界，界内为基身，界外为放脚。如果烟囱筒身外径恰好与基身重合，则其基身与放脚的划分即以筒身外径为分界。

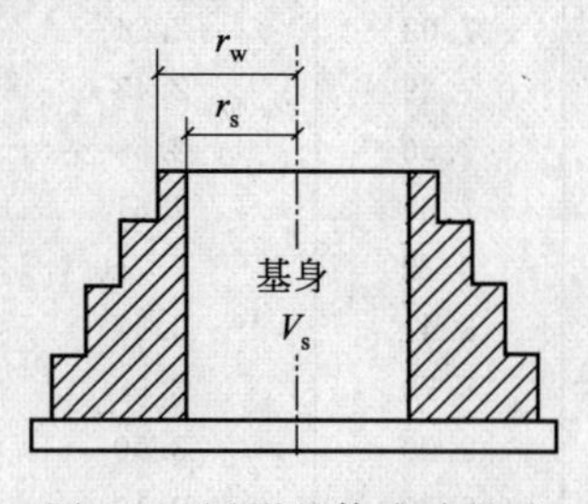

图 6-6 圆形整体式砖基础

圆形整体式烟囱基础的体积 V_{yj} 可按下式计算

$$V_{yj}=V_s+V_f$$

其中，砖基身体积 V_s 为

$$V_s=\pi r_s^2 h_c$$

$$r_s=r_w-0.0625$$

式中 r_s——圆形基身半径，m；

r_w——圆形基础扩大面半径，m；

h_c——基身高度，m。

砖基大放脚增加体积 V_f 的计算：

由图 6-6 可见，圆形基础大放脚可视为相对于基础中心的单面放脚。若计算出单面放脚增加断面相对于基础中心线的平均半径 r_0，即可计算大放脚增加的体积。平均半径 r_0 可按重心法求得。以等高式放脚为例，其计算公式可写为

$$r_0=r_s+\frac{\sum_{i=1}^{n}S_i d_i}{\sum S_i}-r_s+\frac{\sum_{i=1}^{n}i^2}{n\text{层放脚单面断面面积}}\times 2.46\times 10^{-4}$$

式中 i——从上向下计数的大放脚层数。

则圆形砖基放脚增加体积 V_f 为

$$V_f=2\pi r_0 n\text{ 层放脚单面断面面积}$$

式中，n 层放脚单面断面面积由查表求得。

九、烟囱筒身工程量计算

烟囱筒身不论圆形、方形，均按图 6-7 所示筒壁平均中心线周长乘以筒壁厚度，再乘以筒身垂直高度，扣除筒身各种孔洞（0.3m² 以上），钢筋混凝土圈梁、过梁等所占体积以立方米（m³）计算。若其筒壁周长不同时，分别计算每段筒身体积，相加后即得整个烟囱筒身的体积，计算公式为

$$V=\sum HC\pi D-\text{应扣除体积}$$

式中 V——烟囱筒身体积，m³；

H——每段筒身垂直高度，m；

C——每段筒壁厚度，m；

D——每段筒壁中心线的平均直径见图 6-7，即

$$D=\frac{(D_1-C)+(D_2-C)}{2}=\frac{D_1+D_2}{2}-C$$

十、烟道砌块工程量计算

烟道与炉体的划分以第一道闸门为界，属于炉体内的烟道部分列入炉体工程量计算。烟道砌砖工程量按图示尺寸以实砌体积计算（见图 6-8），即

$$V=C\left[2H+\pi\left(R-\frac{C}{2}\right)\right]L$$

式中 V——砖砌烟道工程量，m³；

C——烟道墙厚，m；

H——烟道墙垂直部分高度，m；

R——烟道拱形部分外半径，m；

L——烟道长度，m。自炉体第一道闸门至烟囱筒身外表面相交处。

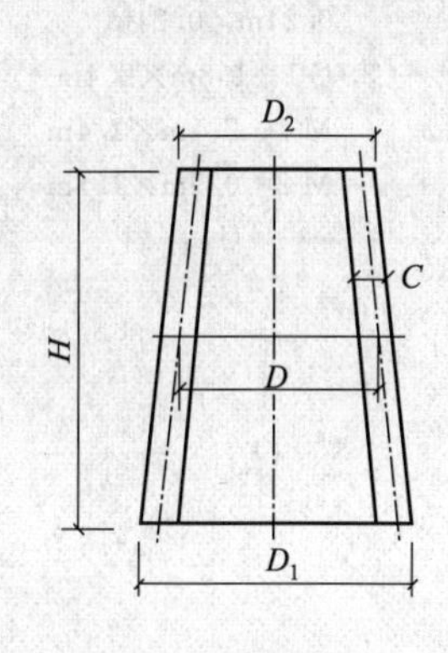

图 6-7　烟囱筒身

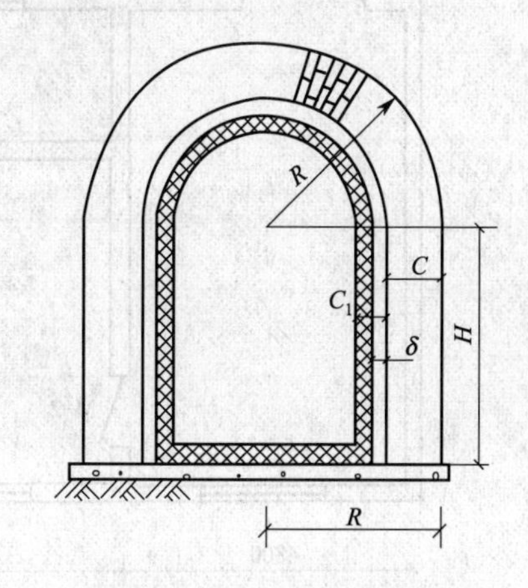

图 6-8　烟道工程量计算示意

参照图 6-8，即可写出烟道内衬工程量计算公式，具体如下

$$V=C_1\left[2H+\pi\left(R-C-\delta-\frac{C_1}{2}\right)+(R-C-\delta-C_1)\times 2\right]$$

式中　V——烟道内衬体积，m^3；

C_1——烟道内衬厚度，m。

第三节　工程量清单工程量计算实例

项目编码：010301001　　项目名称：砖基础

【例 6-1】 华北某地区一砌体房屋外墙基础断面图如图 6-9 所示，其外墙中心线长 136m，试计算其砖基础工程量。

【解】 清单工程量：

清单中关于砖基础的工程量计算规则，计算如下。

根据图 6-9 可知，该基础为 1½砖四层等高式基础，查折加高度和增加面积数据表得折加高度为 0.432，大放脚增加断面面积为 0.1575（按增加断面法计算，其中 0.1575＝0.126×0.0625×10×2）。

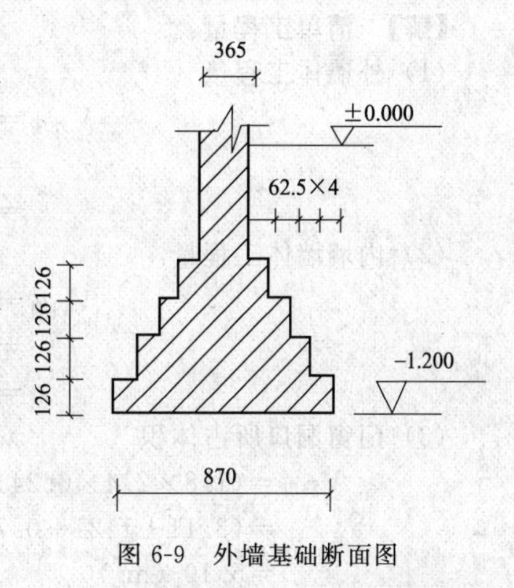

图 6-9　外墙基础断面图

$V_{砖基}=(0.365\times1.2+0.1575)\times136=80.99$（$m^3$）

按折加高度法计算

$V_{砖基}=0.365\times(1.2+0.432)\times136=81.01$（$m^3$）

清单工程量计算见下表：

清单工程量计算表

项目编码	项目名称	项目特征描述	计量单位	工程量
010301001001	砖基础	条形基础，基础深 1.2m	m^3	81.01

项目编码：010302001　　项目名称：实心砖墙

【例 6-2】 如图 6-10 所示，求砖墙体工程量。

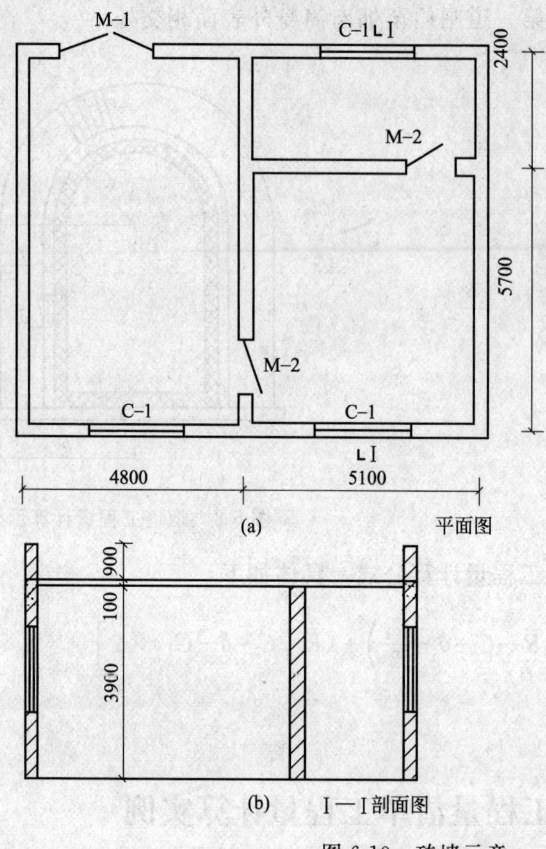

图 6-10　砖墙示意

【解】 清单工程量：

(1) 外墙体工程量

$$V_{外墙}=外墙中心线\times墙厚\times墙高$$
$$=(4.8+5.1+5.7+2.4)\times2\times0.24\times(4-0.24)$$
$$=32.49\ (m^3)$$

(2) 内墙墙体工程量

$$V_{内墙}=内墙净长度\times墙厚\times墙高$$
$$=(5.7+2.4-0.24+5.1-0.24)\times0.24\times4$$
$$=12.22\ (m^3)$$

(3) 门窗洞口所占体积

$$V_{洞口}=(1.8\times2.4\times0.24\times3+2.1\times2.4\times0.24+0.9\times1.8\times0.24\times2)$$
$$=(3.11+1.21+0.78)$$
$$=5.10\ (m^3)$$

(4) 砖墙体工程量

$$V=V_{外墙}+V_{内墙}-V_{洞口}$$
$$=(32.49+12.22-5.10)$$
$$=39.61\ (m^3)$$

清单工程量计算见下表：

清单工程量计算表

项目编码	项目名称	项目特征描述	计量单位	工程量
010302001001	实心砖墙	实心砖墙 墙厚 240mm 外墙高 3.76m,内墙高 3.9m	m^3	39.61

项目编码：010302002　　项目名称：空斗墙

【例 6-3】 如图 6-11 所示，为某一场院围墙示意图，围墙墙高 2.4m，其中勒脚高 0.6m，勒脚墙厚 365mm，其余为空斗墙，墙厚 240mm，空斗墙采用一眠一斗式，所用砌体均为普通砖，试计算砖墙工程量。

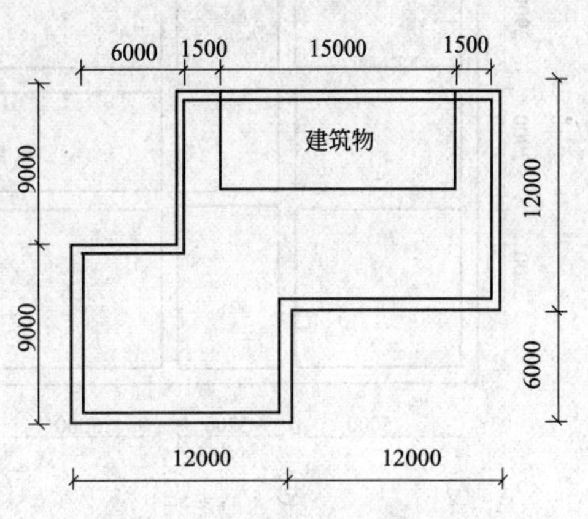

图 6-11　某场院围墙示意

【解】 清单工程量：

$V_{实}$＝围墙中心线长×墙厚×勒脚高度

$=[(12\times2+9\times2)\times2-15]\times0.365\times0.6$

$=15.11\ (m^3)$

空斗墙工程量

$V_{空斗}$＝围墙中心线长×墙厚×空斗墙高度

$=[(12\times2+9\times2)\times2-15]\times0.24\times(2.4-0.6)$

$=29.81\ (m^3)$

清单工程量计算见下表：

清单工程量计算表

序号	项目编码	项目名称	项目特征描述	计量单位	工程量
1	010302001001	实心砖墙	实心砖墙,墙厚 365mm,墙高 0.6m	m^3	15.11
2	010302002001	空斗墙	空斗墙,墙厚 240mm,墙高 1.8m	m^3	29.81

项目编码：010302004　　项目名称：填充墙

【例 6-4】 如图 6-12 所示，为某建筑一榀框架示意图，试根据图示标注尺寸计算填充墙工程量（设填充墙厚 240mm）。

【解】 清单工程量：

$$V_{填充}=[(2.9\times5\times2+2.9\times3.2)\times3+(5\times5\times2+5\times3.2)]\times0.24$$
$$=43.40\ (m^3)$$

清单工程量计算见下表：

清单工程量计算表

项目编码	项目名称	项目特征描述	计量单位	工程量
010302004001	填充墙	墙体厚 240mm	m^3	43.40

项目编码：010303001　　项目名称：砖烟囱、水塔

【例 6-5】 如图 6-13 所示砖烟囱，试求其工程量，烟囱高 22m，烟囱下口直径为 3m。

【解】 清单工程量：

$$V=\sum HC\pi D$$

式中　V——筒身体积；

H——每段筒身垂直高度；

C——每段筒壁厚度；

D——每段筒壁中心线的平均直径。

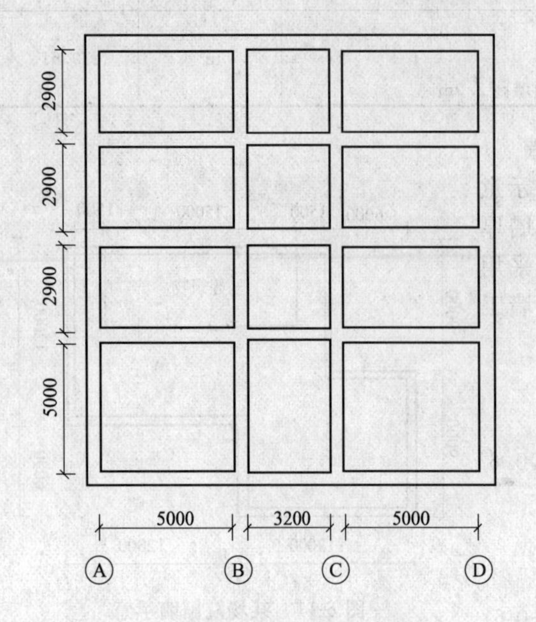

图 6-12　某建筑一榀框架示意

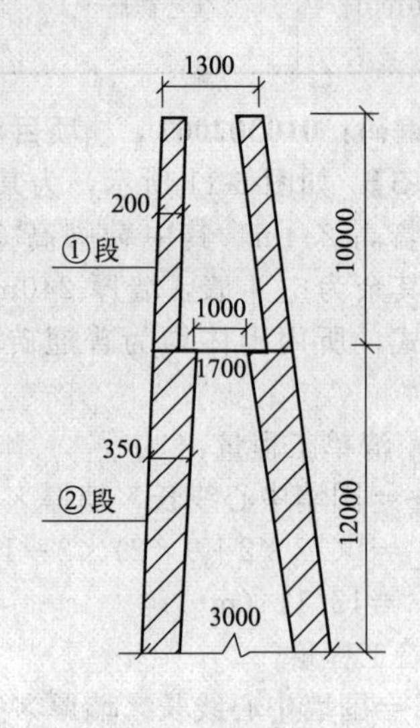

图 6-13　砖烟囱剖面示意

①段： $D_1=(1.1+1.5)/2=1.3$（m）

②段： $D_2=(1.0+2.3)/2=1.65$（m）

则
$$V_1=10\times0.2\times1.3\times3.14=8.16\ (m^3)$$
$$V_2=12\times0.35\times1.65\times3.14=21.76\ (m^3)$$
$$V_{总}=V_1+V_2=29.92\ (m^3)$$

清单工程量计算见下表：

清单工程量计算表

项目编码	项目名称	项目特征描述	计量单位	工程量
010303001001	砖烟囱、水塔	筒身高 22m	m^3	29.92

项目编码：010303004　　项目名称：砖水池、化粪池

【例 6-6】 如图 6-14 所示，试求其砖砌化粪池的工程量。

【解】 清单工程量：

化粪池的工程量　8 座

清单工程量计算见下表：

清单工程量计算表

项目编码	项目名称	项目特征描述	计量单位	工程量
010303004001	砖水池、化粪池	池截面 3000mm×4500mm	座	8

项目编码：010304001　　项目名称：空心砖墙、砌块墙

【例 6-7】 某建筑物如图 6-15 所示，室内净高 3.0m，内外墙均为 1 砖混水墙，用 M2.5

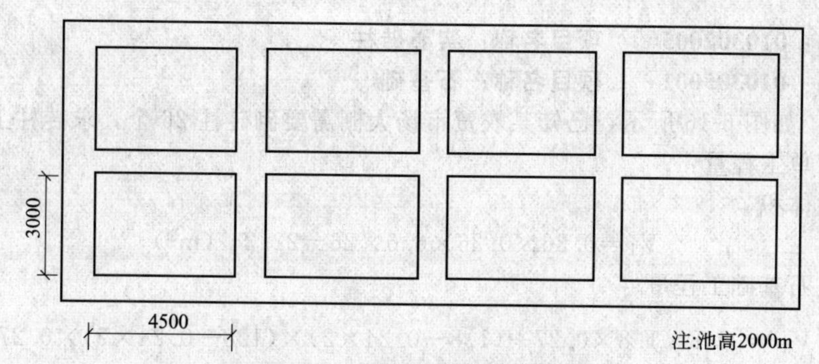

图 6-14　砖砌化粪池平面图

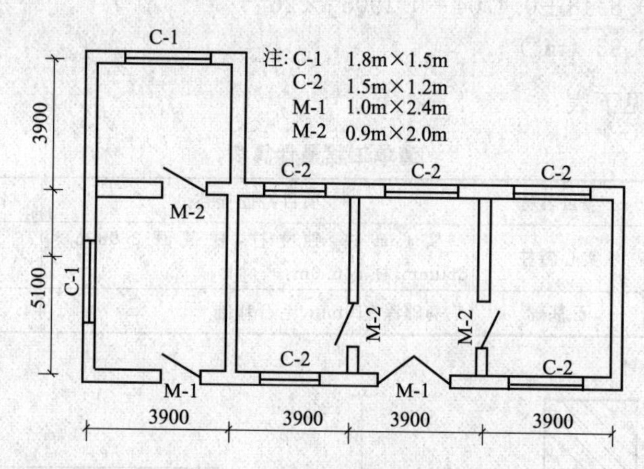

图 6-15　某建筑物平面图

水泥砂浆砌筑，试计算其砖墙工程量。

【解】 清单工程量：

(1) 计算门窗的体积

C-1　1.8×1.5×0.24×2＝1.30 (m^3)

C-2　1.5×1.2×0.24×5＝2.16 (m^3)

M-1　1.0×2.4×0.24＝0.576 (m^3)

M-2　0.9×2.0×0.24×4＝1.73 (m^3)

门窗总的体积　(1.30＋2.16＋0.576＋1.73)＝5.76 (m^3)

(2) 计算砖墙体积

外墙长　$L_{外}$＝(3.9×4＋5.1＋3.9)×2＝49.20 (m)

内墙净长　$L_{内}$＝[(3.9－0.24)＋(5.1－0.24)×3]＝18.24 (m)

砖墙体积　V_1＝(49.20＋18.24)×3.0×0.24＝48.56 (m^3)

(3) 扣除门窗后砖墙的工程量

$$V = 48.56 - 5.76 = 42.80\ (m^3)$$

清单工程量计算见下表：

清单工程量计算表

项目编码	项目名称	项目特征描述	计量单位	工程量
010304001001	空心砖墙	混水墙，墙厚 240mm，墙高 30m	m^3	42.80

项目编码：010302005　　项目名称：实心砖柱

项目编码：010305001　　项目名称：石基础

【例 6-8】 如图 6-16 所示，已知某农贸市场大棚需要砌砖柱 26 个，求砖柱工程量。

【解】 清单工程量：

(1) 砖柱体积

$$V_1 = 0.36 \times 0.36 \times 6.6 \times 26 = 22.24\ (\mathrm{m}^3)$$

(2) 柱毛石基础工程量

$$\begin{aligned} V_2 &= [1.8 \times 1.8 \times 0.27 + (1.8 - 0.24 \times 2) \times (1.8 - 0.24 \times 2) \times 0.27 \\ &\quad + (1.8 - 0.24 \times 4) \times (1.8 - 0.24 \times 4) \times 0.27] \times 26 \\ &= [0.8748 + 0.4704 + 0.1905] \times 26 \\ &= 39.93\ (\mathrm{m}^3) \end{aligned}$$

清单工程量计算见下表：

清单工程量计算表

序号	项目编码	项目名称	项目特征描述	计量单位	工程量
1	010302005001	实心砖柱	实心砖柱，独立柱，柱截面 360mm × 360mm，柱高 6.0m	m³	22.24
2	010305001001	石基础	基础深 810mm，毛石基础	m³	39.93

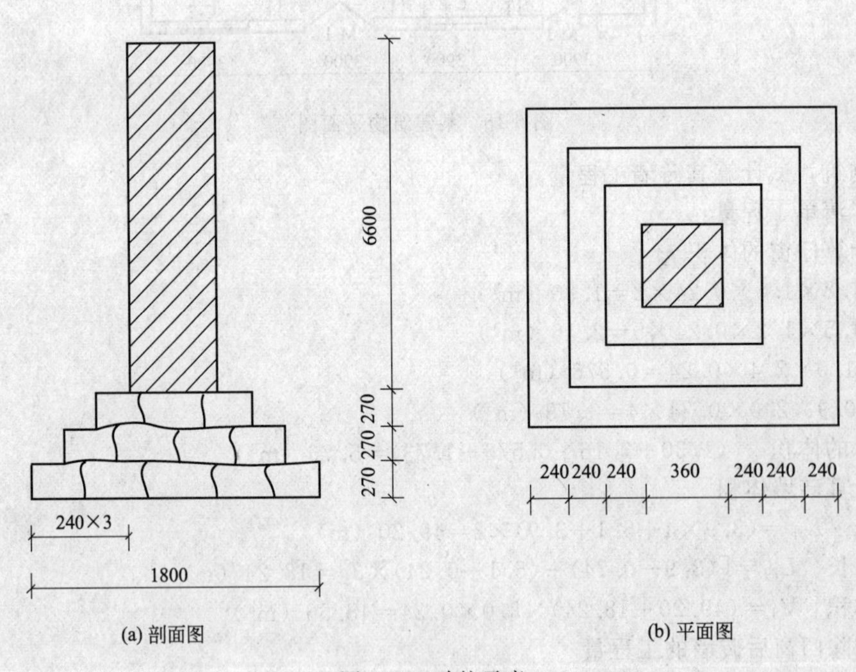

(a) 剖面图　　(b) 平面图

图 6-16　砖柱示意

项目编码：010305001　　项目名称：石基础

项目编码：010305004　　项目名称：石挡土墙

【例 6-9】 如图 6-17 所示为某挡土墙平面和剖面示意图，试计算图示石挡土墙工程量。

【解】 清单工程量：

(1) 挡土墙中心线长度

$$L = (26 + 23 - 0.4) = 48.6\ (\mathrm{m})$$

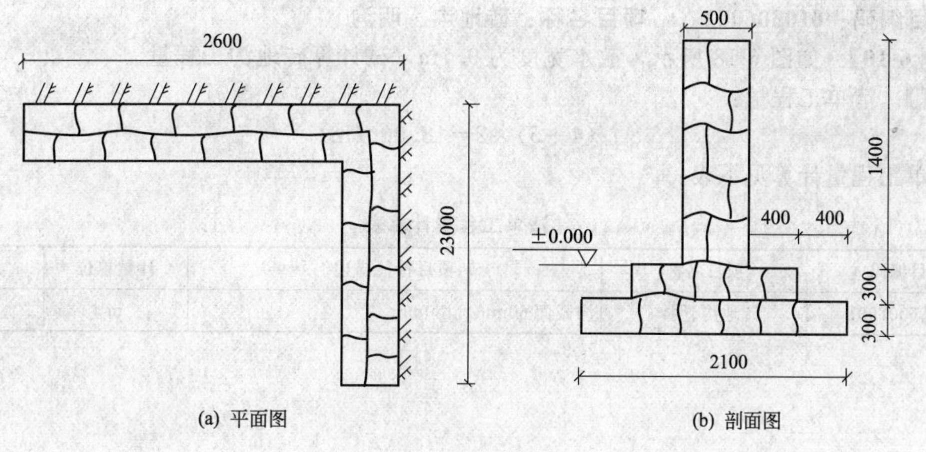

图 6-17　挡土墙示意

（2）挡土墙工程量

$$V_{石挡土墙} = 挡土墙中心线长度 \times 墙厚 \times 墙高$$
$$= 48.6 \times 0.5 \times 1.4$$
$$= 34.02\ (m^3)$$

（3）挡土墙基础工程量

$$V_{石基础} = 基础截面积 \times 挡土墙中心线长度$$
$$= [2.1 \times 0.3 + (2.1 - 0.4 \times 2) \times 0.3] \times 48.6$$
$$= 49.57\ (m^3)$$

清单工程量计算见下表：

清单工程量计算表

序号	项目编码	项目名称	项目特征描述	计量单位	工程量
1	010305001001	石基础	基础深 0.6m,条形基础	m^3	49.57
2	010305004001	石挡土墙	墙厚 500mm	m^3	34.02

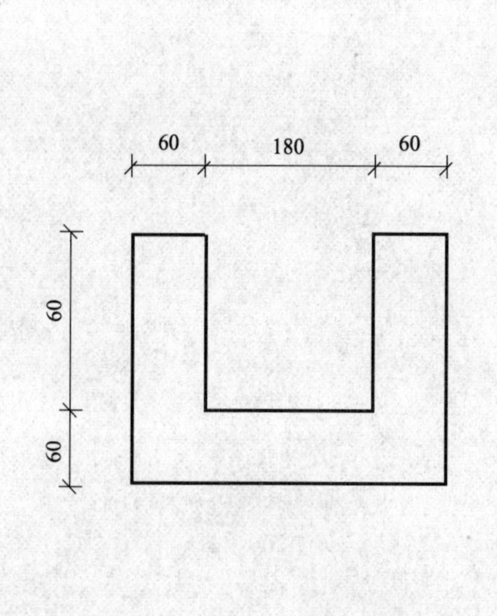

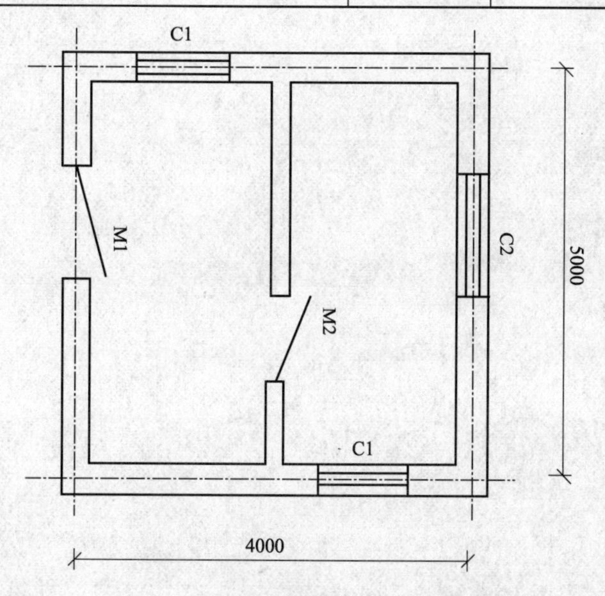

图 6-18　砖地沟

项目编码：010306002　　项目名称：砖地沟、明沟

【例 6-10】 如图 6-18 所示，散水宽度为 0.7m，试计算砖地沟工程量。

【解】 清单工程量：

$$(4+5)\times 2=18.00\ (\text{m})$$

清单工程量计算见下表：

清单工程量计算表

项目编码	项目名称	项目特征描述	计量单位	工程量
010306002001	砖地沟、明沟	沟截面 60mm×180mm	m	18.00

第七章　混凝土及钢筋混凝土工程

第一节　混凝土及钢筋混凝土工程量清单及计算规则

一、现浇混凝土基础

工程量清单项目设置及工程量计算规则，应按表 7-1 的规定执行。

表 7-1　现浇混凝土基础（编码：010401）

项目编码	项目名称	项目特征	计量单位	工程量计算规则	工程内容
010401001	带形基础	1. 混凝土强度等级 2. 混凝土拌和料要求 3. 砂浆强度等级	m^3	按设计图示尺寸以体积计算。不扣除构件内钢筋、预埋铁件和伸入承台基础的桩头所占体积	1. 混凝土制作、运输、浇筑、振捣、养护 2. 地脚螺栓二次灌浆
010401002	独立基础				
010401003	满堂基础				
010401004	设备基础				
010401005	桩承台基础				
010401006	垫层				

二、现浇混凝土柱

工程量清单项目设置及工程量计算规则，应按表 7-2 的规定执行。

表 7-2　现浇混凝土柱（编码：010402）

项目编码	项目名称	项目特征	计量单位	工程量计算规则	工程内容
010402001	矩形柱	1. 柱高度 2. 柱截面尺寸 3. 混凝土强度等级 4. 混凝土拌和料要求	m^3	按设计图示尺寸以体积计算。不扣除构件内钢筋、预埋铁件所占体积 柱高： 1. 有梁板的柱高，应自柱基上表面（或楼板上表面）至上一层楼板上表面之间的高度计算 2. 无梁板的柱高，应自柱基上表面（或楼板上表面）至柱帽下表面之间的高度计算 3. 框架柱的柱高，应自柱基上表面至柱顶高度计算 4. 构造柱按全高计算，嵌接墙体部分并入柱身体积 5. 依附柱上的牛腿和升板的柱帽，并入柱身体积计算	混凝土制作、运输、浇筑、振捣、养护
	异形柱				

三、现浇混凝土梁

工程量清单项目设置及工程量计算规则，应按表 7-3 的规定执行。

表 7-3　现浇混凝土梁（编码：010403）

项目编码	项目名称	项目特征	计量单位	工程量计算规则	工程内容
010403001	基础梁	1. 梁底标高 2. 梁截面 3. 混凝土强度等级 4. 混凝土拌和料要求	m^3	按设计图示尺寸以体积计算。不扣除构件内钢筋、预埋铁件所占体积，伸入墙内的梁头、梁垫并入梁体积内 梁长： 1. 梁与柱连接时，梁长算至柱侧面 2. 主梁与次梁连接时，次梁长算至主梁侧面	混凝土制作、运输、浇筑、振捣、养护
010403002	矩形梁				
010403003	异形梁				
010403004	圈梁				
010403005	过梁				
010403006	弧形梁，拱形梁				

四、现浇混凝土墙

工程量清单项目设置及工程量计算规则，应按表7-4的规定执行。

表7-4 现浇混凝土墙（编码：010404）

项目编码	项目名称	项目特征	计量单位	工程量计算规则	工程内容
010404001	直形墙	1. 墙类型 2. 墙厚度 3. 混凝土强度等级 4. 混凝土拌和料要求	m^3	按设计图示尺寸以体积计算。不扣除构件内钢筋、预埋铁件所占体积，扣除门窗洞口及单个面积 $0.3m^2$ 以外的孔洞所占体积，墙垛及凸出墙面部分并入墙体体积计算内	混凝土制作、运输、浇筑、振捣、养护
010404002	弧形墙				

五、现浇混凝土板

工程量清单项目设置及工程量计算规则，应按表7-5的规定执行。

表7-5 现浇混凝土板（编码：010405）

项目编码	项目名称	项目特征	计量单位	工程量计算规则	工程内容
010405001	有梁板	1. 板底标高 2. 板厚度 3. 混凝土强度等级 4. 混凝土拌和料要求	m^3	按设计图示尺寸以体积计算。不扣除构件内钢筋、预埋铁件及单个面积 $0.3m^2$ 以内的孔洞所占体积。有梁板（包括主、次梁与板）按梁、板体积之和计算，无梁板按板和柱帽体积之和计算，各类板伸入墙内的板头并入板体积内计算，薄壳板的肋、基梁并入薄壳体积内计算	混凝土制作、运输、浇筑、振捣、养护
010405002	无梁板				
010405003	平板				
010405004	拱板				
010405005	薄壳板				
010405006	栏板				
010405007	天沟、挑檐板	1. 混凝土强度等级 2. 混凝土拌和料要求		按设计图示尺寸以体积计算	
010405008	雨篷、阳台板			按设计图示尺寸以墙外部分体积计算，包括伸出墙外的牛腿和雨篷反挑檐的体积	
010405009	其他板			按设计图示尺寸以体积计算	

六、现浇混凝土楼梯

工程量清单项目设置及工程量计算规则，应按表7-6的规定执行。

表7-6 现浇混凝土楼梯（编码：010406）

项目编码	项目名称	项目特征	计量单位	工程量计算规则	工程内容
010406001	直形楼梯	1. 混凝土强度等级 2. 混凝土拌和料要求	m^3	按设计图示尺寸以水平投影面积计算。不扣除宽度小于500mm的楼梯井，伸入墙内部分不计算	混凝土制作、运输、浇筑、振捣、养护
010406002	弧形楼梯				

七、现浇混凝土其他构件

工程量清单项目设置及工程量计算规则，应按表7-7的规定执行。

表7-7 现浇混凝土其他构件（编码：010407）

项目编码	项目名称	项目特征	计量单位	工程量计算规则	工程内容
010407001	其他构件	1. 构件的类型 2. 构件规格 3. 混凝土强度等级 4. 混凝土拌和要求	m^3 (m^2、m)	按设计图示尺寸以体积计算。不扣除构件内钢筋、预埋铁件所占体积	混凝土制作、运输、浇筑、振捣、养护

续表

项目编码	项目名称	项目特征	计量单位	工程量计算规则	工程内容
010407002	散水、坡道	1. 垫层材料种类、厚度 2. 面层厚度 3. 混凝土强度等级 4. 混凝土拌和料要求 5. 填塞材料种类	m^2	按设计图示尺寸以面积计算。不扣除单个 $0.3m^2$ 以内的孔洞所占面积	1. 地基夯实 2. 铺设垫层 3. 混凝土制作、运输、浇筑、振捣、养护 4. 变形缝填塞
010407003	电缆沟、地沟	1. 沟截面 2. 垫层材料种类、厚度 3. 混凝土强度等级 4. 混凝土拌和料要求 5. 防护材料种类	m	按设计图示以中心线长度计算	1. 挖运土石 2. 铺设垫层 3. 混凝土制作、运输、浇筑、振捣、养护 4. 刷防护材料

八、后浇带

工程量清单项目设置及工程量计算规则，应按表 7-8 的规定执行。

表 7-8　后浇带（编码：010408）

项目编码	项目名称	项目特征	计量单位	工程量计算规则	工程内容
010408001	后浇带	1. 部位 2. 混凝土强度等级 3. 混凝土拌和料要求	m^3	按设计图示尺寸以体积计算	混凝土制作、运输、浇筑、振捣、养护

九、预制混凝土柱

工程量清单项目设置及工程量计算规则，应按表 7-9 的规定执行。

表 7-9　预制混凝土柱（编码：010409）

项目编码	项目名称	项目特征	计量单位	工程量计算规则	工程内容
010409001	矩形柱	1. 柱类型 2. 单件体积 3. 安装高度 4. 混凝土强度等级 5. 砂浆强度等级	m^3 （根）	1. 按设计图示尺寸以体积计算。不扣除构件内钢筋、预埋铁件所占体积 2. 按设计图示尺寸以“数量”计算	1. 混凝土制作、运输、浇筑、振捣、养护 2. 构件制作、运输 3. 构件安装 4. 砂浆制作、运输 5. 接头灌缝、养护
010409002	异形柱				

十、预制混凝土梁

工程量清单项目设置及工程量计算规则，应按表 7-10 的规定执行。

十一、预制混凝土屋架

工程量清单项目设置及工程量计算规则，应按表 7-11 的规定执行。

十二、预制混凝土板

工程量清单项目设置及工程量计算规则，应按表 7-12 的规定执行。

表 7-10　预制混凝土梁（编码：010410）

项目编码	项目名称	项目特征	计量单位	工程量计算规则	工程内容
010410001	矩形梁	1. 单件体积 2. 安装高度 3. 混凝土强度等级 4. 砂浆强度等级	m^3 （根）	按设计图示尺寸以体积计算。不扣除构件内钢筋、预埋铁件所占体积	1. 混凝土制作、运输、浇筑、振捣、养护 2. 构件制作、运输 3. 构件安装 4. 砂浆制作、运输 5. 接头灌缝、养护
010410002	异形梁				
010410003	过梁				
010410004	拱形梁				
010410005	鱼腹式吊车梁				
010410006	风道梁				

表 7-11　预制混凝土屋架（编码：010411）

项目编码	项目名称	项目特征	计量单位	工程量计算规则	工程内容
010411001	折线型屋架	1. 屋架的类型、跨度 2. 单件体积 3. 安装高度 4. 混凝土强度等级 5. 砂浆强度等级	m^3 （榀）	按设计图示尺寸以体积计算。不扣除构件内钢筋、预埋铁件所占体积	1. 混凝土制作、运输、浇筑、振捣、养护 2. 构件制作、运输 3. 构件安装 4. 砂浆制作、运输 5. 接头灌缝、养护
010411002	组合屋架				
010411003	薄腹屋架				
010411004	门式刚架屋架				
010411005	天窗架屋架				

表 7-12　预制混凝土板（编码：010412）

项目编码	项目名称	项目特征	计量单位	工程量计算规则	工程内容
010412001	平板	1. 构件尺寸 2. 安装高度 3. 混凝土强度等级 4. 砂浆强度等级	m^3 （块）	按设计图示尺寸以体积计算。不扣除构件内钢筋、预埋铁件及单个尺寸 300mm×300mm 以内的孔洞所占体积，扣除空心板空洞体积	1. 混凝土制作、运输、浇筑、振捣、养护 2. 构件制作、运输 3. 构件安装 4. 升板提升 5. 砂浆制作、运输 6. 接头灌缝、养护
010412002	空心板				
010412003	槽形板				
010412004	网架板				
010412005	折线板				
010412006	带肋板				
010412007	大型板				
010412008	沟盖板、井盖板、井圈	1. 构件尺寸 2. 安装高度 3. 混凝土强度等级 4. 砂浆强度等级	m^3 （块、套）	按设计图示尺寸以体积计算。不扣除构件内钢筋、预埋铁件所占体积	1. 混凝土制作、运输、浇筑、振捣、养护 2. 构件制作、运输 3. 构件安装 4. 砂浆制作、运输 5. 接头灌缝、养护

十三、预制混凝土楼梯

工程量清单项目设置及工程量计算规则，应按表 7-13 的规定执行。

表 7-13　预制混凝土楼梯（编码：010413）

项目编码	项目名称	项目特征	计量单位	工程量计算规则	工程内容
010413001	楼梯	1. 楼梯类型 2. 单件体积 3. 混凝土强度等级 4. 砂浆强度等级	m^3	按设计图示尺寸以体积计算。不扣除构件内钢筋、预埋铁件所占体积，扣除空心踏步板空洞体积	1. 混凝土制作、运输、浇筑、振捣、养护 2. 构件制作、运输 3. 构件安装 4. 砂浆制作、运输 5. 接头灌缝、养护

十四、其他预制构件

工程量清单项目设置及工程量计算规则，应按表 7-14 的规定执行。

表 7-14 其他预制构件（编码：010414）

项目编码	项目名称	项目特征	计量单位	工程量计算规则	工程内容
010414001	烟道、垃圾道、通风道	1. 构件类型 2. 单件体积 3. 安装高度 4. 混凝土强度等级 5. 砂浆强度等级	m^3	按设计图示尺寸以体积计算。不扣除构件内钢筋、预埋铁件及单个尺寸 300mm×300mm 以内的孔洞所占体积，扣除烟道、垃圾道、通风道的孔洞所占体积	1. 混凝土制作、运输、浇筑、振捣、养护 2.（水磨石）构件制作、运输 3. 构件安装 4. 砂浆制作、运输 5. 接头灌缝、养护 6. 酸洗、打蜡
010414002	其他构件	1. 构件的类型 2. 单件体积 3. 水磨石面层厚度 4. 安装高度 5. 混凝土强度等级 6. 水泥石子浆配合比 7. 石子品种、规格、颜色 8. 酸洗、打蜡要求			
010414003	水磨石构件				

十五、混凝土构筑物

工程量清单项目设置及工程量计算规则，应按表 7-15 的规定执行。

表 7-15 混凝土构筑物（编码：010415）

项目编码	项目名称	项目特征	计量单位	工程量计算规则	工程内容
010415001	贮水（油）池	1. 池类型 2. 池规格 3. 混凝土强度等级 4. 混凝土拌和料要求	m^3	按设计图示尺寸以体积计算。不扣除构件内钢筋、预埋铁件及单个面积 $0.3m^2$ 以内的孔洞所占体积	混凝土制作、运输、浇筑、振捣、养护
010415002	贮仓	1. 类型、高度 2. 混凝土强度等级 3. 混凝土拌和料要求			
010415003	水塔	1. 类型 2. 支筒高度、水箱容积 3. 倒圆锥形罐壳厚度、直径 4. 混凝土强度等级 5. 混凝土拌和料要求 6. 砂浆强度等级			1. 混凝土制作、运输、浇筑、振捣、养护 2. 预制倒圆锥形罐壳、组装、提升、就位 3. 砂浆制作、运输 4. 接头灌缝、养护
010415004	烟囱	1. 高度 2. 混凝土强度等级 3. 混凝土拌和料要求			混凝土制作、运输、浇筑、振捣、养护

十六、钢筋工程

工程量清单项目设置及工程量计算规则，应按表 7-16 的规定执行。

表 7-16　钢筋工程（编码：010416）

项目编码	项目名称	项目特征	计量单位	工程量计算规则	工程内容
010416001	现浇混凝土钢筋	钢筋种类、规格	t	按设计图示钢筋（网）长度（面积）乘以单位理论质量计算	1. 钢筋（网、笼）制作、运输 2. 钢筋（网、笼）安装
010416002	预制构件钢筋				
010416003	钢筋网片				
010416004	钢筋笼				
010416005	先张法预应力钢筋	1. 钢筋种类、规格 2. 锚具种类		按设计图示钢筋长度乘以单位理论质量计算	1. 钢筋制作、运输 2. 钢筋张拉
010416006	后张法预应力钢筋	1. 钢筋种类、规格 2. 钢丝束种类、规格 3. 钢绞线种类、规格 4. 锚具种类 5. 砂浆强度等级		按设计图示钢筋（丝束、绞线）长度乘以单位理论质量计算 1. 低合金钢筋两端均采用螺杆锚具时，钢筋长度按孔道长度减 0.35m 计算，螺杆另行计算 2. 低合金钢筋一端采用镦头插片、另一端采用螺杆锚具时，钢筋长度按孔道长度计算，螺杆另行计算 3. 低合金钢筋一端采用镦头插片、另一端采用帮条锚具时，钢筋增加 0.15m 计算；两端均采用帮条锚具时，钢筋长度按孔道长度增加 0.3m 计算 4. 低合金钢筋采用后张混凝土自锚时，钢筋长度按孔道长度增加 0.35m 计算 5. 低合金钢筋（钢绞线）采用 JM、XM、QM 型锚具，孔道长度在 20m 以内时，钢筋长度增加 1m 计算；孔道长度 20m 以外时，钢筋（钢绞线）长度按孔道长度增加 1.8m 计算 6. 碳素钢丝采用锥形锚具，孔道长度在 20m 以内时，钢丝束长度按孔道长度增加 1m 计算；孔道长在 20m 以上时，钢丝束长度按孔道长度增加 1.8m 计算 7. 碳素钢丝束采用镦头锚具时，钢丝束长度按孔道长度增加 0.35m 计算	1. 钢筋、钢丝束、钢绞线制作、运输 2. 钢筋、钢丝束、钢绞线安装 3. 预埋管孔道铺设 4. 锚具安装 5. 砂浆制作、运输 6. 孔道压浆、养护
010416007	预应力钢丝				
010416008	预应力钢绞线				

十七、螺栓、铁件

工程量清单项目设置及工程量计算规则，应按表 7-17 的规定执行。

表 7-17　螺栓、铁件（编码：010417）

项目编码	项目名称	项目特征	计量单位	工程量计算规则	工程内容
010417001	螺栓	1. 钢材种类、规格 2. 螺栓长度 3. 铁件尺寸	t	按设计图示尺寸以质量计算	1. 螺栓（铁件）制作、运输 2. 螺栓（铁件）安装
010417002	预埋件				

十八、其他相关问题的处理

① 混凝土垫层包括在基础项目内。

② 有肋带形基础、无肋带形基础应分别编码（第五级编码）列项，并注明肋高。

③ 箱式满堂基础，可按表 7-1～表 7-5 中满堂基础、柱、梁、墙、板分别编码列项；也可利用表 7-1 的第五级编码分别列项。

④ 框架式设备基础，可按表 7-1～表 7-5 中设备基础、柱、梁、墙、板分别编码列项；也

可利用表 7-1 的第五级编码分别列项。

⑤ 构造柱应按表 7-2 中矩形柱项目编码列项。

⑥ 现浇挑檐、大沟板、雨篷、阳台与板（包括屋面板、楼板）连接时，以外墙外边线为分界线；与圈梁（包括其他梁）连接时，以梁外边线为分界线。外边线以外为挑檐、天沟、雨篷或阳台。

⑦ 整体楼梯（包括直形楼梯、弧形楼梯）水平投影面积包括休息平台、平台梁、斜梁和楼梯的连接梁。当整体楼梯与现浇楼板无梯梁连接时，以楼梯的最后一个踏步边缘加 300mm 为界。

⑧ 现浇混凝土小型池槽、压顶、扶手、垫块、台阶、门框等，应按表 7-7 中其他构件项目编码列项。其中，扶手、压顶（包括伸入墙内的长度）应按延长米计算，台阶应按水平投影面积计算。

⑨ 三角形屋架应按表 7-11 中折线形屋架项目编码列项。

⑩ 不带肋的预制遮阳板、雨篷板、挑檐板、栏板等，应按表 7-12 中平板项目编码列项。

⑪ 预制 F 形板、双 T 形板、单肋板和带反挑檐的雨篷板、挑檐板、遮阳板等，应按表 7-12 中带肋板项目编码列项。

⑫ 预制大型墙板、大型楼板、大型屋面板等，应按表 7-12 中大型板项目编码列项。

⑬ 预制钢筋混凝土楼梯，可按斜梁、踏步分别编码（第五级编码）列项。

⑭ 预制钢筋混凝土小型池槽、压顶、扶手、垫块、隔热板、花格等，应按表 7-14 中其他构件项目编码列项。

⑮ 贮水（油）池的池底、池壁、池盖可分别编码（第五级编码）列项。有壁基梁的，应以壁基梁底为界，以上为池壁，以下为池底；无壁基梁的，锥形坡底应算至其上口，池壁下部的八字靴脚应并入池底体积内。无梁池盖的柱高应从池底上表面算至池盖下表面，柱帽和柱座应并在柱体积内。肋形池盖应包括主、次梁体积；球形池盖应以池壁顶面为界，边侧梁应并入球形池盖体积内。

⑯ 贮仓立壁和贮仓漏斗可分别编码（第五级编码）列项，应以相互交点水平线为界，壁上圈梁应并入漏斗体积内。

⑰ 滑模筒仓按表 7-15 中贮仓项目编码列项。

⑱ 水塔基础、塔身、水箱可分别编码（第五级编码）列项。筒式塔身应以筒座上表面或基础底板上表面为界；柱式（框架式）塔身应以柱脚与基础底板或梁顶为界，与基础板连接的梁应并入基础体积内。塔身与水箱应以箱底相连接的圈梁下表面为界，以上为水箱，以下为塔身。依附于塔身的过梁、雨篷、挑檐等，应并入塔身体积内；柱式塔身应不分柱、梁合并计算。依附于水箱壁的柱、梁，应并入水箱壁体积内。

⑲ 现浇构件中固定位置的支撑钢筋、双层钢筋用的“铁马”、伸出构件的锚固钢筋、预制构件的吊钩等，应并入钢筋工程量内。

十九、有关项目的说明

① 带形基础项目适用于各种带形基础，墙下的板式基础包括浇筑在一字排桩上面的带形基础。应注意：工程量不扣除浇入带形基础体积内的桩头所占体积。

② 独立基础项目适用于块体柱基、杯基、柱下的板式基础、无筋倒圆台基础、壳体基础、电梯井基础等。

③ 满堂基础项目适用于地下室的箱式、筏式基础等。

④ 设备基础项目适用于设备的块体基础、框架基础等。应注意：螺栓孔灌浆包括在报价内。

⑤ 桩承台基础项目适用于浇筑在组桩（如梅花桩）上的承台。应注意：工程量不扣除浇入承台体积内的桩头所占体积。

⑥ 矩形柱、异形柱项目适用于各形桩，除无梁板柱的高度计算至柱帽下表面，其他柱都

计算全高。应注意以下几个问题。

a. 单独的薄壁柱根据其截面形状，确定以异形柱或矩形柱编码列项。

b. 柱帽的工程量计算在无梁板体积内。

c. 混凝土柱上的钢牛腿按《计价规范》附录 A. 6. 6 零星钢构件编码列项。

⑦ 各种梁项目的工程量主梁与次梁连接时，次梁长算至主梁侧面，简而言之：截面小的梁长度计算至截面大的梁侧面。

⑧ 直形墙、弧形墙项目也适用于电梯井。应注意：与墙相连接的薄壁柱按墙项目编码列项。

⑨ 混凝土板采用浇筑复合高强薄型空心管时，其工程量应扣除管所占体积，复合高强薄型空心管应包括在报价内。采用轻质材料浇筑在有梁板内，轻质材料应包括在报价内。

⑩ 单跑楼梯的工程量计算与直线形楼梯、弧线形楼梯的工程量计算相同，单跑楼梯如无中间休息平台时，应在工程量清单中进行描述。

⑪ 其他构件项目中的压顶、扶手工程量可按长度计算，台阶工程量可按水平投影面积计算。

⑫ 电缆沟、地沟散水、坡道需抹灰时，应包括在报价内。

⑬ 后浇带项目适用于梁、墙、板的后浇带。

⑭ 有相同截面、长度的预制混凝土柱的工程量可按根数计算。

⑮ 有相同截面、长度的预制混凝土梁的工程量可按根数计算。

⑯ 同类型、相同跨度的预制混凝土屋架的工程量可按榀数计算。

⑰ 同类型、相同构件尺寸的预制混凝土板工程可按块数计算。

⑱ 同类型、相同构件尺寸的预制混凝土沟盖板的工程量可按块数计算；混凝土井圈、井盖板工程量可按套数计算。

⑲ 水磨石构件需要打蜡抛光时，包括在报价内。

⑳ 滑模筒仓按贮仓项目编码列项。

㉑ 滑模烟囱按烟囱项目编码列项。

二十、共性问题的说明

① 混凝土的供应方式（现场搅拌混凝土、商品混凝土）以招标文件确定。

② 购入的商品构配件以商品价进入报价。

③ 附录要求分别编码列项的项目（如箱式满堂基础、框架式设备基础等），可在第五级编码上进行分项编码。如框架式设备基础：010401004001 设备基础、010401004002 框架式设备基础柱、010401004003 框架式设备基础梁、010401004004 框架式设备基础墙、010401004005 框架式设备基础板。这样列项的好处：a. 不必再翻后面的项目编码；b. 一看就知道是框架式设备的基础，柱、梁、墙、板，比较明了。

④ 预制构件的吊装机械（如履带式起重机、轮胎式起重机、汽车式起重机及塔式起重机等）不包括在项目内，应列入措施项目费。

⑤ 滑模的提升设备（如千斤顶及液压操作台等）应列在模板及支撑费内。

⑥ 钢网架在地面组装后的整体提升、倒锥壳水箱在地面就位预制后的提升设备（如液压千斤顶及操作台等）应列在垂直运输费内。

⑦ 项目特征内的构件标高（如梁底标高及板底标高等）、安装高度、不需要每个构件都注上标高和高度，而是要求选择关键部件注明，以便投标人选择吊装机械和垂直运输机械。

二十一、工程常见的名词解释

① 有梁板：现浇有梁板是指现浇密肋板、井字梁板（即由同一平面内相互正交式斜交的梁与板所组成的结构构件）。

② 薄壁柱：也称隐壁柱，在框剪结构中，隐藏在墙体中的钢筋混凝土柱，抹灰后不再有柱的痕迹。

第二节　相关的工程技术资料

一、钢筋的相关资料

1. 钢筋符号（见表 7-18）

表 7-18　钢筋符号

钢筋种类	符　号	钢筋种类	符　号	钢筋种类	符　号	钢筋种类	符　号
Ⅰ级钢筋	ϕ	Ⅲ级钢筋	Φ	冷拉Ⅳ级钢筋	$Φ^{l}$	碳素钢丝	ϕ^{a}
冷拉Ⅰ级钢筋	ϕ^{l}	冷拉Ⅲ级钢筋	$Φ^{l}$	热处理钢筋	$Φ^{l}$	刻痕钢丝	ϕ^{k}
Ⅱ级钢筋	ɸ	Ⅳ级钢筋	Φ	冷拔低碳钢丝	ϕ^{b}	钢绞线	ϕ^{j}
冷拉Ⅱ级钢筋	$ɸ^{l}$						

2. 钢筋的重量（见表 7-19）

表 7-19　钢筋单位长度重量

直径/mm	重量/(kg/m)	直径/mm	重量/(kg/m)	直径/mm	重量/(kg/m)	直径/mm	重量/(kg/m)
2.5	0.039	11	0.750	19	2.230	27	4.495
3	0.055	12	0.888	20	2.466	28	4.83
4	0.099	13	1.040	21	2.720	30	5.55
5	0.154	14	1.208	22	2.984	32	6.31
6	0.222	15	1.387	23	3.260	34	7.13
7	0.302	16	1.578	24	3.551	35	7.55
8	0.395	17	1.70	25	3.85	36	7.99
9	0.499	18	1.998	26	4.17	40	9.865
10	0.617						

3. 冷拉钢筋重量换算（见表 7-20）

表 7-20　冷拉钢筋重量换算

冷拉前直径/mm			5	6	8	9	10	12	14	15
冷拉前重量/(kg/m)			0.154	0.222	0.395	0.499	0.617	0.888	1.208	1.387
冷拉后重量/(kg/m)	钢筋伸长率/%	4	0.148	0.214	0.38	0.48	0.594	0.854	1.162	1.334
		5	0.147	0.211	0.376	0.475	0.588	0.846	1.152	1.324
		6	0.145	0.209	0.375	0.471	0.582	0.838	1.142	1.311
		7	0.144	0.208	0.369	0.466	0.577	0.83	1.132	1.299
		8	0.143	0.205	0.366	0.462	0.571	0.822	1.119	1.284
冷拉前直径/mm			16	18	19	20	22	24	25	28
冷拉前重量/(kg/m)			1.578	1.998	2.226	2.466	2.984	3.55	3.853	4.834
冷拉后重量/(kg/m)	钢筋伸长率/%	4	1.518	1.992	2.14	2.372	2.871	3.414	3.705	4.648
		5	1.505	1.905	2.12	2.352	2.838	3.381	3.667	4.6
		6	1.491	1.887	2.104	2.33	2.811	3.349	3.632	4.557
		7	1.477	1.869	2.084	2.308	2.785	3.318	3.598	4.514
		8	1.441	1.85	2.061	2.214	2.763	3.288	3.568	4.476

4. 钢筋弯钩、搭接长度的计算

（1）直筋（见表 7-21）

计算公式：　　钢筋净长$=L-2b+12.5D$

表 7-21 钢筋弯头、搭接长度计算

钢筋直径 D /mm	保护层 b/cm 1.5	保护层 b/cm 2.0	保护层 b/cm 2.5	钢筋直径 D /mm	保护层 b/cm 1.5	保护层 b/cm 2.0	保护层 b/cm 2.5
	按 L 增加长度/cm				按 L 增加长度/cm		
4	2.0	1.0	—	22	24.5	23.5	22.5
6	4.5	3.5	2.5	24	27.0	26.0	25.0
8	7.0	6.0	5.0	25	28.3	27.3	26.3
9	8.3	7.3	6.3	26	29.5	28.5	27.5
10	9.5	8.5	7.5	28	32.0	31.0	30.0
12	12.0	11.0	10.0	30	34.5	33.5	32.5
14	14.5	13.5	12.5	32	37.0	36.0	35.0
16	17.0	16.0	15.0	35	40.8	39.8	38.8
18	19.5	18.5	17.5	38	44.5	43.5	42.5
19	20.8	19.8	18.8	40	47.0	46.0	45.0
20	22.0	21.0	20.0				

计算简图如图 7-1 所示。

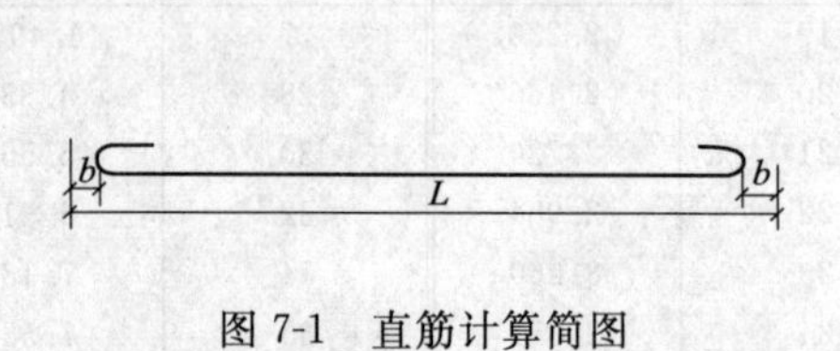

图 7-1 直筋计算简图

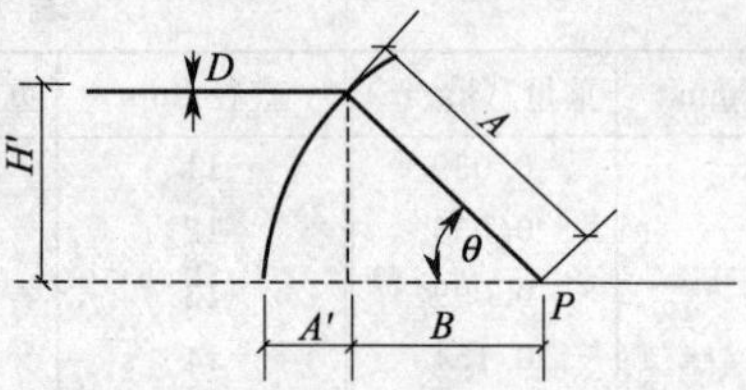

图 7-2 弯筋计算简图（一）

（2）弯筋

计算弯筋斜长度的基本原理：如图 7-2 所示，D 为钢筋的直径，H'为弯筋需要弯起的高度，A 为局部钢筋的斜长度，B 为 A 向水平面的垂直投影长度。

假使以起弯点 P 为圆心，以 A 长为半径作圆弧向 B 的延长线投影，则 $A=B+A'$，A'就是 $A-B$ 的长度差。

θ 为弯筋在垂直平面中要求弯起的水平面所形成的角度（夹角）；在工程上一般以 30°、45°和 60°为最普遍，以 45°尤为常见。

弯筋斜长度的计算可按表 7-22 确定。

表 7-22 弯筋斜长度的计算

弯起角度 θ	30°	45°	60°
A' 的长 = H' 乘 $\tan\frac{\theta}{2}$	0.268	0.414	0.577

弯起角度 θ		30°	45°	60°
弯起高度 H' 每 5cm 增加长度/cm	一端	1.34	2.07	2.885
	两端	2.68	4.14	5.77

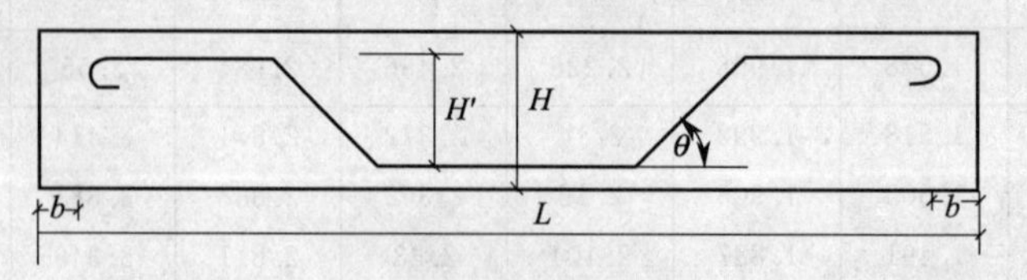

图 7-3 弯筋计算简图（二）

图 7-3 为弯筋计算简图（二）。

计算公式：钢筋净长$=L-2b+12.5D+2H'\times\tan\dfrac{\theta}{2}$

说明：梁的保护层 $b=2.5$cm，$H-H'=5$cm。

公式中的 tan 是三角正弦的代号，$\frac{\theta}{2}$即弯起角度的 1/2，即 $\theta=30°$，$\frac{\theta}{2}$为 15°；$\theta=45°$；$\frac{\theta}{2}$为 22°30′的意思，其他角度以此类同。它的函数可直接查“三角函数表”得到。

具体计算见下表：

钢筋直径 D/mm	梁高 H/cm									
	15	20	25	30	35	40	45	50	55	60
	按 45°L 增加弯勾和弯筋的长度/cm									
12	18.3	22.4	26.6	30.7	34.8	39.0	43.1	47.3	51.4	55.5
14	20.8	24.9	29.1	33.2	37.3	41.5	45.6	49.8	53.9	58.0
16	23.3	27.4	31.6	35.7	39.8	44.0	48.1	52.3	56.4	60.5
30°时减少	2.9	4.4	5.8	7.3	8.8	10.2	11.7	13.1	14.6	16.1
60°时增加	3.3	4.9	6.5	8.2	9.8	11.4	13.0	14.7	16.3	17.9

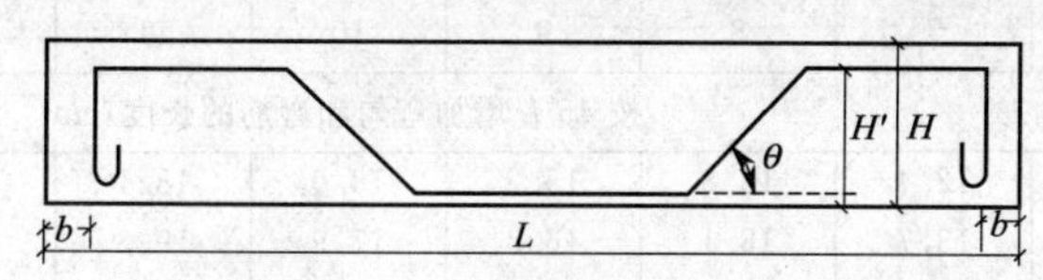

图 7-4　弯筋计算简图（三）

图 7-4 为弯筋计算简图（三）。

计算公式：钢筋净长$=L-2b+12.5D+2H'\times\left(1+\tan\frac{\theta}{2}\right)$

说明：同上。

具体计算见下表：

钢筋直径 D/mm	梁高 H/cm									
	15	20	25	30	35	40	45	50	55	60
	按 L 增加弯勾和弯筋的长度/cm									
12	38.3	52.4	66.6	80.7	94.8	109.0	123.1	137.3	151.4	165.6
14	40.8	54.9	69.1	83.2	97.3	111.5	125.6	139.8	153.9	168.1
16	43.3	57.4	71.6	85.7	99.8	114.0	128.1	142.3	156.4	170.6

注：增减表同上表。

图 7-5 为弯筋计算简图（四）。

计算公式：钢筋净长$=L-2b+12.5D+2H'\times\tan\frac{\theta}{2}$

说明：板的保护层：板边 $b=2$cm，$H-H'=2.5$cm。

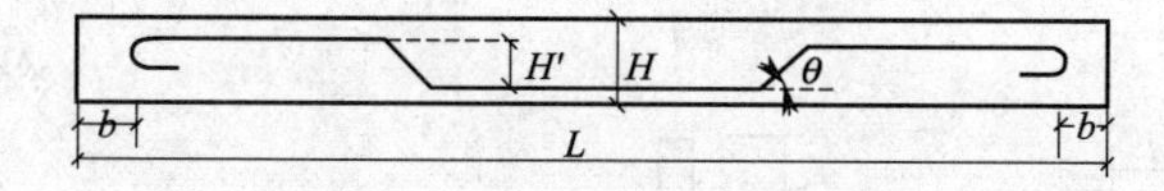

图 7-5　弯筋计算简图（四）

具体计算见下表：

钢筋直径 D/mm	板厚 H/cm							
	6	7	8	9	10	11	12	14
	按 45°L 增加弯勾和弯筋的长度/cm							
4	3.9	4.7	5.6	6.4	7.2	8.0	8.9	10.5
6	6.4	7.2	8.1	8.9	9.7	10.5	11.4	13.0
8	8.9	9.7	10.6	11.4	12.2	13.0	13.9	15.5
30°时减去	1	1.3	1.7	1.9	2.2	2.4	2.8	3.3

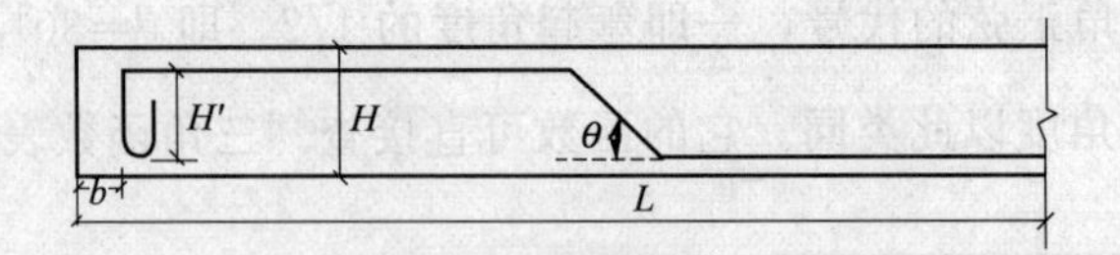

图 7-6　弯筋计算简图（五）

图 7-6 为弯筋计算简图（五）。

计算公式：钢筋净长$=6L+6.25D+H'\times\left(1+\tan\dfrac{\theta}{2}\right)$

具体计算见下表：

钢筋直径 D /mm	弯起高度 H'/cm								
	6	7	8	9	10	11	12	14	15
	按 45°L 增加弯勾和弯筋的长度/cm								
4	11.0	12.4	13.8	15.2	16.0	18.1	19.5	22.3	23.7
6	12.2	13.7	15.1	16.5	17.9	19.3	20.7	23.5	25.0
8	13.5	14.9	16.3	17.7	19.2	20.6	22.0	24.8	26.2
9	14.1	15.5	17.0	18.4	19.8	21.2	22.6	25.4	26.8
10	14.7	16.1	17.6	19.0	20.4	21.8	23.2	26.1	27.5
30°时减少	0.9	1.0	1.2	1.3	1.4	1.7	1.8	2.0	2.2

注：表列增加量系单勾和单弯筋的长度。

（3）弯钩增加长度

根据规范要求，绑扎骨架中的受力钢筋，应在末端做弯钩。Ⅰ级钢筋末端做 180°弯钩，其圆弧弯曲直径不应小于钢筋直径的 2.5 倍，平直部分长度不宜小于钢筋直径的 3 倍；Ⅱ、Ⅲ级钢筋末端需作 90°或 135°弯折时，Ⅱ级钢筋的弯曲直径不宜小于钢筋直径的 4 倍；Ⅲ级钢筋不宜小于钢筋直径的 5 倍。

钢筋弯钩增加长度按图 7-7 所示计算（弯曲直径为 $2.5d$，平直部分为 $3d$），其计算值为

$$半圆弯钩=(2.5d+1d)\times\pi\times\frac{180}{360}-2.5d\div2-1d+(平直)3d=6.25d$$

$$直弯钩=(2.5d+1d)\times\pi\times\frac{180-90}{360}-2.5d\div2-1d+(平直)3d=3.5d$$

$$斜弯钩=(2.5d+1d)\times\pi\times\frac{180-45}{360}-2.5d\div2-1d+(平直)3d=4.9d$$

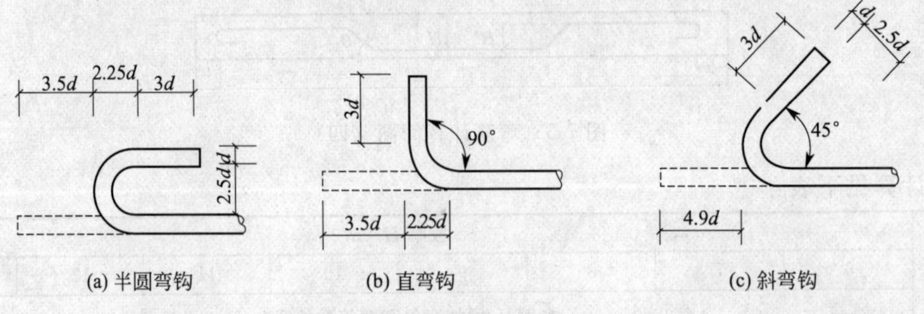

图 7-7　弯钩增加长度计算简图

如果弯曲直径为 $4d$，其计算值则为

$$直弯钩=(4d+1d)\times\pi\times\frac{180-90}{360}-4d\div2-1d+3d=3.9d$$

$$斜弯钩=(4d+1d)\times\pi\times\frac{180-45}{360}-4d\div2-1d+3d=5.9d$$

如果弯曲直径为 $5d$，其计算值则为

$$直弯钩=(5d+1d)\times\pi\times\frac{180-90}{360}-5d\div2-1d+3d=4.2d$$

$$斜弯钩=(5d+1d)\times\pi\times\frac{180-45}{360}-5d\div2-1d+3d=6.6d$$

注：钢筋的下料长度是钢筋的中心线长度。

当然，不是所有钢筋均需做弯钩，根据《混凝土结构设计规范》(GBJ 10—89) 规定，下列钢筋的末端可不做弯钩：①螺纹钢筋；②焊接骨架和焊接网及轴心受压构件中的光面钢筋；③钢筋骨架中的受力变形钢筋。

(4) 箍筋　图 7-8 为箍筋计算简图。

计算方法：包围箍的长度 $=2(A+B)+$ 钩长

开口箍的长度 $=2A+B+$ 钩长

根据规范要求，箍筋弯钩的平直部分，一般结构不宜小于箍筋直径的 5 倍，有抗震要求结构的，不小于箍筋直径的 10 倍。

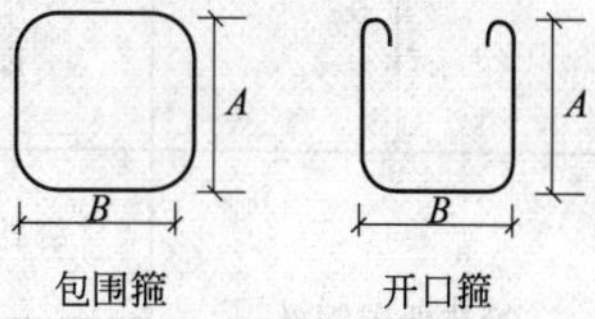

包围箍　开口箍

图 7-8　箍筋计算简图

用于圆柱的螺旋箍，在柱的垂直高度每米范围内的长度（见表 7-23)。计算公式为

$$螺旋箍筋净长=\frac{100}{h}\times\sqrt{[\pi\times(D-2b-d)]^2+h^2}$$

式中　h——螺距；

b——保护层厚度；

d——圆柱直径；

D——钢筋直径。

表 7-23　圆柱螺旋箍在柱的垂直高度每米范围内的长度

螺距 h /cm	圆柱直径 D/cm						
	20	25	30	35	40	45	50
	保护层 b/cm						
	2	2.5					
	螺旋箍筋长度/(m/柱高 m)						
5	9.8	12.3	15.4	18.5	21.7	24.8	27.9
6	8.1	10.2	12.9	15.5	18.1	20.7	23.4
8	6.1	7.7	9.7	11.6	13.6	15.5	17.5
10	5.0	6.2	7.3	9.3	10.9	12.5	14.0

注：螺旋箍筋的直径 d 按 6mm 计算。

5. 按最小锚固长度换算的受力钢筋绑扎接头最小搭接长度（见表 7-24)

表 7-24　按最小锚固长度换算的受力钢筋绑扎接头最小搭接长度

钢筋类型			混凝土强度等级				备注
			C15	C20	C25	≥C30	
Ⅰ级钢筋	绑扎骨架(网)	受拉	$48d$	$36d$	$30d$	$24d$	＞300mm
		受压	$34d$	$26d$	$22d$	$17d$	＞200mm
	焊接骨架	受拉	$40d$	$30d$	$25d$	$20d$	
		受压	$28d$	$21d$	$18d$	$14d$	

续表

钢筋类型				混凝土强度等级				备注
				C15	C20	C25	≥C30	
月牙纹	Ⅰ级钢筋	绑扎骨架(网)	受拉	60d	48d	42d	36d	>300mm
			受压	43d	34d	30d	26d	>200mm
		焊接骨架	受拉	50d	40d	35d	30d	
			受压	35d	28d	25d	21d	
	Ⅱ级钢筋	绑扎骨架(网)	受拉	54d	48d	42d	>300mm	
			受压	39d	34d	30d	>200mm	
		焊接骨架	受拉	45d	40d	35d		
			受压	32d	28d	25d		
冷拔低碳钢丝		绑扎骨架(网)	受拉	300mm				
			受压	213mm				
		焊接骨架	受拉	250mm				
			受压	175mm				

注：1. 当月牙纹钢筋直径 d>25mm 时，其锚固长度应按表中数值减少 5d 采用。

2. 当螺纹钢筋直径 d≤25mm 时，其锚固长度应按表中数值减少 5d 采用。

3. 当混凝土在凝固过程中易受扰动时（如滑模施工），受力钢筋的锚固长度宜适当增加。

4. 在任何情况下，纵向受拉钢筋的锚固长度应不小于 250mm。

6. 钢筋焊接接头类型、尺寸与适用范围（见表 7-25）

表 7-25　钢筋焊接接头类型、尺寸与适用范围

项次	焊接接头类型	焊接接头简图	适用范围	
			钢筋类别	钢筋直径/mm
1	电阻点焊		Ⅰ、Ⅱ级冷拔低碳钢丝	6～14 3～5
2	闪光对焊	d	Ⅰ、Ⅱ、Ⅲ级	10～40 10～25
3	帮条电弧焊(双面焊)	2d(2.5d) 0.5d d 4d(5d)	Ⅰ、Ⅱ级	10～40
4	帮条电弧焊(单面焊)	4d(5d)0.5d d 8d(10d)	Ⅰ、Ⅱ级	10～40
5	搭接电弧焊(双面焊)	4d(5d) d	Ⅰ、Ⅱ级	10～40
6	搭接电弧焊(单面焊)	8d(10d) d	Ⅰ、Ⅱ级	10～40
7	割口电弧焊(平焊)		Ⅰ、Ⅱ级	18～40

续表

项次	焊接接头类型	焊接接头简图	适用范围	
			钢筋类别	钢筋直径/mm
8	割口电弧焊(立焊)		Ⅰ、Ⅱ级	18～40
9	钢筋与钢板(搭接焊)	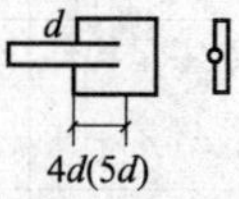 d 4d(5d)	Ⅰ、Ⅱ级	8～40
10	预埋件丁字接头贴角焊	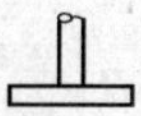	Ⅰ、Ⅱ级	6～16
11	预埋件丁字接头穿孔塞焊	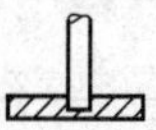	Ⅰ、Ⅱ级	≥18
12	电渣压力焊		Ⅰ、Ⅱ级	14～40
13	气压焊	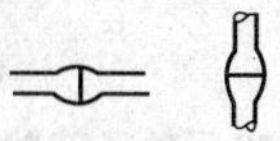	Ⅰ、Ⅱ级	14～40
14	预埋件丁字接头焊弧压力焊	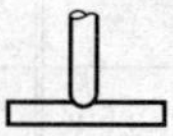	Ⅰ、Ⅱ级	6～20

注：1. 表中的帮条或搭接长度值，不带括弧的数值适用于Ⅰ级钢筋，括弧中的数字适用于Ⅱ、Ⅲ级钢筋。

2. 电阻点焊时，适用范围的钢筋直径是指较小钢筋的直径。

3. 帮条宜采用与主筋同级别、同直径的钢筋制作。如帮条级别与主筋相同，其直径可比主筋直径小一个规格，如帮条直径与主筋相同，其级别可比主筋低一个级别。

二、砾（碎）石的选用

1. 捣制构件砾（碎）石混凝土选用（见表 7-26）

表 7-26　捣制构件砾（碎）石混凝土选用

工程项目	单位	混凝土强度等级	石子最大粒径/mm
毛石混凝土带形基础、挡土墙和地下室墙	m^3	C10	40
毛石混凝土独立基础、设备基础	m^3	C10	40
混凝土台阶	m^2	C10	40
带形基础、独立基础、杯形基础、满堂基础、设备基础、直形墙、地下室墙及挡土墙、电梯井壁等	m^3	C20	40
矩形柱、圆形柱、构造柱、基础梁、单梁、连续梁、异形梁、圈过梁、弧形梁、拱形梁、有梁板、无梁板、平板等	m^3	C20	40 40
整体楼梯	m^2	C20	40
阳台、雨篷、地沟、厂库房门框、挑檐天沟、压顶	m^3	C20	20
池槽、屋面钢丝网混凝土	m^3	C20	10
屋顶水箱、零星构件	m^3	C20	20
垫块	m^3	C20	40

2. 预制构件砾（碎）石混凝土选用（见表 7-27）

表 7-27　预制构件砾（碎）石混凝土选用

工程项目	单位	混凝土强度等级	石子最大粒径/mm
桩、柱、矩形梁、T形梁、基础梁、过梁、吊车梁、托架梁、风道大梁、拱形梁	m^3	C20	40
屋架、天窗架、天窗端壁	m^3	C20	20
桩尖	m^3	C30	10
平板、大型屋面板、平顶板、漏花隔断板、挑檐天沟板、零星构件	m^3	C20	20
升板、檩条、支架、垫块	m^3	C20	40
空心板	m^3	C20	10
阳台栏杆	m	C20	20
栏杆带花斗等	m	C20	20
实心楼梯段、楼梯斜梁	m^3	C20	40
架空隔热层	m^3	C30	20
漏空花格	m^2	C20	10
碗柜	m^2	C20	10
吊车梁、托架梁、屋面梁	m^3	C30	40
铰拱屋架、檩条支撑	m^3	C40	20
大型屋面板	m^3	C40	40
空心板	m^3	C30	10
拱形屋架	m^3	C30	40
多孔板、平顶板、挂瓦板、天沟板	m^3	C20	10

3. 砂、石粒径的划分（见表 7-28）

表 7-28　砂、石粒径的划分

类别	名称	粒径/mm	类别	名称	粒径/mm
砂	粗砂	平均粒径不小于 0.50	石	特粗砾(碎)石	40～150
				粗砾(碎)石	40～80
	中砂	平均粒径不小于 0.35		中砾(碎)石	20～40
				细砾(碎)石	5～20
	细砂	平均粒径不小于 0.25		特细砾(碎)石	5～10

注：没有按粒径分类的砾碎石，称为原砾（碎）石或混合砾（碎）石。

4. 不同结构用混凝土坍落度选用（见表 7-29）

表 7-29　不同结构用混凝土坍落度选用

结构种类	坍落度/cm		结构种类	坍落度/cm	
	振捣器捣实	人工捣实		振捣器捣实	人工捣实
基础或地面等的垫层	0～3	2～4	梁板、大型和中型截面的柱子等	3～5	5～7
无配筋的厚大结构或配筋稀疏的结构	1～3	3～5	配筋密列的结构	5～7	7～9
			配筋特密的结构	7～9	9～12

5. 砂的体积膨胀系数（见表 7-30）

表 7-30　砂的体积膨胀系数

砂的含水率/%	砂的体积膨胀系数			砂的含水率/%	砂的体积膨胀系数		
	细砂	中砂	粗砂		细砂	中砂	粗砂
0.5	1.1	1.08	1.05	4	1.4	1.3	1.2
1	1.2	1.15	1.1	5	1.4	1.3	1.2
2	1.3	1.22	1.15	6	1.35	1.25	1.18
3	1.35	1.25	1.18	7	1.25	1.18	1.12

6. 按石子粒径选用砂率（见表 7-31）

表 7-31　按石子粒径选用砂率

骨料品种	最大粒径/mm	砂率范围(中砂)/%	骨料品种	最大粒径/mm	砂率范围(中砂)/%
	10	28～39		10	34～35
卵石	20	26～37	碎石	20	31～42
	40	23～34		40	28～39

注：此表适用于水泥用量在 200～450kg/m³ 之间、坍落度在 0.7cm 范围内的混凝土。

三、钢筋混凝土结构构件工程量计算

1. 现浇钢筋混凝土杯形基础体积计算公式及体积（概、预算用）（见图 7-9 及表 7-32）

表 7-32　杯形基础规格尺寸

<table>
<tr><th rowspan="2">柱断面
/mm×mm</th><th colspan="10">杯形基础规格尺寸/mm</th><th rowspan="2">每个基础混凝土
用量/(m³/个)</th></tr>
<tr><th>A</th><th>B</th><th>a_1</th><th>a</th><th>b_1</th><th>b</th><th>h</th><th>h_1</th><th>h_2</th><th>h_3</th></tr>
<tr><td rowspan="11">400×400</td><td>1300</td><td>1300</td><td rowspan="4">1000</td><td rowspan="4">550</td><td rowspan="4">1000</td><td rowspan="4">550</td><td rowspan="4">600</td><td rowspan="4">300</td><td rowspan="4">200</td><td rowspan="4">200</td><td>0.66</td></tr>
<tr><td>1400</td><td>1400</td><td>0.73</td></tr>
<tr><td>1500</td><td>1500</td><td>0.80</td></tr>
<tr><td>1600</td><td>1600</td><td>0.87</td></tr>
<tr><td>1700</td><td>1700</td><td rowspan="3">1000</td><td rowspan="3">550</td><td rowspan="3">1000</td><td rowspan="3">550</td><td rowspan="3">700</td><td rowspan="3">300</td><td rowspan="3">250</td><td rowspan="3">200</td><td>1.04</td></tr>
<tr><td>1800</td><td>1800</td><td>1.13</td></tr>
<tr><td>1900</td><td>1900</td><td>1.22</td></tr>
<tr><td>2000</td><td>2000</td><td rowspan="3">1100</td><td rowspan="4">550</td><td rowspan="3">1100</td><td rowspan="4">500</td><td rowspan="4">800</td><td rowspan="4">400</td><td rowspan="4">250</td><td rowspan="4">200</td><td>1.63</td></tr>
<tr><td>2100</td><td>2100</td><td>1.74</td></tr>
<tr><td>2200</td><td>2200</td><td>1.86</td></tr>
<tr><td>2300</td><td>2300</td><td>1200</td><td>1200</td><td>2.12</td></tr>
<tr><td rowspan="4">400×600</td><td>2300</td><td>1900</td><td>1400</td><td rowspan="4">750</td><td>1200</td><td rowspan="4">550</td><td rowspan="4">800</td><td rowspan="4">400</td><td rowspan="4">250</td><td rowspan="4">200</td><td>1.92</td></tr>
<tr><td>2300</td><td>2100</td><td>1450</td><td>1250</td><td>2.13</td></tr>
<tr><td>2400</td><td>2200</td><td>1450</td><td>1250</td><td>2.26</td></tr>
<tr><td>2500</td><td>2300</td><td>1450</td><td>1250</td><td>2.40</td></tr>
<tr><td>400×700</td><td>2500</td><td>2300</td><td rowspan="3">1550</td><td>850</td><td rowspan="3">1350</td><td rowspan="3">550</td><td>900</td><td>500</td><td rowspan="3"></td><td rowspan="3"></td><td>2.76</td></tr>
<tr><td>400×600</td><td>2600</td><td>2400</td><td>750</td><td>800</td><td>400</td><td>2.68</td></tr>
<tr><td>400×700</td><td>2700</td><td>2500</td><td>850</td><td>900</td><td>500</td><td>3.18</td></tr>
<tr><td>400×600</td><td rowspan="4">3000</td><td rowspan="4">2700</td><td>1550</td><td>750</td><td rowspan="4">1450</td><td rowspan="4">650</td><td rowspan="4">1000</td><td rowspan="4">500</td><td rowspan="6">300</td><td rowspan="6">200</td><td>3.83</td></tr>
<tr><td>400×700</td><td>1650</td><td>850</td><td>3.89</td></tr>
<tr><td>400×800</td><td>1700</td><td>950</td><td>3.90</td></tr>
<tr><td>500×800</td><td>1700</td><td>950</td><td>3.96</td></tr>
<tr><td>400×600</td><td rowspan="2">3300</td><td rowspan="2">2900</td><td rowspan="2">1500</td><td>750</td><td rowspan="2">1350</td><td rowspan="2">550</td><td rowspan="2">1000</td><td rowspan="2">600</td><td>4.63</td></tr>
<tr><td>400×700</td><td>850</td><td>4.60</td></tr>
<tr><td>400×800</td><td rowspan="2">3300</td><td rowspan="2">2900</td><td rowspan="2">1650</td><td rowspan="2">950</td><td>1350</td><td>550</td><td rowspan="2">1000</td><td rowspan="2">600</td><td rowspan="9">300</td><td rowspan="2">200</td><td>4.65</td></tr>
<tr><td>500×800</td><td>1450</td><td>650</td><td>4.70</td></tr>
<tr><td>400×700</td><td rowspan="3">4000</td><td rowspan="3">2800</td><td rowspan="3">1750</td><td>850</td><td>1350</td><td>550</td><td rowspan="3">1000</td><td rowspan="3">700</td><td rowspan="7">250</td><td>5.92</td></tr>
<tr><td>400×800</td><td>950</td><td>1350</td><td>550</td><td>5.98</td></tr>
<tr><td>500×800</td><td>950</td><td>1450</td><td>650</td><td>6.02</td></tr>
<tr><td>500×1000</td><td>400</td><td>2800</td><td>1950</td><td>1150</td><td>1450</td><td>650</td><td rowspan="4">1200</td><td rowspan="4">800</td><td>6.90</td></tr>
<tr><td>400×800</td><td>4500</td><td>3000</td><td>1850</td><td>950</td><td>1350</td><td>550</td><td>7.93</td></tr>
<tr><td>500×800</td><td></td><td></td><td>1850</td><td>950</td><td>1450</td><td>650</td><td>7.99</td></tr>
<tr><td>700×1000</td><td></td><td></td><td>1950</td><td>1150</td><td>1450</td><td>650</td><td>8.00</td></tr>
</table>

杯形基础体积计算公式为

$$V=ABh_3+\frac{h_1-h_3}{3}(AB+a_1b_1+\sqrt{AB\times a_1b_1})+a_1b_1(h-h_1)-$$

$$\frac{h-h_2}{3}[(a-0.025\times2)(b-0.025\times2)+ab+\sqrt{(a-0.025\times2)(b-0.025\times2)ab}]$$

[公式中尺寸均按米（m）为单位]

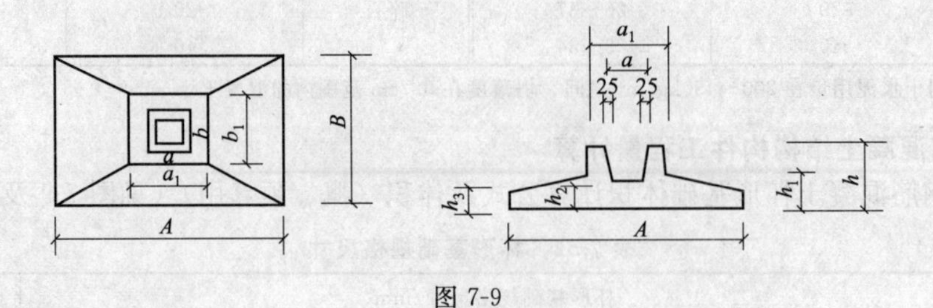

图 7-9

2. 现浇无筋倒圆台基础体积计算公式（概、预算用）（见图 7-10）

$$V=\frac{\pi h_1}{3}\times(R^2+r^2+Rr)+\pi R^2h_2+\frac{\pi h_3}{3}\times\left[R^2+\left(\frac{a_1}{2}\right)^2+R\times\frac{a_1}{2}\right]+a_1b_1h_4-$$

$$\frac{h_5}{3}\times[(a+0.1+0.025\times2)(b+0.1+0.025\times2)+ab+\sqrt{(a+0.1+0.025\times2)\times(b+0.1+0.025\times2)ab}\ ]$$

式中　a——柱长边尺寸，m；

a_1——杯口外包长边尺寸，m；

R——底最大半径，m；

r——底面半径，m；

b——柱短边尺寸，m；

b_1——杯口外包短边尺寸，m；

$h_{1\sim5}$——断面高度，m；

π——3.1416。

3. 现浇钢筋混凝土倒圆锥形薄壳基础体积计算公式（见图 7-11）

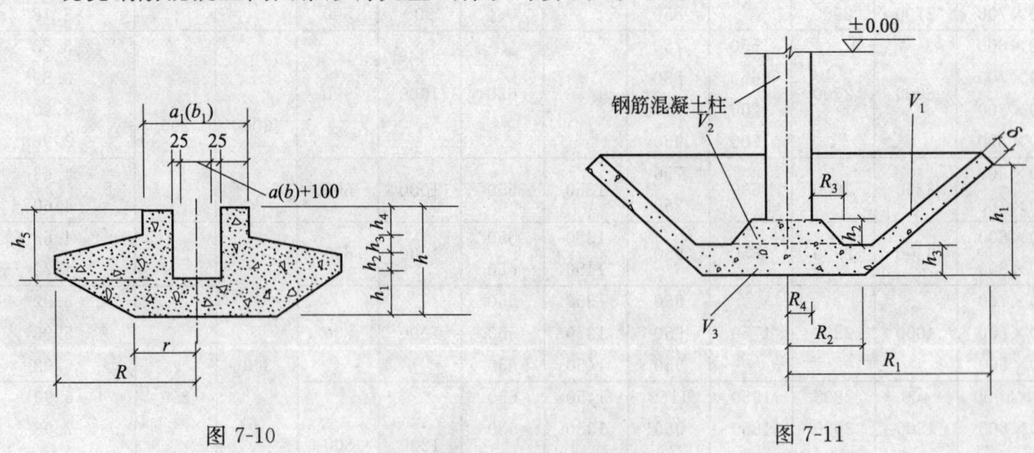

图 7-10　　　　图 7-11

$$V(\text{m}^3)=V_1+V_2+V_3$$

$$V_1(\text{薄壳部分})=\pi\times(R_1+R_2)\times\delta h_1\times\csc\theta$$

$$V_2(\text{截头圆锥体部分})=\frac{\pi\times h_2}{3}(R_3^2+R_2R_4+R_4^2)$$

$$V_3(\text{圆体部分})=\pi\times R_2^2\times h_2$$

公式中半径、高度、厚度均以米（m）为计算单位。

4. 钢筋混凝土牛腿体积计算

钢筋混凝土柱牛腿计算公式为

$$V=\frac{1}{2}(a+b)cd(\text{虚线以外部分})$$

式中 b——牛腿的高度，m；

d——牛腿的宽度，m。

其余符号意义见图 7-12。

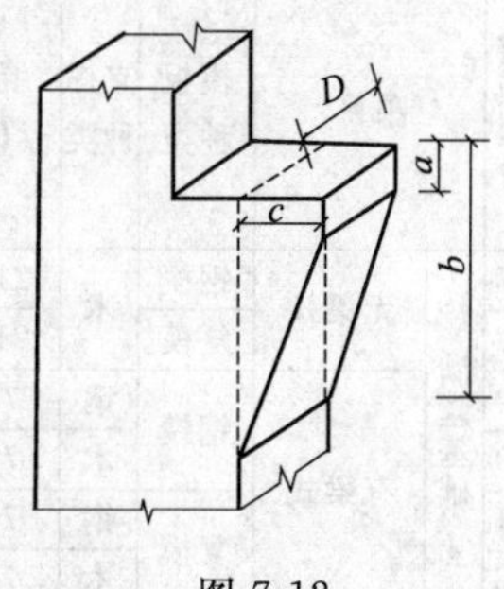

图 7-12

四、模板一次用量表

1. 现浇构件模板一次用量表

现浇构件模板一次用量见表 7-33。

表 7-33 现浇构件模板一次用量 单位：每 100m² 模板接触面积

定额编号	项目			模板种类	支撑种类	混凝土体积	一次使用量								周转次数/次	周转补损率/%
							组合式钢模板/m³	复合木模板		模板木材/m³	钢支撑系统/kg	零星卡具/kg	木支撑系统/m³			
								钢框肋/kg	面板/m²							
1	带形基础	毛石混凝土		钢模	钢	32.55	3137.52	—	—	0.689	2260.60	445.08	1.874	50	—
2	带形基础	毛石混凝土		钢模	木	32.55	3137.52	—	—	0.689	—	445.08	5.372	50	—
3	带形基础	毛石混凝土		复模	钢	32.55	45.50	1393.47	98.00	0.689	2268.60	445.08	1.874	50	—
4	带形基础	毛石混凝土		复模	木	32.55	45.50	1393.47	98.00	0.689	—	445.08	5.378	50	—
5	带形基础	无筋混凝土		钢模	钢	27.28	3146.00	—	—	0.690	2250.00	582.00	1.858	50	—
6	带形基础	无筋混凝土		钢模	木	27.28	3146.00	—	—	0.690	—	432.06	5.318	50	—
7	带形基础	无筋混凝土		复模	钢	27.28	45.00	1397.07	98.00	0.690	2250.00	582.00	1.858	50	—
8	带形基础	无筋混凝土		复模	木	27.28	45.00	1397.07	98.00	0.690	—	432.06	5.318	50	—
9	带形基础	钢筋	有梁式	钢模	钢	45.51	3655.00	—	—	0.065	5766.00	725.20	3.061	50	—
10	带形基础	钢筋	有梁式	钢模	木	45.51	3655.00	—	—	0.065	—	443.40	7.640	50	—
11	带形基础	钢筋	有梁式	复模	钢	45.51	49.50	1674.00	97.50	0.065	5766.00	725.20	3.061	50	—
12	带形基础	钢筋	有梁式	复模	木	45.51	49.50	1674.00	97.50	0.065	—	443.40	7.640	50	—
13	带形基础	钢筋	板式	钢模	木	168.27	3500.00	—	—	1.300	—	224.00	1.862	50	—
14	带形基础	钢筋	板式	复模	木	168.27	—	2724.50	98.50	1.300	—	224.00	1.862	50	—
15	独立基础	毛石混凝土		钢模	木	49.14	3308.50	—	—	0.445	—	473.80	5.016	50	—
16	独立基础	毛石混凝土		复模	木	49.14	102.00	1451.00	99.50	0.445	—	473.80	5.016	50	—
17	独立基础	无筋、钢筋混凝土		钢模	木	47.45	3446.00	—	—	0.450	—	507.60	5.370	50	—
18	独立基础	无筋、钢筋混凝土		复模	木	47.45	102.00	1511.00	99.50	0.450	—	507.60	5.370	50	—
19	杯形基础			钢模	钢	54.47	3129.00	—	—	0.885	3538.40	657.00	0.292	50	—
20	杯形基础			钢模	木	54.47	3129.00	—	—	0.885	—	361.80	6.486	50	—
21	杯形基础			复模	钢	54.47	98.50	1410.50	77.00	0.885	3530.40	657.00	0.292	50	—
22	杯形基础			复模	木	54.47	98.50	1410.50	77.00	0.885	—	361.80	6.486	50	—
23	高杯基础			钢模	钢	22.20	3435.00	—	—	0.480	3972.00	666.60	3.866	50	—
24	高杯基础			钢模	木	22.20	3435.00	—	—	0.480	—	430.20	6.834	50	—
25	高杯基础			复模	钢	22.20	—	1572.50	94.50	0.480	3972.00	666.60	3.866	50	—
26	高杯基础			复模	木	22.00	—	1572.50	94.50	0.480	—	430.20	6.834	50	—

续表

定额编号	项目		模板种类	支撑种类	混凝土体积	一次使用量							周转次数/次	周转补损率/%
						组合式钢模板/m³	复合木模板		模板木材/m³	钢支撑系统/kg	零星卡具/kg	木支撑系统/m³		
							钢框肋/kg	面板/m²						
27	满堂基础	无梁式	钢模	木	217.37	3180.50	—	—	0.730	—	195.60	1.453	50	—
28	满堂基础	无梁式	复模	木	217.37	—	1463.00	88.00	0.730	—	195.60	1.453	50	—
29	满堂基础	有梁式	钢模	钢	77.23	3383.00	—	—	0.085	2108.28	627.00	0.385	50	—
30	满堂基础	有梁式	钢模	木	77.23	3282.00	—	—	0.130	—	521.00	3.834	50	—
31	满堂基础	有梁式	复模	钢	77.23	119.00	1454.50	95.50	0.085	2108.28	627.00	0.385	50	—
32	满堂基础	有梁式	复模	木	77.23	119.00	1454.50	95.50	0.130	—	521.00	3.834	50	—
33	混凝土基础垫层		木模	木	72.29	—	—	—	5.853	—	—	—	5	15
34	人工挖土方护井壁		木模	木	13.07	—	—	—	3.205	—	—	0.367	4	15
35	独立桩承台		钢模	钢	50.45	4598.60	—	—	0.295	*1789.60	506.20	1.194	50	—
36	独立桩承台		钢模	木	50.15	4598.60	—	—	0.295	—	506.20	2.364	50	—
37	独立桩承台		复模	钢	50.15	—	2068.00	123.50	0.295	*1789.60	506.20	1.194	50	—
38	独立桩承台		复模	木	50.15	—	2068.00	123.50	0.295	—	506.20	2.364	50	—
39	设备基础	5m³以内	钢模	钢	31.16	3392.50	—	—	0.570	3324.00	842.00	1.035	50	—
40	设备基础	5m³以内	钢模	木	31.16	3392.50	—	—	0.570	—	692.00	4.975	50	—
41	设备基础	5m³以内	复模	钢	31.16	88.00	1536.00	93.50	0.570	3324.00	842.00	1.035	50	—
42	设备基础	5m³以内	复模	木	31.16	88.00	1536.00	93.50	0.570	—	692.80	4.975	50	—
43	设备基础	20m³以内	钢模	钢	60.88	3368.00	—	—	0.425	3667.20	639.80	2.050	50	—
44	设备基础	20m³以内	钢模	木	60.88	3368.00	—	—	0.425	—	540.60	3.290	50	—
45	设备基础	20m³以内	复模	钢	60.88	75.00	1471.50	93.50	0.425	3667.20	639.80	2.050	50	—
46	设备基础	20m³以内	复模	木	60.88	75.00	1471.50	93.50	0.425	—	540.60	3.290	50	—
47	设备基础	100m³以内	钢模	钢	76.16	3276.00	—	—	0.400	4202.40	786.00	0.195	50	—
48	设备基础	100m³以内	钢模	木	76.16	3276.00	—	—	0.400	—	616.20	5.235	50	—
49	设备基础	100m³以内	复模	钢	76.16	73.00	1275.50	93.50	0.400	4202.40	786.00	0.195	50	—
50	设备基础	100m³以内	复模	木	76.16	73.00	1275.50	93.50	0.400	—	616.20	5.235	50	—
51	设备基础	100m³以外	钢模	钢	224	3290.50	—	—	0.250	2811.60	784.20	0.295	50	—
52	设备基础	100m³以外	钢模	木	224	3290.50	—	—	0.250	—	640.40	5.335	50	—
53	设备基础	100m³以外	复模	钢	224	12.50	1464.00	95.50	0.250	2811.60	784.20	0.295	50	—
54	设备基础	100m³以外	复模	木	224	12.50	1464.00	95.50	0.250	—	640.40	5.335	50	—
55	设备螺栓套	0.5m以内	木模(10个)	木	6.95	—	—	—	0.045	—	—	0.017	1	—
56	设备螺栓套	1m以内	木模(10个)	木	8.20	—	—	—	0.142	—	—	0.021	1	—
57	设备螺栓套	1m以外	木模(10个)	木	11.45	—	—	—	0.235	—	—	0.065	1	—
58	矩形柱		钢模	钢	9.50	3866.00	—	—	0.305	5458.80	1308.60	1.73	50	—
59	矩形柱		钢模	木	9.50	3866.00	—	—	0.305	—	1106.20	5.050	50	—
60	矩形柱		复模	钢	9.50	512.00	1515.00	87.50	0.305	5458.80	1308.60	1.73	50	—
61	矩形柱		复模	木	9.50	512.00	1515.00	87.50	0.305	—	1186.20	5.050	50	—
62	异形柱		钢模	钢	10.73	3819.00	—	—	0.395	7072.80	547.80	—	50	—
63	异形柱		钢模	木	10.73	3819.00	—	—	0.395	—	547.80	5.565	50	—
64	异形柱		复模	钢	10.73	150.50	1644.00	99.50	0.395	7072.80	547.00	—	50	—
65	异形柱		复模	木	10.73	150.50	1644.00	99.50	0.395	—	547.00	5.565	50	—
66	圆形柱		木模	木	12.76	—	—	—	5.296	—	—	5.131	3	15
67	支撑高度超过3.6m每超过1m			钢	—	—	—	—	—	400.80	—	0.200		—
68	支撑高度超过3.6m每超过1m			木	—	—	—	—	—	—	—	0.520		—

续表

定额编号	项目	模板种类	支撑种类	混凝土体积	一次使用量							周转次数/次	周转补损率/%
					组合式钢模板/m³	复合木模板		模板木材/m³	钢支撑系统/kg	零星卡具/kg	木支撑系统/m³		
						钢框肋/kg	面板/m²						
69	基础梁	钢模	钢	12.66	3795.50	—	—	0.205	*849.00	624.00	2.768	50	—
70			木	12.66	3795.50	—	—	0.205	—	624.00	5.503	50	—
71		复模	钢	12.66	264.00	1558.00	97.50	0.205	*849.00	624.00	2.768	50	—
72			木	12.66	264.00	1558.00	97.50	0.205	—	624.00	5.503	50	—
73	单梁、连续梁	钢模	钢	10.41	3828.50	—	—	0.080	*9535.70	806.00	0.290	50	—
74			木	10.41	3828.50	—	—	0.080	—	716.60	4.562	50	—
75		复模	钢	10.41	358.00	1541.50	98.00	0.080	*9535.70	806.00	0.290	50	—
76			木	10.41	358.00	1541.50	98.00	0.080	—	716.60	4.562	50	—
77	异形梁	木模	木	11.40	—	—	—	3.689	—	—	7.603	5	15
78	过梁	钢模	木	10.33	3653.50	—	—	0.920	—	235.60	6.062	50	—
79		复模		10.33	—	1693.00	99.90	0.920	—	235.60	6.062	50	—
80	拱梁	木模	木	13.12	—	—	—	6.500	—	—	5.769	3	15
81	弧形梁	木模	木	11.45	—	—	—	9.685	—	—	22.178	3	15
82	圈梁	钢模	木	15.20	3787.00	—	—	0.065	—	—	1.040	50	—
83		复模		15.20	—	1722.50	105.00	0.065	—	—	1.040	50	—
84	弧形圈梁	木模	木	15.87	—	—	—	6.538	—	—	1.246	3	15
85	支撑高度超过3.6m每超过1m		钢	—	—	—	—	—	1424.40	—	—	—	—
86			木	—	—	—	—	—	—	—	1.660	—	—
87	直形墙	钢模	钢	13.44	3556.00	—	—	0.140	2920.80	863.40	0.155	50	—
88			木	13.44	3556.00	—	—	0.140	—	712.00	5.180	50	—
89		复模	钢	13.44	249.50	1498.00	96.50	0.140	2920.80	863.40	0.155	50	—
90			木	13.44	249.50	1498.00	96.50	0.140	—	712.00	5.810	50	—
91	电梯井壁	钢模	钢	7.69	3255.50	—	—	0.705	2356.80	764.60	—	50	—
92			木	7.69	3255.50	—	—	0.705	—	599.40	2.835	50	—
93		复模	钢	7.69	—	1495.00	89.50	0.705	2356.80	764.60	—	50	—
94			木	7.69	—	1495.00	89.50	0.705	—	599.40	2.835	50	—
95	弧形墙	木模	木	14.20	—	—	—	5.357	—	806.00	2.748	5	25
96	大钢模板墙	大钢模板	钢	14.16	11481.11	—	—	0.113	308.40	90.69	0.104	200	—
97			木	14.16	11481.11	—	—	0.113	—	90.69	1.220	200	—
98	支撑高度超过3.6m每超过1m		钢	—	—	—	—	—	220.80	—	0.005		—
99			木	—	—	—	—	—	—	—	0.445		—
100	有梁板	钢模	钢	14.49	3567.00	—	—	0.283	*7163.90	691.20	1.392	50	—
101			木	14.49	3567.00	—	—	0.283	—	691.20	8.051	50	—
102		复模	钢	14.49	729.50	1297.50	81.50	0.283	*7163.90	691.20	1.392	50	—
103			木	14.49	729.50	1297.50	81.50	0.283	—	691.20	8.051	50	—
104	无梁板	钢模	钢	20.60	2807.50	—	—	0.822	4128.00	511.60	2.135	50	—
105			木	20.60	2807.50	—	—	0.822	—	511.60	6.970	50	—
106		复模	钢	20.60	—	1386.50	80.50	0.822	4128.00	511.60	2.135	50	—
107			木	20.60	—	1386.50	80.50	0.822	—	511.60	6.970	50	—
108	平板	钢模	钢	13.44	3380.00	—	—	0.217	5704.80	542.40	1.448	50	—
109			木	13.44	3380.00	—	—	0.217	—	542.40	8.996	50	—
110		复模	钢	13.44	—	1482.50	96.50	0.217	5704.80	542.40	1.448	50	—
111			木	13.44	—	1482.50	96.50	0.217	—	542.40	8.996	50	—
112	拱板	木模	木	12.44	—	—	—	4.591	—	49.52	5.998	3	15

续表

定额编号	项目	模板种类	支撑种类	混凝土体积	一次使用量							周转次数/次	周转补损率/%
					组合式钢模板/m³	复合木模板		模板木材/m³	钢支撑系统/kg	零星卡具/kg	木支撑系统/m³		
						钢框肋/kg	面板/m²						
113	支撑高度超过3.6m每超过1m		钢	—	—	—	—	—	1225.20	—	—		
114			木	—	—	—	—	—	—	—	2.000		
119	直形楼梯	木模	木	1.68	—	—	—	0.660	—	—	1.174	4	15
120	圆弧形楼梯	木模	木	1.88	—	—	—	0.701	—	—	1.034	4	25
121	悬挑板	木模	木	1.05	—	—	—	0.516	—	—	1.411	5	10
122	圆弧悬挑板	木模	木	1.07	—	—	—	0.400	—	—	1.223	5	25
123	台阶	木模	木	1.64	—	—	—	0.212	—	—	0.069	3	15
124	栏板	木模	木	2.95	—	—	—	4.736	—	—	12.718	5	15
125	门框	木模	木	7.07	—	—	—	4.000	—	—	5.781	5	10
126	框架柱接头	木模	木	7.50	—	—	—	6.014	—	—	—	3	15
127	升板柱帽	木模	木	19.74	—	—	—	3.762	—	—	16.527	5	15
128	暖气电缆沟	木模	木	9.00	—	—	—	4.828	—	29.60	1.481	3	15
129	天沟挑檐	木模	木	6.99	—	—	—	2.743	—	—	2.328	3	15
130	小型构件	木模	木	3.28	—	—	—	5.670	—	—	3.254	3	15
131	池槽	木模	木	0.35	—	—	—	0.433	—	—	0.186	3	15
132	扶手	木模	木	1.34	—	—	—	1.062	—	—	1.964	3	15

注：1. 复合木模板所列出的“钢框肋”，定额项目中未示出，供参考用。

2. 表中所示周转次数、周转补损率是指模板，支撑材的周转次数详见编制说明。

3. 35和37项带*栏内数量包括梁卡具用量1072.00kg，钢管支撑用量717.60kg。

4. 69和71项带*栏内数量为梁卡具用量。

5. 73和75项带*栏内数量包括梁卡具用量1296.50kg，钢管支撑用量8239.20kg。

6. 100和102项带*栏内数量包括钢管支撑用量6896.40kg，梁卡具用量267.50kg。

7. 大钢模板墙项目中组合式钢模板栏中数量，为大钢模板数量。

8. 119～122项单位：每10m² 投影面积；131项单位：每100延长米；132项单位；每立方米外形体积。

2. 预制构件模板一次用量表

预制构件模板一次用量见表7-34。

表7-34　预制构件模板一次用量

定额编号	项目名称		模板种类	模板面积		一次使用量								周转次数/次	周转补损率/%
				模板接触面积/m²	地模接触面积/m²	组合式钢模/kg	复合木模板		模板木材/m³	定型钢模/kg	零星卡具/kg	木支撑系统/m³	钢支撑系统/kg		
							钢框肋/kg	面板/m²							
133 134	矩形桩	实心	组合式钢模	53.22	25.77	—	—	—	0.230	—	200.55	0.110	757.43	150	—
135			复合木模板	53.22	25.77	13.95	881.09	50.82	0.230	—	200.55	0.110	757.43	100	—
136		空心①		70.33	21.08	9.28	686.21	42.64	0.280	—	139.64	0.720	210.29	100	—
			组合式钢模	10.33	21.08	1542.91	—	—	0.280	—	139.64	0.720	210.27	150	—
137	桩尖		木模	49.30	—	—	—	—	10.52	—	—	—	—	20	—
138	矩形柱		组合式钢模	50.46	29.43	1698.67			0.460		236.40	0.860	587.16	150	—
139			复合木模板	50.46	29.43	141.82	683.01	44.24	0.460	—	236.40	0.860	587.16	100	—

续表

定额编号	项目名称	模板种类	模板面积		一次使用量									周转次数/次	周转补损率/%
			模板接触面积/m²	地模接触面积/m²	组合式钢模/kg	复合木模板		模板木材/m³	定型钢模/kg	零星卡具/kg	木支撑系统/m³	钢支撑系统/kg		
						钢框肋/kg	面板/m²							
140	工形柱	组合式钢模	71.23	44.36	1587.88			0.759		222.01	2.140	222.05	150	—
141	工形柱	复合木模板	71.23	44.36	61.01	670.60	45.36	0.759	—	222.01	2.40	222.05	100	—
142	双肢形柱	复合木模板	41.25	混凝土 2.08 砖 14.91	38.70	542.30	25.82	1.154	—	74.18	1.363	458.26	100	—
143	双肢形柱	组合式钢模	41.25	混凝土 2.08 砖 14.91	1265.47	—	—	1.154	—	74.18	1.363	458.26	150	—
144	空格柱	组合式钢模	66.68	22.34	1952.72	—	—	0.971	—	245.48	1.721	58.40	150	—
145	空格柱	复合木模板	66.68	22.34	145.85	796.02	53.55	0.971	—	245.48	1.721	58.40	100	—
146	围墙柱	木模	117.60	55.51	—	—	—	10.172	—	—	—	—	30	—
147	矩形梁	钢模	122.60		4734.42			0.380		836.67	8.165	559.30	150	—
148	矩形梁	复合板	122.60	—	739.18	1758.88	111.75	0.380	—	836.67	8.165	559.30	100	—
149	异形梁	木模	99.62	—	—	—	—	12.532	—	—	—	—	10	10
150	过梁	木模	124.50	51.67	—	—	—	4.382	—	—	—	—	10	—
151	托架梁	木模	115.97	—	—	—	—	11.725	—	—	—	—	10	10
152	鱼腹式吊车梁	木模	136.28	—	—	—	—	28.428	—	—	—	—	10	10
153	风道梁	钢模	19.88	49.38	527.62	—	—	0.412	—	52.46	1.743	—	150	—
154	风道梁	复合模	19.88	49.38	16.29	223.80	14.23	0.412	—	52.46	1.743	—	100	—
155	拱形梁	木模	61.60	34.24	—	—	—	12.536	—	—	—	—	10	—
156	折线型屋架	木模	134.60	12.15	—	—	—	17.04	—	—	—	—	10	10
157	三角形屋架	木模	162.35	—	—	—	—	18.979	—	—	—	—	10	10
158	组合屋架	木模	136.50	—	—	—	—	17.595	—	—	—	—	10	10
159	薄腹屋架	木模	157.40	—	—	—	—	15.529	—	—	—	—	10	10
160	门式刚架	木模	83.98	—	—	—	—	9.061	—	—	—	—	10	10
161	天窗架	木模	83.05	52.74	—	—	—	4.078	—	—	—	—	10	10
162	天窗端壁板	木模	276.63	—	—	—	—	30.080	—	—	—	—	15	—
163	天窗端壁板	定型钢模	276.63	—	—	—	—	—	47717.84	—	—	—	2000	—
164	120mm 以内空心板	定型钢模	470.79	—	—	—	—	—	55912.15	—	—	—	2000	—
165	180mm 以内空心板	定型钢模	393.52	—	—	—	—	—	53163.27	—	—	—	2000	—
166	240mm 以内空心板	定型钢模	339.97	—	—	—	—	—	36658.86	—	—	—	2000	—
167	120mm 以内空心板	长线台钢拉模	323.34	106.94	—	—	—	—	24469.66	—	—	—	2000	—
168	180mm 以内空心板	长线台钢拉模	306.57	91.57	—	—	—	—	23449.42	—	—	—	2000	—

续表

定额编号	项目名称	模板种类	模板面积		一次使用量								周转次数/次	周转补损率/%
			模板接触面积/m^2	地模接触面积/m^2	组合式钢模/kg	复合木模板		模板木材/m^3	定型钢模/kg	零星卡具/kg	木支撑系统/m^3	钢支撑系统/kg		
						钢框肋/kg	面板/m^2							
169	预应力120mm以内空心板（拉模）	长线台钢拉模	351.42	140.73	—	—	—	—	61816.44	—	—	—	2000	—
170	预应力180mm以内空心板（拉模）	长线台钢拉模	311.45	110.83	—	—	—	—	43253.34	—	—	—	—	—
171	预应力240mm以内空心板（拉模）	长线台钢拉模	113.13	98.00	—	—	—	—	40665.59	—	—	—	2000	—
172	平板	木模	48.30	123.55	—	—	—	0.145	—	—	—	—	40	—
173	平板	定型钢模	48.30	123.55	—	—	—	—	7833.96	—	—	—	2000	—
174	槽形板	定型钢模	250.02	—	—	—	—	—	55895.92	—	—	—	2000	—
175	F形板	定型钢模	259.58	—	—	—	—	—	44033.73	—	—	—	2000	—
176	大型屋面板	定型钢模	321.41	—	—	—	—	—	52084.76	—	—	—	2000	—
177	双T板	定型钢模	268.42	—	—	—	—	—	39693.15	—	—	—	2000	—
178	单肋板	定型钢模	351.49	—	—	—	—	—	60231.13	—	—	—	2000	—
179	天沟板	定型钢模	225.51	—	—	—	—	—	39257.34	—	—	—	2000	—
180	折板	木模	18.30	282.66	—	—	—	2.604	—	—	—	—	20	—
181	挑檐板	木模	43.60	159.94	—	—	—	4.264	—	—	—	—	30	—
182	地沟盖板	木模	66.20	92.58	—	—	—	5.687	—	—	—	—	40	—
183	窗台板	木模	121.10	281.01	—	—	—	14.217	—	—	—	—	30	—
184	隔板	木模	70.80	370.36	—	—	—	10.344	—	—	—	—	30	—
185	架空隔热板	木模	80.00	320.00	—	—	—	9.440	—	—	—	—	40	—
186	栏板	木模	78.00	178.68	—	—	—	9.460	—	—	—	—	30	—
187	遮阳板	木模	165.10	179.89	—	—	—	4.936	—	—	—	—	15	—
188	网架板	定型钢模	318.68	—	—	—	—	—	47337.61	—	—	—	2000	—
189	大型多孔墙板	定型钢模	317.99	—	—	—	—	—	34392.07	—	—	—	2000	—
190	墙板20cm内	定型钢模	26.41	59.10	—	—	—	—	8281.80	—	—	—	2000	—
191	墙板20cm外	定型钢模	26.61	43.47	—	—	—	—	6590.87	—	—	—	2000	—
192	升板	木模	2.98	—	—	—	—	0.516	—	—	—	—	15	—
193	天窗侧板	定型钢模	291.01	—	—	—	—	—	56378.34	—	—	—	2000	—
194	天窗侧板	木模	174.33	128.50	—	—	—	19.595	—	—	—	—	30	—

续表

定额编号	项目名称	模板种类	模板面积		一次使用量								周转次数/次	周转补损率/%
			模板接触面积/m²	地模接触面积/m²	组合式钢模/kg	复合木模板		模板木材/m³	定型钢模/kg	零星卡具/kg	木支撑系统/m³	钢支撑系统/kg		
						钢框肋/kg	面板/m²							
195	拱板(10m内)	木模	286.84	11.39	—	—	—	36.629	—	—	—	—	10	10
196	拱板(10m外)	木模	320.20	139.61	—	—	—	39.449	—	—	—	—	10	10
207	檩条	木模	440.40	—	—	—	—	53.465	—	—	—	—	20	—
208	天窗上、下档及封檐板	木模	293.60	150.68	—	—	—	27.540	—	—	—	—	30	—
209	阳台	木模	56.42	69.73	—	—	—	5.3	—	—	—	—	30	—
210	雨篷	木模	117.77	38.07	—	—	—	5.018	—	—	—	—	20	—
211	烟囱、垃圾、通风道	木模	7.15	9.99	—	—	—	5.17	—	—	—	—	10	15
212	漏空花格	木模	1057.93	—	—	—	—	89.060	—	—	—	—	20	—
213	门窗框	木模	151.30	门74.14 窗50.97	—	—	—	9.361	—	—	—	—	—	—
214	小型构件	木模	210.60	284.77	—	—	—	12.425	—	—	—	—	10	10
215	空心楼梯段	钢模	305.62	—	—	—	—	—	41696.50	—	—	—	2000	—
216	实心楼梯段	钢模	174.51	—	—	—	—	—	36476.16	—	—	—	2000	—
217	楼梯斜梁	木模	200.30	52.94	—	—	—	24.57	—	—	—	—	30	—
218	楼梯踏步	木模	237.02	188.81	—	—	—	15.96	—	—	—	—	40	—
219	池槽(小型)②	木模	128.56	26.05	—	—	—	6.10	—	—	—	—	10	15
220	栏杆	木模	177.10	113.88	—	—	—	23.38	—	—	—	—	30	—
221	扶手	木模	139.90	162.84	—	—	—	11.58	—	—	—	—	30	—
222	井盖板	木模	48.17	382.40	—	—	—	15.74	—	—	—	—	20	—
223	井圈	木模	177.56	84.11	—	—	—	30.30	—	—	—	—	20	—
224	一般支撑	木模	100.80	60.08	—	—	—	8.43	—	—	—	—	30	—
225	框架式支撑	复合模	33.63	26.30	46.14	2297.99	30.19	0.52	—	137.78	1.322	—	100	—
226	框架式支撑	组合式钢模	33.63	26.30	1087.66	—	—	0.52	—	137.78	1.322	—	150	—
227	支架	复合模	74.10	33.32	50.99	1167.83	54.08	1.600	—	136.03	1.578	735.29	100	—
228	支架	组合模	74.10	33.32	2064.71	—	—	1.600	—	136.03	1.578	735.29	150	—

① 每10m³混凝土体积的空心矩形柱中模板的一次使用量还应包括6.24m橡胶管内模用量。

② 池槽(小型)的定额单位为10m³混凝土外形体积。

3. 构筑物构件模板一次用量表

构筑物构件模板一次用量见表7-35。

表7-35 构筑物构件模板一次用量表（单位：每100m² 模板接触面积）

定额编号	项目	模板种类	支撑种类	混凝土体积/m³	一次使用量							周转次数/次	周转补损率/%
					组合式钢模板/kg	复合木模板		模板木材/m³	钢支撑系统/kg	零星卡具/kg	木支撑系统/kg		
						钢框肋/kg	面板/m²						
239	水塔 塔身 筒式	木模	木	6.26	—	—	—	2.698	—	—	2.862	5	15
240	水塔 塔身 柱式	木模	木	8.67	—	—	—	4.900	—	—	3.200	5	15
241	水塔 水箱 内壁	木模	木	7.04	—	—	—	2.038	—	—	3.831	5	15
242	水塔 水箱 外壁	木模	木	8.35	—	—	—	2.574	—	—	4.385	5	15
243	水塔 塔顶	木模	木	13.50	—	—	—	3.632	—	—	2.615	3	15
244	水塔 塔底	木模	木	17.57	—	—	—	3.570	—	—	12.085	3	15
245	水塔 回廊及平台	木模	木	10.80	—	—	—	3.230	—	—	13.538	3	15

续表

定额编号	项目			模板种类	支撑种类	混凝土体积/m³	一次使用量							周转次数/次	周转补损率/%
							组合式钢模板/kg	复合木模板		模板木材/m³	钢支撑系统/kg	零星卡具/kg	木支撑系统/kg		
								钢框肋/kg	面板/m²						
259	贮水(油)池	池底	平底	钢模	木	494.29	3503.00	—	—	0.060	—	374.00	2.874	50	—
260	贮水(油)池	池底	平底	复模	木	494.29	—	1533.00	99.00	0.060	—	374.00	2.874	50	—
261	贮水(油)池	池底	平底	木模	木	494.29	—	—	—	3.064	—	—	2.559	5	15
262	贮水(油)池	池底	坡底	木模	木	107.53	—	—	—	9.914	—	—	—	5	15
263	贮水(油)池	池壁	矩形	钢模	钢	9.95	3556.50	—	—	0.020	3408.00	1036.60	—	50	—
264	贮水(油)池	池壁	矩形	钢模	木	9.95	3556.50	1512.00	99.00	0.020	—	1036.60	5.595	60	—
265	贮水(油)池	池壁	矩形	复模	钢	9.95	8.50	1512.00	99.00	0.020	3498.00	1036.60	—	50	—
266	贮水(油)池	池壁	矩形	复模	木	9.95	8.50	—	—	0.026	—	1036.60	5.595	50	—
267	贮水(油)池	池壁	矩形	木模	木	9.95	—	—	—	2.519	—	—	6.023	5	15
268	贮水(油)池	池壁	圆形	木模	木	8.59	—	—	—	3.289	—	—	4.269	5	15
269	贮水(油)池	池盖	无梁盖	钢模	钢	30.78	3239.50	—	—	0.226	6453.60	348.80	1.750	50	—
270	贮水(油)池	池盖	无梁盖	钢模	木	20.78	2329.50	—	—	0.226	—	348.80	9.605	50	—
271	贮水(油)池	池盖	无梁盖	复模	钢	30.78		1410.50	95.00	0.226	6453.60	348.80	1.750	50	—
272	贮水(油)池	池盖	无梁盖	复模	木	30.78		1410.50	95.00	0.226	—	348.80	9.605	50	—
273	贮水(油)池	池盖	无梁盖	木模	木	30.78	—	—	—	3.076	—	—	4.981	5	15
274	贮水(油)池	池盖	肋形盖	木模	木	90.09	—	—	—	4.910	—	—	4.981	5	15
275	贮水(油)池	无梁盖柱		钢模	钢	11.38	3380.00	—	—	1.560	*3970.10	1035.20	2.545	50	—
276	贮水(油)池	无梁盖柱		钢模	木	11.38	3380.00	—	—	1.560	—	1035.20	7.005	50	—
277	贮水(油)池	无梁盖柱		复模	钢	11.38	656.50	1283.00	73.00	1.560	*3970.10	1035.20	2.545	50	—
278	贮水(油)池	无梁盖柱		复模	木	11.38	656.50	1283.00	73.00	1.560	—	1035.20	7.005	50	—
279	贮水(油)池	无梁盖柱		木模	木	11.38	—	—	—	4.749	—	—	7.128	5	15
280	贮水(油)池	沉淀池水槽		木模	木	4.74	—	—	—	4.455	—	—	10.169	5	15
281	贮水(油)池	沉淀池壁基梁		木模	木	23.26	—	—	—	2.940	—	—	7.300	5	15
282	贮仓	圆形	顶板	木模	木	13.60	—	—	—	5.464	—	8.20	13.323	5	15
283	贮仓	圆形	底板	木模	木	38.76	—	—	—	3.995	—	—	16.295	6	15
284	贮仓	圆形	立壁	木模	木	109.00	—	—	—	3.615	—	202.20	3.505	5	15
285	贮仓	矩形壁		钢模	钢	19.29	3690.00	—	—	0.075	4626.00	1035.80	0.001	50	—
286	贮仓	矩形壁		钢模	木	19.29	3690.00	—	—	0.075	—	828.00	4.377	50	—
287	贮仓	矩形壁		复模	钢	19.29	65.50	1190.00	72.50	0.075	4626.00	1035.00	0.001	50	—
288	贮仓	矩形壁		复模	木	19.29	65.50	1190.00	72.50	0.075	—	828.00	4.377	50	—
289	贮仓	矩形壁		木模	木	10.08	—	—	—	2.791	—	—	1.877	5	15

注：带*栏中数量包括柱用量 2464.50kg，钢管用量 1504.60kg。

4. 框架轻板构件模板一次用量表

框架轻板构件模板一次用量见表 7-36。

表 7-36 框架轻板构件模板一次用量

定额编号	项目名称	定额单位	模板种类	模板接触面积/m²	混凝土体积/m³	一次使用量			周转次数/次	周转补损率/%
						定型钢模/kg	模板木材/m³	木支撑系统/m³		
5—197	梅花空心柱	10m³	钢模	155.02	—	26879.83	—	—	1000	—
5—198	叠合梁	10m³	钢模	150.10	—	19935.44	—	—	1000	—
5—199	楼梯段	10m³	钢模	90.80	—	20862.37	—	—	1000	—
5—200	缓台	10m³	钢模	122.27	—	21507.38	—	—	1000	—

续表

定额编号	项目名称	定额单位	模板种类	模板接触面积/m²	混凝土体积/m³	一次使用量			周转次数/次	周转补损率/%
						定型钢模/kg	模板木材/m³	木支撑系统/m³		
5—201	阳台槽板	10m³	钢模	124.49	—	21059.42	—	—	1000	—
5—202	组合阳台	10m³	钢模	151.26	—	33508.20	—	—	1000	—
5—203	整间大楼板 2.7m	10m³	钢模	114.03	—	33750.92	—	—	1000	—
5—204	整间大楼板 3.0m³	10m³	钢模	112.38	—	30411.69	—	—	1000	—
5—205	整间大楼板 3.5m	10m³	钢模	114.03	—	27685.00	—	—	1000	—
5—206	整间大楼板 3.6m	10m³	钢模	111.30	—	25402.00	—	—	1000	—
5—115	楼梯间叠合梁	100m²	木模	—	8	—	2.644	4.253	3	15
5—116	板带	100m²	木模	—	10	—	5.833	0.833	3	15
5—117	柱接柱	100m²	木模	—	40.90	—	5.070	—	3	15

五、每 10m³ 钢筋混凝土钢筋含量

1. 现浇钢筋混凝土构件

现浇钢筋混凝土构件每 10m³ 钢筋含量见表 7-37。

表 7-37 现浇钢筋混凝土构件每 10m³ 钢筋含量

定额编号	项目		单位	钢筋				
				低碳冷拔钢丝	HPB 235 级钢筋		HRB 335 级钢筋	HRB 400 级钢筋
				ϕ5 以内	ϕ10 以内	ϕ10 以外	ϕ10 以外	ϕ10 以外
5—9～12	带形基础	有梁式	t/10m³	—	0.12	0.41	0.30	—
5—13,14	带形基础	板式	t/10m³	—	0.09	0.623	—	—
5—17,18	独立基础		t/10m³	—	0.06	0.45	—	—
5—19～22	杯形基础		t/10m³	—	0.02	0.243	—	—
5—23～26	高杯基础		t/10m³	—	0.06	0.615	—	—
5—27,28	满堂基础	无梁式	t/10m³	—	0.043	0.982	—	—
5—29～32	满堂基础	有梁式	t/10m³	—	0.446	0.604	—	—
5—35～38	独立桩承台		t/10m³	—	0.19	0.52	—	—
5—39～42	设备基础	5m³ 以内	t/10m³	—	0.14	0.20	—	—
5—43～46	设备基础	20m³ 以内	t/10m³	—	0.12	0.18	—	—
5—47～50	设备基础	100m³ 以内	t/10m³	—	0.10	0.16	—	—
5—51～54	设备基础	100m³ 以内	t/10m³	—	0.10	0.16	—	—
5—58～61	柱	矩形柱	t/10m³	—	0.187	0.53	0.503	—
5—62～65	柱	异形柱	t/10m³	—	0.22	0.64	0.465	—
5—66	柱	圆形柱	t/10m³	—	0.22	0.65	0.515	—
5—69～72	梁	基础梁	t/10m³	—	0.103	1.106	—	—
5—73～76	梁	单梁、连续梁	t/10m³	—	0.244	0.876	—	—
5—81	梁	异形梁	t/10m³	—	0.268	0.52	0.585	—
5—77,78	梁	过梁	t/10m³	—	0.347	0.672	—	—
5—79,80	梁	拱弧形梁	t/10m³	—	0.268	0.48	0.612	—
5—82,84	梁	圈梁	t/10m³	—	0.263	0.99	—	—

续表

定额编号	项目		单位	钢筋				
				低碳冷拔钢丝	HPB 235 级钢筋		HRB 335 级钢筋	HRB 400 级钢筋
				φ5 以内	φ10 以内	φ10 以外	φ10 以外	φ10 以外
5—87～90	直形墙		t/10m³	—	0.506	0.36	—	—
5—91～94	电梯井壁		t/10m³	—	0.232	0.784	—	—
5—95	弧形墙		t/10m³	—	0.46	0.49	—	—
5—96,97	大钢模板墙		t/10m³	—	0.51	0.43	—	—
5—100～103	板	有梁板	t/10m³	—	0.575	0.628	—	—
5—104～107	板	无梁板	t/10m³	—	0.509	0.154	—	—
5—108～111	板	平板	t/10m³	—	0.38	0.41	—	—
5—112	板	拱板	t/10m³	—	0.42	0.543	—	—
5—118	楼梯		t/10m³	—	0.065	0.127	—	—
5—120	悬挑板		t/10m³	—	0.119	—	—	—
5—123	栏板		t/10m³	—	0.071	—	—	—
5—127	暖气井		t/10m³	—	0.09	0.79	—	—
5—124	门框		t/10m³	—	0.205	0.699	—	—
5—125	框架柱接头		t/10m³	—	0.34	—	—	—
5—128	无沟挑檐		t/10m³	—	0.574	—	—	—
5—131	池槽		t/10m³	—	0.52	0.25	—	—
5—129	小型构件		t/10m³	—	0.92	—	—	—

2. 预制钢筋混凝土构件

预制钢筋混凝土构件每 10m³ 钢筋含量见表 7-38。

表 7-38　预制钢筋混凝土构件每 10m³ 钢筋含量

定额编号	项目		单位	钢筋				
				低碳冷拔钢丝	HPB 235 级钢筋		HRB 335 级钢筋	HRB 400 级钢筋
				φ5 以内	φ10 以内	φ10 以外	φ10 以外	φ10 以外
5—133	矩形桩		t/10m³	—	0.279	0.474	0.415	—
5—137	桩尖		t/10m³	0.17	0.203	1.772	—	—
5—138	柱	矩形	t/10m³	—	0.117	—	0.889	—
5—140	柱	工形	t/10m³	—	0.179	0.834	0.437	—
5—142	柱	双肢形	t/10m³	—	0.202	0.98	0.96	—
5—144	柱	空格形	t/10m³	—	0.202	0.98	0.96	—
5—146	柱	围墙柱	t/10m³	—	0.792	—	—	—
5—147	梁	矩形	t/10m³	—	0.321	0.764	—	—
5—149	梁	异形	t/10m³	—	0.655	0.251	0.443	—
5—150	梁	过梁	t/10m³	0.21	0.364	0.108	—	—
5—151	梁	托架梁	t/10m³	—	0.35	0.95	1.50	—
5—152	梁	鱼腹式吊车梁	t/10m³	—	0.867	—	0.931	—
5—153	梁	风道梁	t/10m³	—	0.562	0.256	0.485	—
5—155	梁	拱形梁	t/10m³	—	0.46	0.46	0.52	—
5—156	屋架	折线型	t/10m³	—	0.337	1.405	1.40	—
5—157	屋架	三角形	t/10m³	—	0.556	0.46	0.887	—
5—158	屋架	组合型	t/10m³	0.14	0.556	0.40	0.687	—
5—159	屋架	薄腹型	t/10m³	—	0.03	1.491	1.10	—
5—160	门式刚架		t/10m³	—	0.368	0.855	1.18	—

续表

定额编号	项目		单位	钢筋				
				低碳冷拔钢丝	HPB 235 级钢筋		HRB 335 级钢筋	HRB 400 级钢筋
				φ5 以内	φ10 以内	φ10 以外	φ10 以外	φ10 以外
5—161	天窗架		t/10m³	0.266	0.077	—	1.484	—
5—162	天窗端板		t/10m³	—	0.129	—	0.729	—
5—164	空心板	120 以内	t/10m³	0.083	0.367	0.01	—	—
5—165		180 以内	t/10m³	0.06	0.320	0.134	—	—
5—166		240 以内	t/10m³	0.04	0.283	0.134	—	—
5—172	平板		t/10m³	0.082	0.272	0.03	—	—
5—174	槽形板		t/10m³	0.341	0.301	—	0.305	—
5—175	F 形板		t/10m³	0.32	0.33	—	0.568	—
5—176	大型屋面板		t/10m³	0.185	0.344	—	0.738	—
5—177	双 T 板		t/10m³	0.185	0.344	—	0.738	—
5—178	单肋板		t/10m³	0.341	0.301	—	0.305	—
5—179	天沟板		t/10m³	—	0.325	0.121	—	—
5—180	折板		t/10m³	—	0.24	0.354	—	—
5—181	挑檐板		t/10m³	0.021	0.593	0.221	—	—
5—182	地沟盖板		t/10m³	0.024	0.220	—	—	—
5—183	窗台板		t/10m³	0.113	1.234	—	—	—
5—184	隔板		t/10m³	0.381	0.563	—	—	—
5—185	架空隔热板		t/10m³	0.337	0.17	—	—	—
5—186	栏板		t/10m³	0.342	0.244	—	—	—
5—187	遮阳板		t/10m³	0.406	0.214	—	—	—
5—188	网架板		t/10m³	0.460	0.245	—	—	—
5—189	大型多孔墙板		t/10m³	—	0.268	0.566	—	—
5—190	坪板		t/10m³	—	0.268	0.488	—	—
5—207	檩条		t/10m³	0.107	1.248	0.458	—	—
5—208	天窗上、下档		t/10m³	0.107	1.248	0.458	—	—
5—209	阳台		t/10m³	0.021	0.593	0.221	—	—
5—210	雨篷		t/10m³	0.042	0.460	0.266	—	—
5—213	门窗框		t/10m³	—	0.212	0.288	—	—
5—214	小型构件		t/10m³	0.225	0.227	0.056	—	—
5—215	空心楼梯段		t/10m³	0.188	0.136	0.210	—	—
5—216	实心楼梯段		t/10m³	0.051	0.434	0.286	—	—
5—217	楼梯斜梁		t/10m³	—	0.629	0.388	—	—
5—218	楼梯踏步		t/10m³	0.186	0.363	—	—	—
5—225	框架式支架		t/10m³	—	0.179	2.809	—	—
5—227	支架		t/10m³	—	0.101	0.808	—	—
5—220	栏杆		t/10m³	0.212	0.304	0.224	—	—
5—224	一般支撑		t/10m³	—	0.254	0.464	—	—

六、钢筋混凝土边界的确定

1. 钢筋混凝土柱计算高度的确定

① 有梁板的柱高，自柱基上表面（或楼板上表面）至上一层楼板上表面之间的高度计算，如图 7-13(a) 所示。

② 无梁板的柱高，自柱基上表面（或楼板上表面）至柱帽下表面之间的高度计算，如图 7-13(b) 所示。

③ 框架柱的柱高，自柱基上表面至柱顶高度计算，如图 7-14 所示。

④ 构造柱按设计高度计算，与墙嵌接部分的体积并入柱身体积内计算，如图 7-15(a) 所示。

⑤ 依附柱上的牛腿，并入柱体积内计算，如图 7-15(b) 所示。

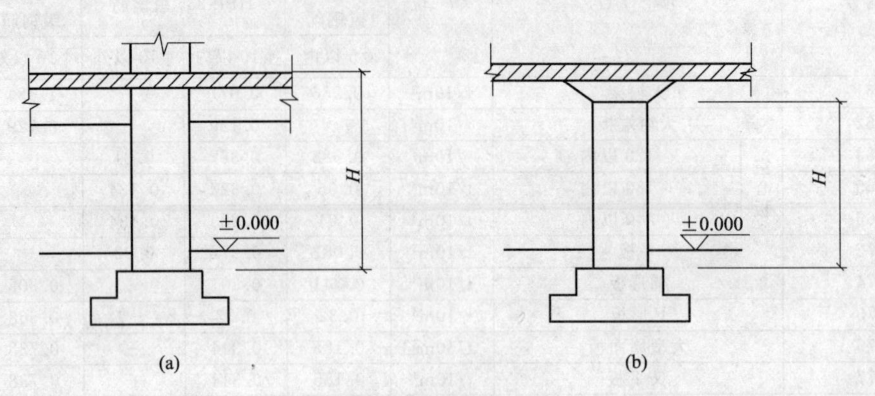

图 7-13 钢筋混凝土柱

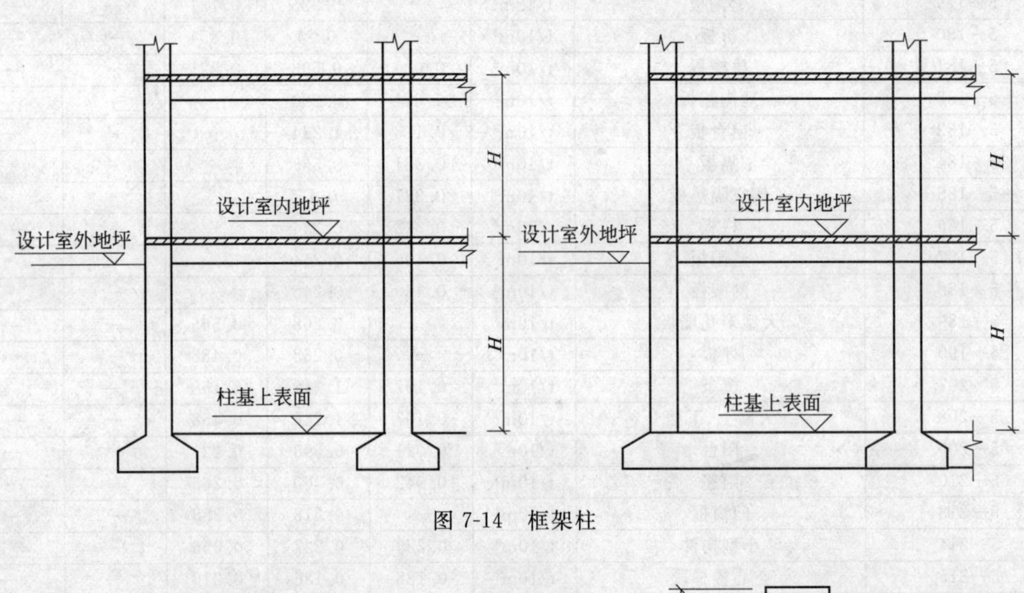

图 7-14 框架柱

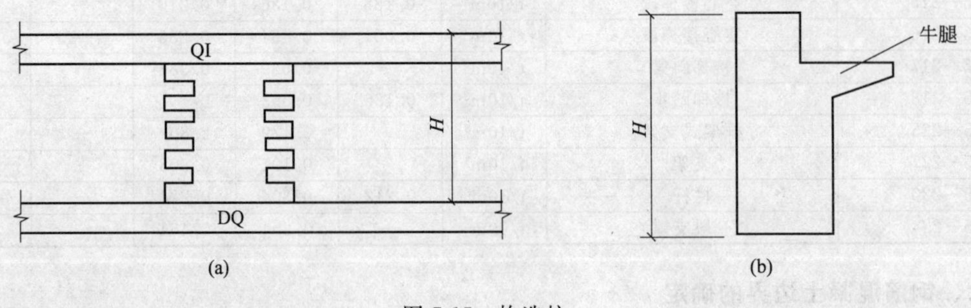

图 7-15 构造柱

2. 钢筋混凝土梁分界线的确定

① 梁与柱连接时，梁长算至柱侧面，如图 7-16 所示。

② 主梁与次梁连接时，次梁长算至主梁侧面。伸入墙体内的梁头、梁垫体积并入梁体积内计算，如图 7-17 所示。

③ 圈梁与过梁连接时，分别套用圈梁、过梁项目。过梁长度按设计规定计算，设计无规

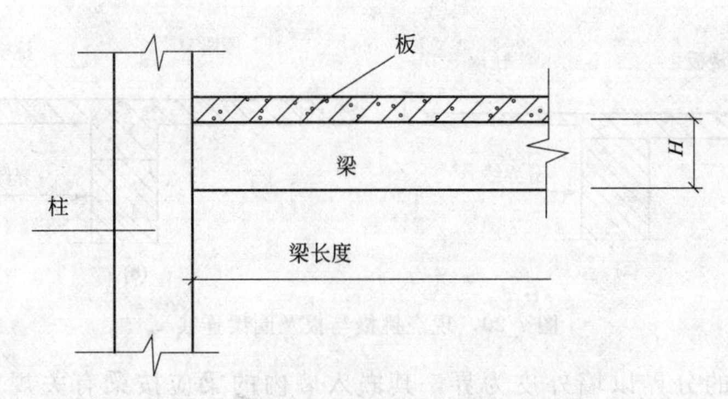

图 7-16　钢筋混凝土梁

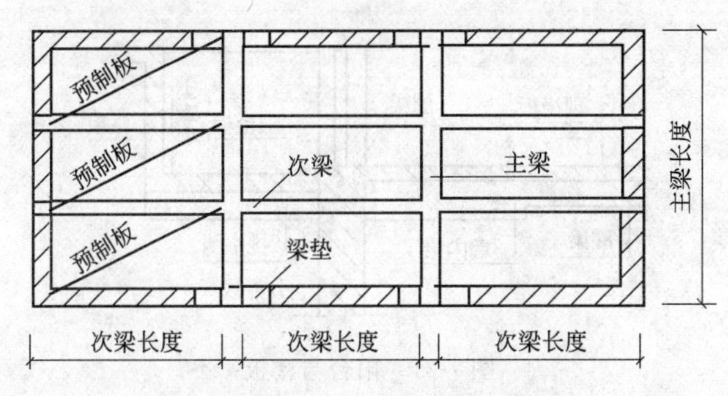

图 7-17　主梁与次梁

定时，按门窗洞口宽度，两端各加 250mm 计算，如图 7-18 所示。

④ 圈梁与梁连接时，圈梁体积应扣除伸入圈梁内的梁体积，如图 7-19 所示。

⑤ 在圈梁部位挑出外墙的混凝土梁，以外墙外边线为界限，挑出部分按图示尺寸以立方米（m^3）计算，如图 7-18 所示。

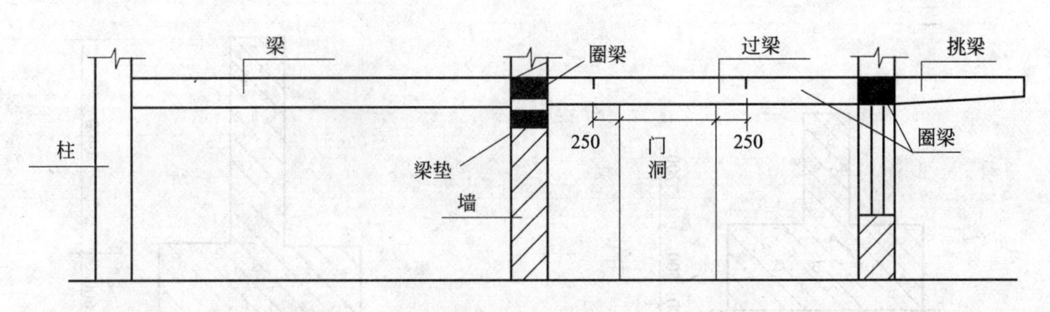

图 7-18　过梁

⑥ 梁（单梁、框架梁、圈梁、过梁）与板整体现浇时，梁高计算至板底（见图 7-16）。

3. 现浇挑檐与现浇板及圈梁分界线的确定

现浇挑檐与板（包括屋面板）连接时，以外墙外边线为界限，如图 7-20(a) 所示。与圈梁（包括其他梁）连接时，以梁外边线为界限。外边线以外为挑檐，如图 7-20(b) 所示。

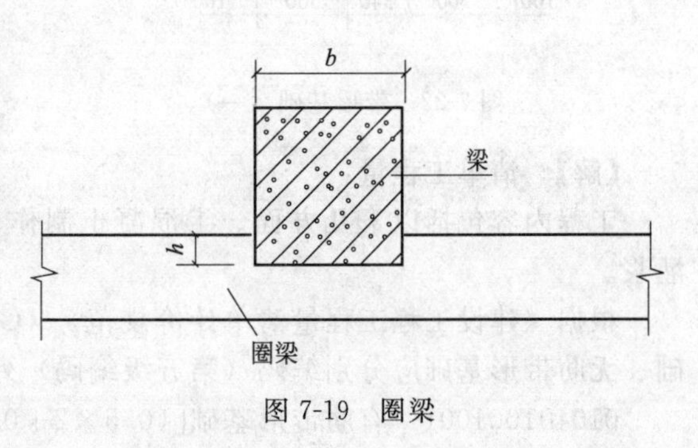

图 7-19　圈梁

4. 阳台板与栏板及现浇楼板的分界线确定

阳台板与栏板的分界以阳台板顶面为界；

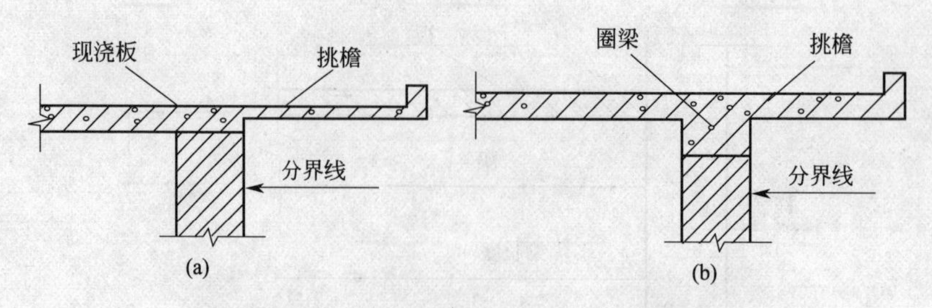

图 7-20 现浇挑檐与板及圈梁连接

阳台板与现浇楼板的分界以墙外皮为界，其嵌入墙内的梁应按梁有关规定单独计算，如图 7-21 所示。

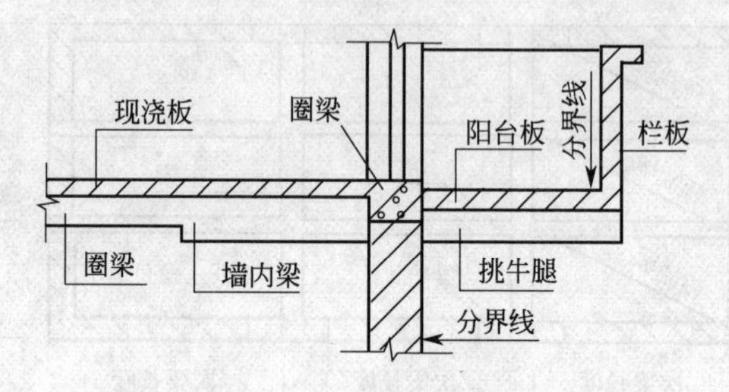

图 7-21 阳台与楼板

第三节 工程量清单工程量计算实例

项目编码：010401001 项目名称：带形基础

【例 7-1】 某工程采用带形基础，截面如图 7-22、图 7-23 所示。图 7-22 所示基础截面长 35m，图 7-23 所示基础截面长 50m，试用清单方法计算其工程量。

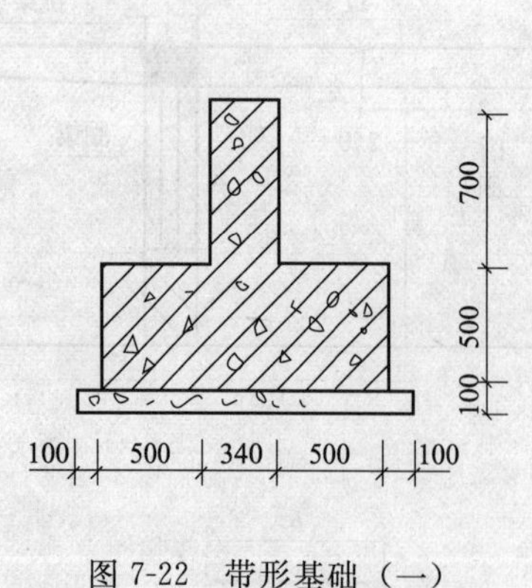

图 7-22 带形基础（一）

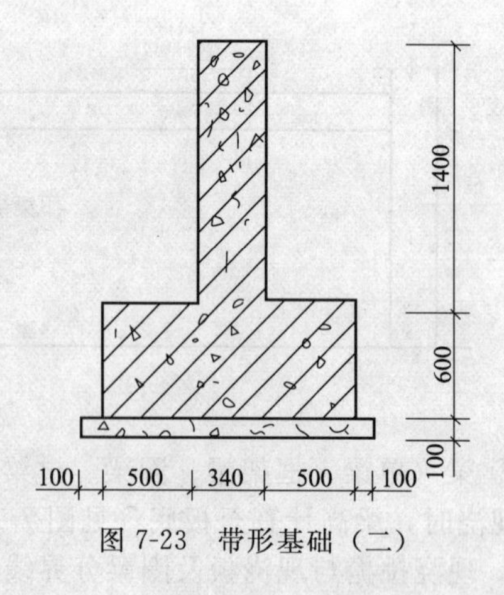

图 7-23 带形基础（二）

【解】 清单工程量：

工程内容包括以下几方面。①混凝土制作、运输、浇筑、振捣、养护；②地脚螺栓二次灌浆。

根据《建设工程工程量清单计价规范》（GB 50500—2008）A. 4. 18 中规定，有肋带形基础、无肋带形基础应分别编码（第五级编码）列项，故本题清单计算可列项如下：

010401001001 有肋带形基础[(0.5×2+0.34)×0.5+0.34×0.7]×35=31.78 (m^3)

010401001002　无肋带形基础$[(0.5\times2+0.34)\times0.6]\times50=40.2\ (m^3)$

清单工程量计算见下表：

清单工程量计算表

序号	项目编码	项目名称	项目特征描述	计量单位	工程量
1	010401001001	带形基础	有肋带形基础，肋高 0.7m	m^3	31.78
2	010401001002	带形基础	无肋带形基础，肋高 1.4m	m^3	40.2

项目编码：010401002　　项目名称：独立基础

【例 7-2】 如图 7-24 所示，求现浇钢筋混凝土独立基础工程量，混凝土强度等级为 C25（用复合木模板、木支撑）。

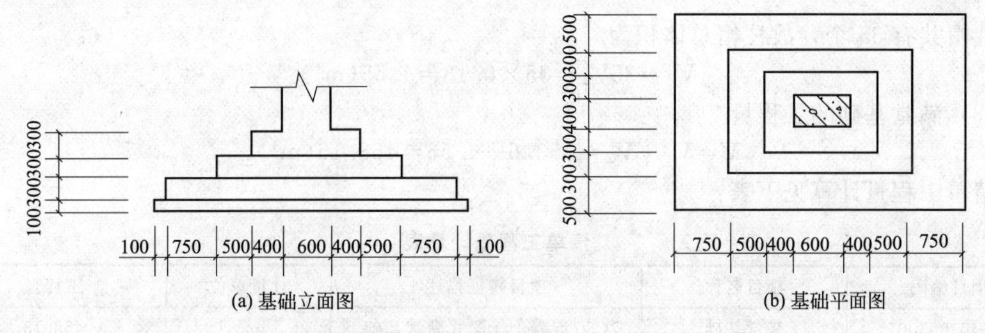

图 7-24　现浇钢筋混凝土独立基础

【解】 清单工程量：

现浇钢筋混凝土独立基础工程量，应按图示尺寸计算其实体积。

$$V=[(0.75\times2+0.5\times2+0.4\times2+0.6)\times(0.5\times2+0.3\times4+0.4)+(0.5\times2+0.4\times2+0.6)\times(0.3\times4+0.4)+(0.4\times2+0.6)\times(0.3\times2+0.4)]\times0.3=4.61\ (m^3)$$

清单工程量计算见下表：

清单工程量计算表

项目编码	项目名称	项目特征描述	计量单位	工程量
010401002001	独立基础	混凝土强度等级为 C25	m^3	4.61

项目编码：010401003　　项目名称：满堂基础

【例 7-3】 如图 7-25 所示的无梁式满堂基础，该基础长 42m，宽 36m，共有 35 个柱帽，试求该满堂基础的工程量。

【解】 清单工程量：

(1) 基础板的工程量

$$V_1=42\times36\times0.3=453.6(m^3)$$

(2) 柱帽的工程量

$$V_1=\frac{h}{6}[AB+(A+a)(B+b)+ab]$$

其中，$h=0.25m$，$A=B=0.9m$，$a=b=0.5m$

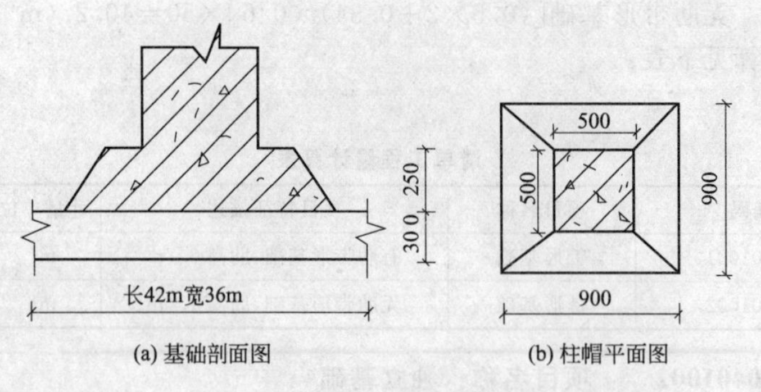

图 7-25　无梁式满堂基础示意

$$V_2'=\frac{0.25}{6}\times[0.9\times0.9+(0.9+0.5)\times(0.9+0.5)+0.5\times0.5]=0.13(m^3)$$

柱帽共有 35 个，故柱帽总体积为

$$V_2=35V_2'=35\times0.13=4.55(m^3)$$

(3) 满堂基础的工程量

$$V=V_1+V_2=453.6+4.55=458.15(m^3)$$

清单工程量计算见下表：

清单工程量计算表

项目编码	项目名称	项目特征描述	计量单位	工程量
010401003001	满堂基础	C30 混凝土无梁式满堂基础	m^3	458.15

项目编码：010401004　　项目名称：设备基础

【例 7-4】 某设备基础，如图 7-26 所示，求其工程量。

【解】 清单工程量：

(1) 底板的工程量

$$4.5\times5\times0.2=4.5(m^2)$$

(2) 上部凸梁的工程量

$$0.25\times0.25\times5\times2+0.3\times0.25\times4.5\times2-0.25\times0.3\times0.25\times4=1.225(m^3)$$

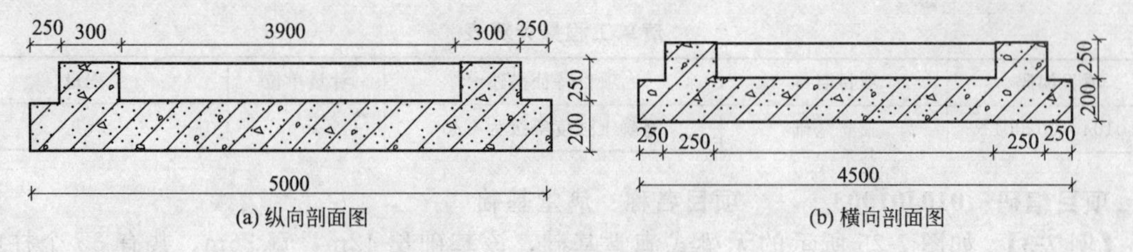

图 7-26　设备基础示意

(3) 预算总工程量

$$4.5+1.225=5.3(m^3)$$

清单工程量计算见下表：

清单工程量计算表

项目编码	项目名称	项目特征描述	计量单位	工程量
010401004001	设备基础	混凝土强度等级为 C30	m^3	5.73

项目编码：010401005　　项目名称：桩承台基础

【例 7-5】 如图 7-27 所示，求独立承台工程量；混凝土强度等级为 C25。

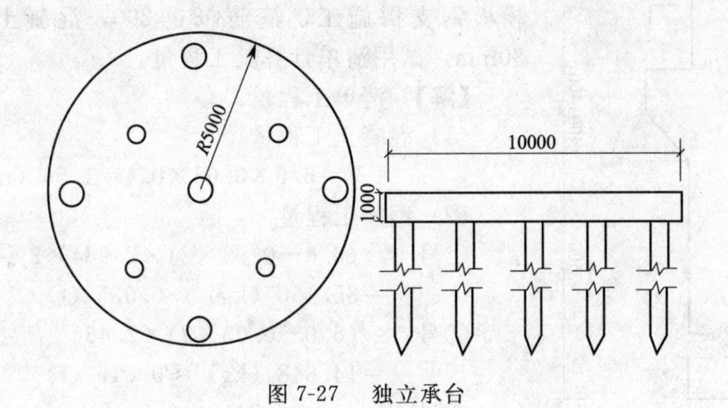

图 7-27　独立承台

【解】 清单工程量：

$$V=3.1416\times 5^2\times 1=78.54\ (m^3)$$

清单工程量计算见下表：

清单工程量计算表

项目编码	项目名称	项目特征描述	计量单位	工程量
010401005001	桩承台基础	混凝土强度等级为 C25	m^3	78.54

项目编码：010402001　　项目名称：构造柱

【例 7-6】 试计算如图 7-28 所示混凝土构造柱体积。已知柱高 3.3m，断面尺寸为 360mm×360mm，与砖墙咬接 60mm。

【解】 清单工程量：

根据《建设工程工程量清单计价规范》（GB 50500—2008）A.4.18 中规定，构造柱应按矩形柱项目编码列项。

$$(0.36\times 0.36+0.06\times 0.36)\times 3.3=0.50\ (m^3)$$

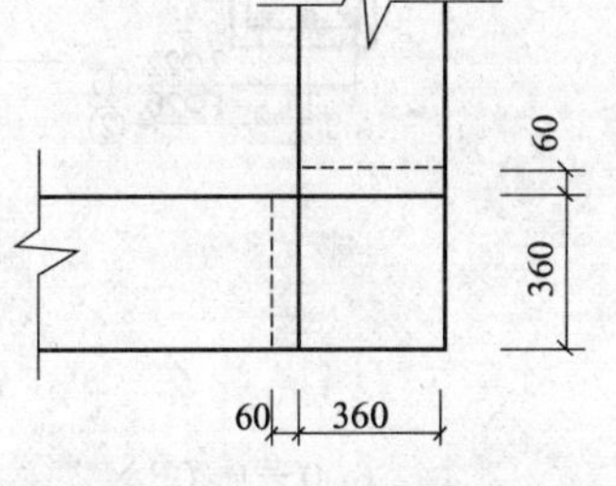

图 7-28　混凝土构造柱平面图

清单工程量计算见下表：

清单工程量计算表

项目编码	项目名称	项目特征描述	计量单位	工程量
010402001001	构造柱	柱高 3.3m，断面尺寸为 360mm×360mm，与砖墙咬接 60mm	m^3	0.50

项目编码：010402001　　项目名称：矩形柱

【例 7-7】 计算如图 7-29 所示钢筋混凝土柱工程量（用复合木模板、钢支撑）。

【解】 清单工程量：

$$0.5\times 0.4\times (7.5+0.4\times 2+2.7)+0.4\times 0.4\times 0.4+\frac{1}{2}\times 0.4\times 0.4\times 0.4=2.30\ (m^3)$$

清单工程量计算见下表：

清单工程量计算表

项目编码	项目名称	项目特征描述	计量单位	工程量
010402001001	矩形柱	柱的尺寸如图 7-29 所示	m^3	2.30

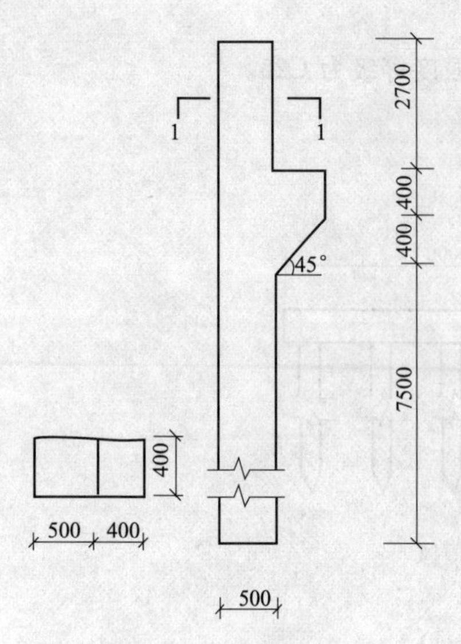

图 7-29 钢筋混凝土柱

项目编码：010403001　　项目名称：基础梁

【例 7-8】 如图 7-30 所示，某柱间基础梁，采用复合木模板钢支撑施工，箍筋φ8@200，混凝土保护层厚度为30mm，试用清单计算其工程量。

【解】 清单工程量：

（1）混凝土工程量

$$V=6.0\times0.65\times0.4=1.56\ (\mathrm{m}^3)$$

（2）钢筋工程量

①号　$(6.0-0.03\times2)\times2.984\times2$
$=35.450\ (\mathrm{kg})\approx0.035\ (\mathrm{t})$

②号　$(6.0-0.03\times2)\times2.466$
$=14.648\ (\mathrm{kg})\approx0.015\ (\mathrm{t})$

③号　$(6.0-0.03\times2+0.2\times2+2\times6.25\times0.014)\times2\times1.208=15.740\ (\mathrm{kg})\approx0.016\ (\mathrm{t})$

④号　$(6.0-0.03\times2+0.2\times2+2\times6.25\times0.018)\times2\times1.998=26.234\ (\mathrm{kg})\approx0.026\ (\mathrm{t})$

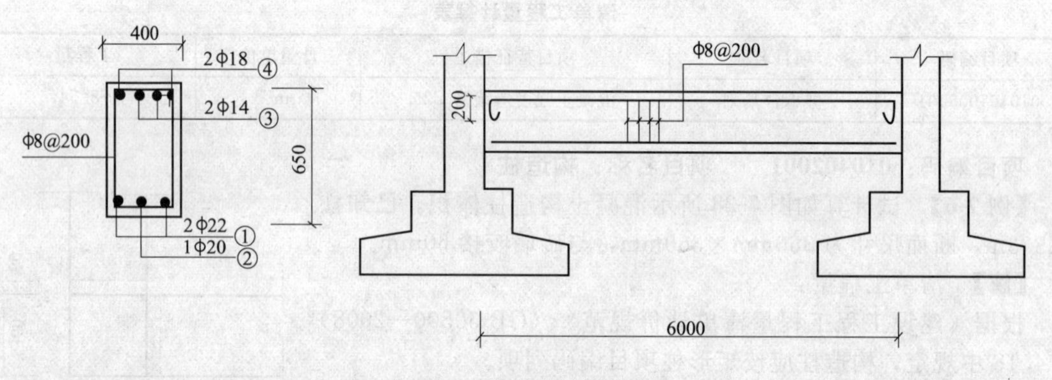

图 7-30 柱间基础梁示意

箍筋　$\dfrac{6.0-0.03\times2}{0.2}+1=31$（个）

$[(0.65+0.4)\times2-8\times0.030+2\times6.25\times0.08]\times31\times0.395=35.021\ (\mathrm{kg})\approx0.035\ (\mathrm{t})$

清单工程量计算见下表：

清单工程量计算表

序号	项目编号	项目名称	项目特征描述	计量单位	工程量
1	010403001001	基础梁	梁截面为 650mm×400mm，梁长 6.0m	m³	1.56
2	010416001001	现浇混凝土钢筋	φ10 以内	t	0.035
3	010416001002	现浇混凝土钢筋	φ10 以外	t	0.092

项目编码：010403002　　项目名称：矩形梁

【例 7-9】 如图 7-31 所示，某单跨外伸梁配筋图，采用组合钢模板钢支撑，保护层厚度为25mm，试用清单计算其工程量。

【解】 清单工程量：

（1）混凝土工程量

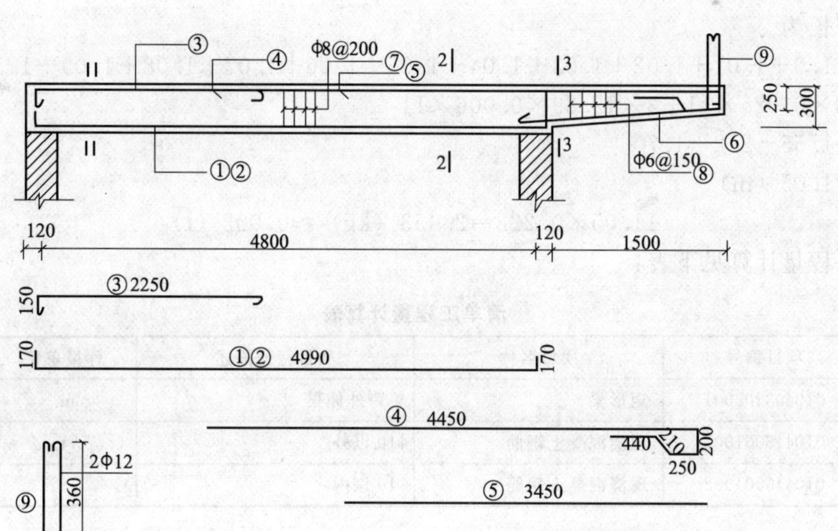

图 7-31 单跨外伸梁配筋图

$$V=(4.8+0.12\times2)\times0.45\times0.25+\frac{1}{2}\times(0.250+0.300)\times1.5\times0.25$$

$=0.567+0.103$

$=0.67$ (m^3)

(2) 钢筋工程量

①号ф18 (0.17+4.99+0.17)×2×1.998=21.299 (kg) ≈0.021 (t)

②号ф20 (0.17+4.99+0.17)×2.466=13.144 (kg) ≈0.013 (t)

③号ф12 (0.15+2.25+2×0.12×6.25)×2×0.888=4.529 (kg) ≈0.005 (t)

④号ф18 (4.45+0.2+0.25+0.21+4.4)×2×1.998=38.002 (kg) ≈0.038 (t)

⑤号ф18 3.45×1.998=6.893 (kg) ≈0.007 (t)

⑥号ф12 1.7×2×0.888=3.019 (kg) ≈0.003 (t)

⑨号ф12 (0.08+0.36×2+2×0.012×6.25)×2×0.888=1.687 (kg) ≈0.002 (t)

箍筋⑦号ф8 $[(0.45+0.25)\times2-8\times0.025+2\times12.89\times0.08]\times\left(\frac{4.8-0.24}{0.2}+1\right)\times0.395$

$=3.2624\times23.8\times0.395$

$=30.67$ (kg) ≈0.031 (t)

⑧号ф6 $\frac{1.5-0.025}{0.15}+1=11$ (个)

由 (0.3+0.25)×2=1.1 (m)，(0.25+0.25)×2=1 (m) 知

每根增加$\frac{1.1-1}{11-1}=0.01$ (m)

则箍筋长为

$$(1.0+1.01+1.02+1.03+1.04+1.05+1.06+1.07+1.08+1.09+1.1)-8\times0.025\times11+2\times12.89\times0.006\times11$$
$$=11.55-2.2+1.70$$
$$=11.05\ (m)$$

$$11.05\times0.222=2.453\ (kg)\approx0.002\ (t)$$

清单工程量计算见下表：

清单工程量计算表

序号	项目编号	项目名称	项目特征描述	计量单位	工程量
1	010403002001	矩形梁	单跨外伸梁	m^3	0.67
2	010416001001	现浇混凝土钢筋	ϕ10 以外	t	0.089
3	010416001002	现浇混凝土钢筋	ϕ10 以内	t	0.033

项目编号：010403003　　项目名称：异形梁

【例 7-10】 如图 7-32 所示，求花篮形梁工程量。

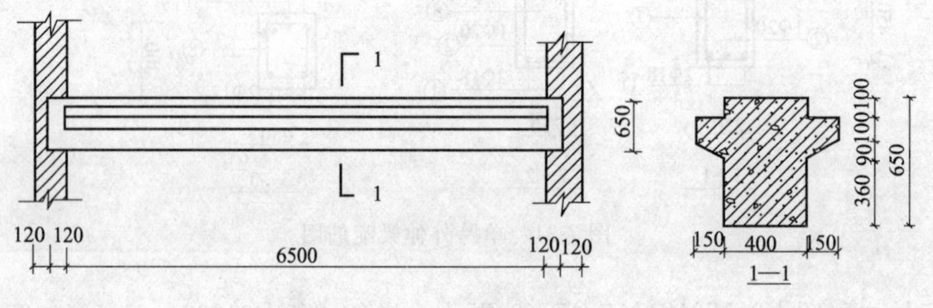

图 7-32　花篮形梁示意

【解】 清单工程量：

根据《建设工程工程量清单计价规范》(GB 50500—2008) 工程量计算规则，伸入墙内的梁头、梁垫并入梁体积内。

花篮形梁工程量为

$$V=(6.5+0.12\times2)\times0.4\times(0.36+0.09+0.1\times2)+0.1\times0.15\times6.5\times2+0.15\times0.09\times\frac{1}{2}\times6.5\times2$$
$$=1.7524+0.195+0.8775$$
$$=2.83\ (m^3)$$

清单工程量计算见下表：

清单工程量计算表

项目编码	项目名称	项目特征描述	计量单位	工程量
010403003001	异形梁	花篮梁如图 7-32 所示	m^3	2.83

项目编号：010403004　　项目名称：圈梁

【例 7-11】 如图 7-33 所示，某独立洗手间平面布置图，采用砖砌墙体，圈梁在所有墙体上布置用组合钢模板，尺寸为 300mm×210mm，求其圈梁混凝土工程量。

【解】 清单工程量：

圈梁工程量　$V=(7.5-0.24+7-0.24)\times2\times0.3\times0.24+(3-0.24+1.5-0.24+3-$

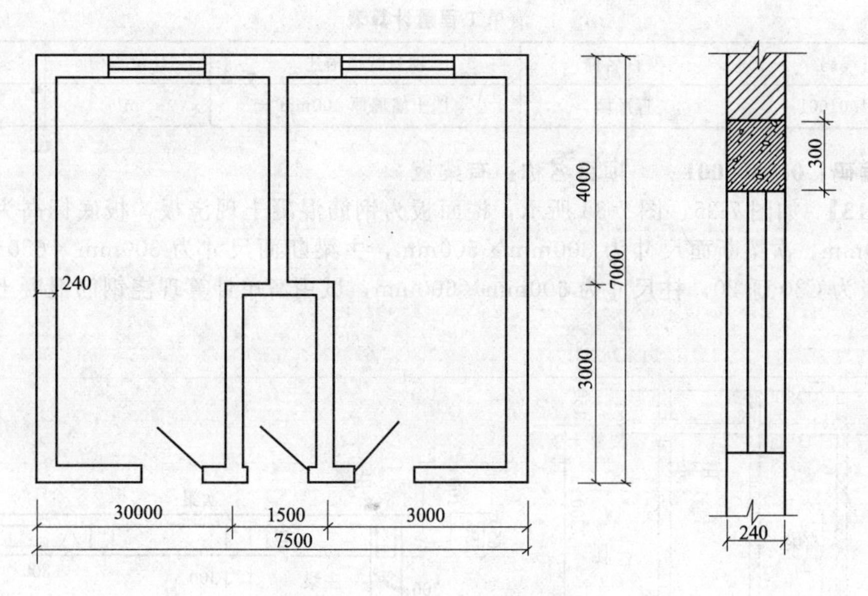

图 7-33　独立洗手间平面布置

0.24＋4－0.24)×0.3×0.24

＝2.0189＋0.7588

≈2.78（m^3）

清单工程量计算见下表：

清单工程量计算表

项目编码	项目名称	项目特征描述	计量单位	工程量
010403004001	圈梁	圈梁断面为300mm×240mm	m^3	2.78

项目编码：010404001　　项目名称：直形墙

【例 7-12】 如图 7-34 所示，组合钢模板、钢支撑挡土墙，长 15m，求其工程量。

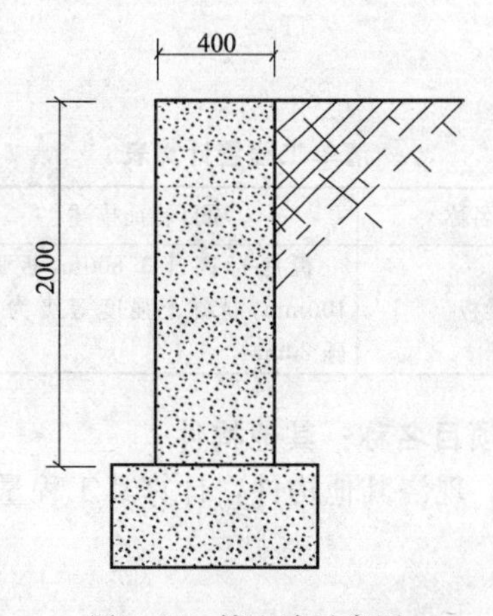

图 7-34　挡土墙示意图

【解】 清单工程量：

挡土墙工程量　15×0.4×2＝12.00（m^3）

清单工程量计算见下表：

清单工程量计算表

项目编码	项目名称	项目特征描述	计量单位	工程量
010404001001	直形墙	挡土墙墙厚 400mm	m^3	12.00

项目编码：010405001　　项目名称：有梁板

【例 7-13】 如图 7-35、图 7-36 所示，楼面板为钢筋混凝土现浇板，板底标高为 3.800m，板厚为 100mm，次梁断面尺寸为 300mm×500mm，主梁断面尺寸为 300mm×650mm，混凝土强度等级为 C30 砾 20，柱尺寸为 600mm×600mm，试用清单计算现浇钢筋混凝土有梁板的工程量。

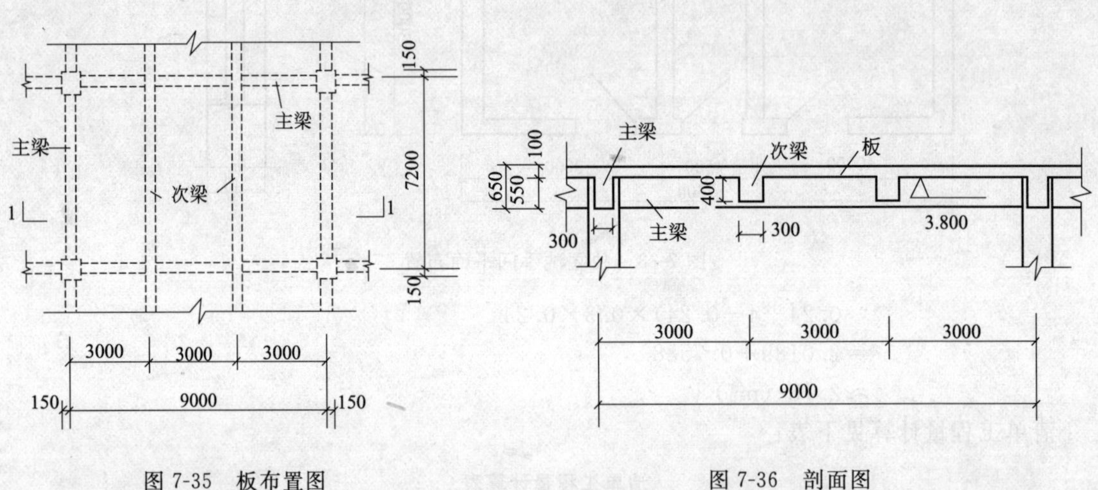

图 7-35　板布置图　　　　图 7-36　剖面图

【解】 清单工程量：

现浇混凝土有梁板按工程量清单项目设置及计算规则，对应项目编号为 010405001。

工程内容包括混凝土制作、运输、浇筑、振捣、养护。其工程量如下：

$$
\begin{aligned}
\text{工程量} &= 0.1\times(3.0-0.3)\times(7.2-0.3)\times3+[(7.2-0.6)\times2+(9.0-0.6)\times2]\times \\
&\quad 0.3\times0.65+(7.2-0.3)\times2\times0.3\times0.5-0.15\times0.15\times0.1\times4 \\
&= 13.5\ (m^3)
\end{aligned}
$$

清单工程量计算见下表：

清单工程量计算表

项目编码	项目名称	项目特征描述	计量单位	工程量
010405001001	有梁板	板底标高＋3.800m，板厚为 100mm，混凝土强度等级为 C30 砾 20mm	m^3	13.50

项目编码：010407001　　项目名称：其他构件

【例 7-14】 如图 7-37 所示，现浇其他构件，计算其工程量。

【解】 清单工程量：

(1) 混凝土工程量

$$S=2.2\times(0.9+0.3)=2.64\ (m^2)$$

(2) 钢筋用量

ϕ6　$\rho=0.222kg/m$

ϕ8　$\rho=0.395kg/m$

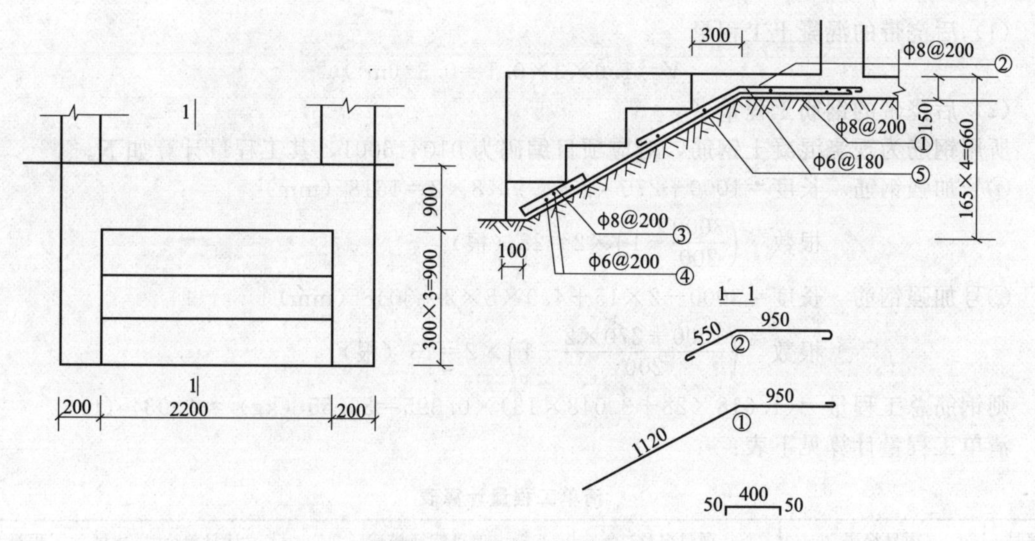

图 7-37　散水、坡道示意

①φ8　[(2.2＋0.4)÷0.2＋1]×0.395×(0.95＋1.12＋6.25×0.008)＝11.72 (kg)

②φ8　(0.95＋0.55＋6.25×0.008×2)×[(2.2＋0.4)÷0.2＋1]×0.395
＝3.79 (kg)

③φ8　(0.95＋11.20＋6.25×0.008)×(2.6÷0.2＋1)×0.395＝67.47 (kg)

④φ6　6×0.5×0.222＝0.67 (kg)

⑤φ6　[(0.95＋0.55)÷0.18＋1]×(2.6－0.05)×0.222＝5.09 (kg)

清单工程量计算见下表：

清单工程量计算表

序号	项目编码	项目名称	项目特征描述	计量单位	工程量
1	010407001001	其他构件	台阶尺寸如图 7-36 所示	m^3	2.64
2	010416001001	现浇混凝土钢筋	φ6	t	0.006
3	010416001002	现浇混凝土钢筋	φ8	t	0.083

项目编码：010408001　　项目名称：后浇带

【例 7-15】 如图 7-38 所示，为现浇钢筋混凝土的后浇带示意图，混凝土采用 C20，钢筋为 HPB235，求现浇板后浇带的工程量（板的长度为 6m，宽度为 3m，厚度为 100mm）。

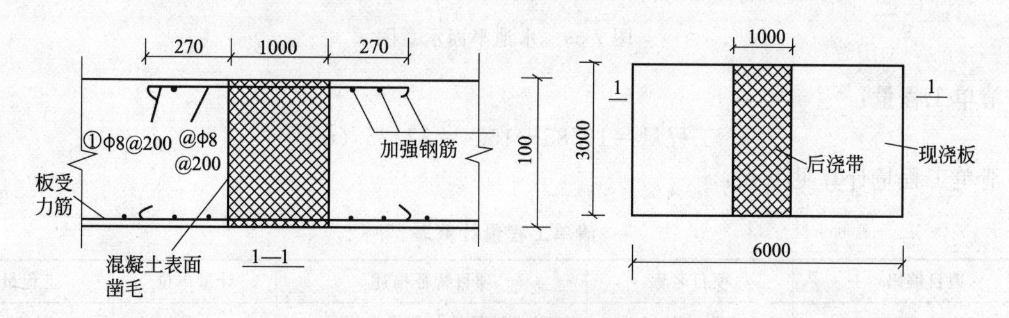

图 7-38　现浇板后浇带示意

【解】 清单工程量：

根据工程量清单项目设置及工程量计算规则可知。

(1) 后浇带的混凝土工程量

$$V=1.0\times3\times0.1=0.3\ (m^3)$$

(2) 后浇带的钢筋工程量

所用钢筋为现浇混凝土钢筋，对应项目编码为 010416001，其工程量计算如下。

①号加强钢筋　长度＝1000＋270×2＋4.9×8×2＝1618（mm）

$$根数\quad\left(\frac{3000}{200}-1\right)\times2=28\ (根)$$

②号加强钢筋　长度＝3000－2×15＋4.9×8×2＝3048（mm）

$$根数\quad\left(\frac{1000+270\times2}{200}-1\right)\times2=13\ (根)$$

则钢筋总工程量＝(1.618×28＋3.048×13)×0.395＝33.55（kg）≈0.034（t）

清单工程量计算见下表：

清单工程量计算表

序号	项目编码	项目名称	项目特征描述	计量单位	工程量
1	010408001001	后浇带	现浇板后浇带，混凝土强度等级为 C20	m^3	0.30
2	010416001001	现浇混凝土钢筋	ϕ8，HPB235	t	0.034

项目编码：010415001　　项目名称：贮水（油）池

【例 7-16】 如图 7-39 所示，采用组合钢模板、钢支撑，求水池的工程量。

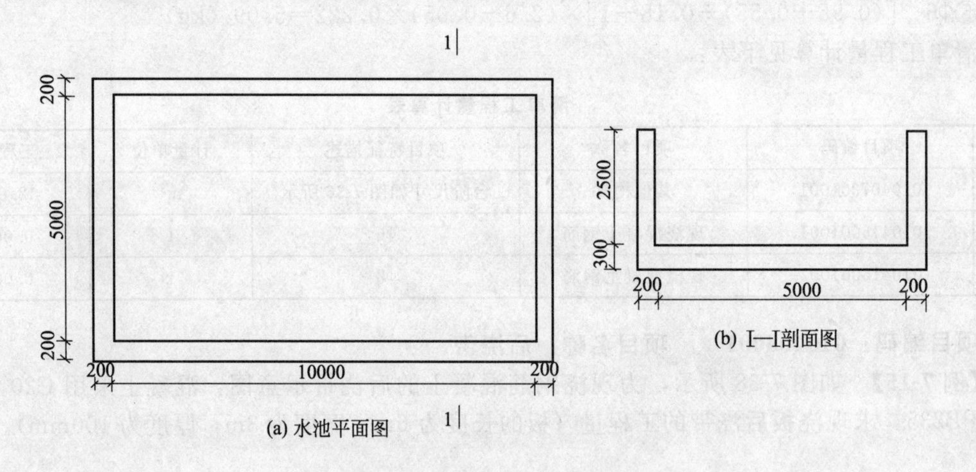

图 7-39　水池平面示意图

清单工程量：

$$工程量=16.85+15.4=32.25\ (m^3)$$

清单工程量计算见下表：

清单工程量计算表

项目编码	项目名称	项目特征描述	计量单位	工程量
010415001001	贮水池	贮水池尺寸如图 7-39 所示	m^3	32.25

项目编码：010416005　　项目名称：先张法预应力钢筋

【例 7-17】 如图 7-40 所示，某构件厂采用先张法生产预应力板，构件长 120m，钢筋总长

500m，采用载重汽车从2000m处运来，人装人卸。张拉使用油压千斤顶，镦头锚具，楔形夹具，采用4ϕ16钢筋，试用清单法计算其工程量。

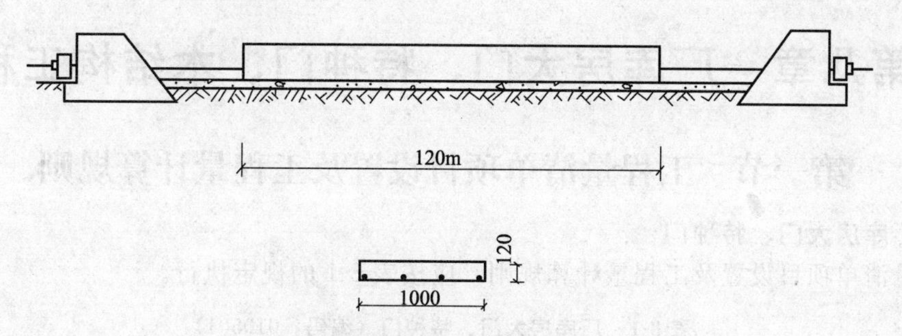

图7-40　先张法生产预应力板示意

【解】 清单工程量：

(1) 混凝土工程量

$$V=0.12\times1.0\times120$$
$$=14.4\ (m^3)$$

(2) 钢筋工程量

ϕ16　$120\times4\times1.578=757.44$ (kg) ≈0.757 (t)

清单工程量计算见下表：

清单工程量计算表

序号	项目编码	项目名称	项目特征描述	计量单位	工程量
1	010412001001	平板	截面为1000mm×120mm	m^3	14.4
2	010416005001	先张法预应力钢筋	1ϕ16,镦头锚具	t	0.757

项目编码：010417002　　项目名称：预埋铁件

【例7-18】 如图7-41所示，楼梯栏杆预埋件为60mm×60mm×8mm方钢，共1000个，试用清单法求其工程量。

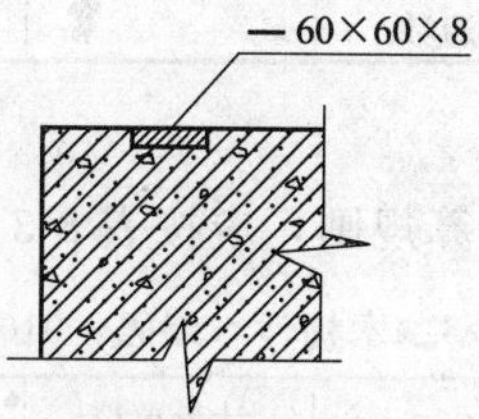

图7-41　楼梯栏杆预埋件示意

【解】 清单工程量：

$$(0.060\times0.060\times0.008)\times7.8\times10^3\times1000=224.64\ (kg)\approx0.225\ (t)$$

清单工程量计算见下表：

清单工程量计算表

项目编码	项目名称	项目特征描述	计量单位	工程量
010417002001	预埋件	60mm×60mm×8mm方钢	t	0.225

第八章　厂库房大门、特种门、木结构工程

第一节　工程量清单项目设置及工程量计算规则

一、厂库房大门、特种门

工程量清单项目设置及工程量计算规则，应按表8-1的规定执行。

表8-1　厂库房大门、特种门（编码：010501）

项目编码	项目名称	项目特征	计量单位	工程量计算规则	工程内容
010501001	木板大门	1. 开启方式 2. 有框、无框 3. 含门扇数 4. 材料品种、规格 5. 五金种类、规格 6. 防护材料种类 7. 油漆品种、刷漆遍数	樘/m^2	按设计图示数量或设计图示洞口尺寸以面积计算	1. 门(骨架)制作、运输 2. 门、五金配件安装 3. 刷防护材料、油漆
010501002	钢木大门				
010501003	全钢板大门				
010501004	特种门				
010501005	围墙铁丝门				

二、屋架

工程量清单项目设置及工程量计算规则，应按表8-2的规定执行。

表8-2　木屋架（编码：010502）

项目编码	项目名称	项目特征	计量单位	工程量计算规则	工程内容
010502001	木屋架	1. 跨度 2. 安装高度 3. 材料品种、规格 4. 刨光要求 5. 防护材料种类 6. 油漆品种、刷漆遍数	榀	按设计图示数量计算	1. 制作、运输 2. 安装 3. 刷防护材料、油漆
010502002	钢木屋架				

三、木构件

工程量清单项目设置及工程量计算规则，应按表8-3的规定执行。

表8-3　木构件（编码：010503）

项目编码	项目名称	项目特征	计量单位	工程量计算规则	工程内容
010503001	木柱	1. 构件高度、长度 2. 构件截面 3. 木材种类 4. 刨光要求 5. 防护材料种类 6. 油漆品种、刷漆遍数	m^3	按设计图示尺寸以体积计算	1. 制作 2. 运输 3. 安装 4. 刷防护材料、油漆
010503002	木梁				
010503003	木楼梯	1. 木材种类 2. 刨光要求 3. 防护材料种类 4. 油漆品种、刷漆遍数	m^2	按设计图示尺寸以水平投影面积计算。不扣除宽度小于300mm的楼梯井，伸入墙内部分不计算	

续表

项目编码	项目名称	项目特征	计量单位	工程量计算规则	工程内容
010503004	其他木构件	1. 构件名称 2. 构件截面 3. 木材种类 4. 刨光要求 5. 防护材料种类 6. 油漆品种、刷漆遍数	m^3 (m)	按设计图示尺寸以体积或长度计算	1. 制作 2. 运输 3. 安装 4. 刷防护材料、油漆

四、其他相关问题的处理

① 冷藏门、冷冻间门、保温门、变电室门、隔声门、防射线门、人防门、金库门等，应按表 8-1 中特种门项目编码列项。

② 屋架的跨度应以上、下弦中心线两交点之间的距离计算。

③ 带气楼的屋架和马尾、折角及正交部分的半屋架，应按相关屋架项目编码列项。

④ 木楼梯的栏杆（栏板）、扶手，应按《计价规范》附录 B. 1. 7 中相关项目编码列项。

五、有关项目的说明

① 木板大门项目适用于厂库房的平开、推拉、带观察窗、不带观察窗等各类型木板大门。应注意以下几个问题。

a. 工程量按樘数计算（与《全国统一建筑工程基础定额》不同）。

b. 需描述每樘门所含门扇数和有框或无框。

② 钢木大门项目适用于厂库房的平开、推拉、单面铺木板、双面铺木板、防风型、保暖型等各类型钢木大门。应注意以下几个问题。

a. 钢骨架制作、安装包括在报价内。

b. 防风型钢木门应描述防风材料或保暖材料。

③ 全钢板门项目适用于厂库房的平开、推拉、折叠、单面铺钢板、双面铺钢板等各类型全钢板门。

④ 特种门项目适用于各种防射线门、密闭门、保温门、隔声门、冷藏库门、冷藏冻结间门等特殊使用功能门。

⑤ 围墙铁丝门项目适用于钢管骨架铁丝门、角钢骨架铁丝门、木骨架铁丝门等。

⑥ 木屋架项目适用于各种方木、圆木屋架。应注意以下几个问题。

a. 与屋架相连接的挑檐木应包括在木屋架报价内。

b. 钢夹板构件、连接螺栓应包括在报价内。

⑦ 钢木屋架项目适用于各种方木、圆木的钢木组合屋架。应注意：钢拉杆（下弦拉杆）、受拉腹杆、钢夹板、连接螺栓应包括在报价内。

⑧ 木柱、木梁项目适用于建筑物各部位的柱、梁。应注意：接地、嵌入墙内部分的防腐应包括在报价内。

⑨ 木楼梯项目适用于楼梯和爬梯。应注意以下几个问题。

a. 楼梯的防滑条应包括在报价内。

b. 楼梯栏杆（栏板）、扶手，应按《计价规范》附录 B. 1. 7 中相关项目编码列项。

⑩ 其他木构件项目适用于斜撑，传统民居的垂花、花芽子、封檐板、博风板等构件。应注意以下几个问题。

a. 封檐板、博风板工程量按延长米计算。

b. 博风板带大刀头时，每个大刀头增加长度 50cm。

六、共性问题的说明

① 圆木构件设计规定梢径时，应按圆木材积计算表计算体积。

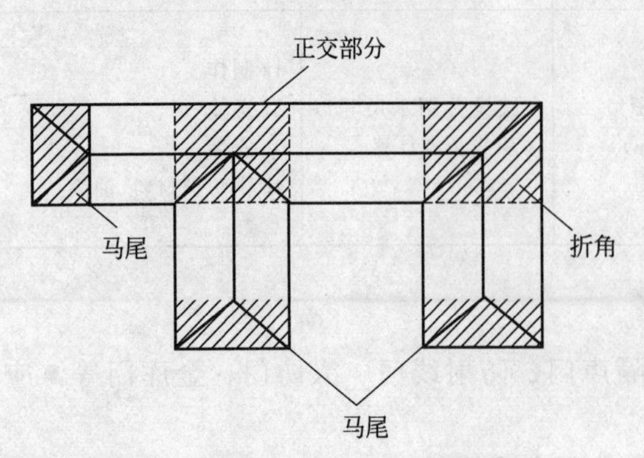

图 8-1 马尾、折角、正交部分示意

② 设计规定使用干燥木材时，干燥损耗及干燥费应包括在报价内。

③ 木材的出材率应包括在报价内。

④ 木结构有防虫要求时，防虫药剂应包括在报价内。

七、工程常见的名词解释

① 马尾：是指四坡水屋顶建筑物的两端屋面的端头坡面部位。

② 折角：是指构成 L 形的坡屋顶建筑横向和竖向相交的部位。

③ 正交部分：是指构成丁字形的坡屋顶建筑横向和竖向相交的部位，见图 8-1。

第二节 相关的工程技术资料

一、檩木工程量计算

檩木工程量按竣工木料以立方米（m³）计算。

简支檩长度按设计规定计算，如设计无规定者，按屋架或山墙中距增加 200mm 计算，如两端出山，檩条长度算至博风板。

连续檩条的长度按设计长度计算，其接头长度按全部连续檩木总体积的 5%计算。檩木工程量的计算公式如下。

（1）方木檩条

$$V_L = \sum_{i=1}^{n} a_i \times b_i \times l_i \ (\mathrm{m}^3)$$

式中 V_L——方木檩条的体积，m³；

a_i、b_i——第 i 根檩木断面的双向尺寸，m；

l_i——第 i 根檩木的计算长度，m；

n——檩木的根数。

（2）圆木檩条

$$V_L = \sum_{i=1}^{n} V_i$$

式中 V_i——单根圆檩木的体积，m³。

① 设计规定圆木小头直径时，可按小头直径、檩木长度，由下列公式计算：

杉圆木材积计算公式，按下式计算。

$$V = 7.854 \times 10^{-5} \times [(0.026L+1)D^2 + (0.37L+1)D + 10(L-3)] \times L$$

式中 V——杉圆木材积，m³；

L——杉圆木材长，m；

D——杉圆木小头直径，cm。

圆木材积计算公式（适用于除杉圆木以外的所有树种）。

$$V_i = L \times 10^{-4} [(0.003895L + 0.8982)D^2 + (0.39L - 1.219)D - (0.5796L + 3.067)]$$

式中　V_i——单根圆木材（除杉原木）体积，m^3；

L——圆木长度，m；

D——圆木小头直径，cm。

② 设计规定为大、小头直径时，取平均断面积乘以计算长度，即

$$V_i=\frac{\pi}{4}D^2\times L=7.854\times10^{-5}\times D^2L$$

式中　V_i——单根原木材体积，m^3；

L——圆木长度，m；

D——圆木平均直径，cm。

二、木屋架杆件长度系数

木屋架杆件的长度系数可按表 8-4 选用。

表 8-4　木屋架杆件长度系数

形式 杆件	L=1				L=2				L=3				L=4			
1	1	1	1	1	1	1	1	1	1	1	1	1	1	1	1	1
2	0.577	0.559	0.539	0.527	0.577	0.559	0.539	0.527	0.577	0.559	0.539	0.527	0.577	0.559	0.539	0.527
3	0.289	0.250	0.200	0.167	0.289	0.250	0.200	0.167	0.289	0.250	0.200	0.167	0.289	0.250	0.200	0.167
4	0.289	0.280	0.270	0.264		0.236	0.213	0.200	0.250	0.225	0.195	0.177	0.252	0.224	0.189	0.167
5	0.144	0.125	0.100	0.083	0.192	0.167	0.133	0.111	0.216	0.188	0.150	0.125	0.231	0.200	0.160	0.133
6					0.192	0.186	0.180	0.176	0.181	0.177	0.160	0.150	0.200	0.180	0.156	0.141
7					0.095	0.083	0.067	0.056	0.144	0.125	0.100	0.083	0.173	0.150	0.120	0.100
8									0.144	0.140	0.135	0.132	0.153	0.141	0.128	0.120
9									0.070	0.063	0.050	0.042	0.116	0.100	0.080	0.067
10													0.110	0.112	0.108	0.105
11													0.058	0.050	0.040	0.033

三、普通人字木屋架

1. 普通人字木屋架每榀质量及钢材用量

普通人字木屋架每榀质量及钢材用量可参考表 8-5 计算。

表 8-5　普通人字木屋架每榀质量及钢材用量

屋架简图								
跨度/m		6	7	8	9	10	11	12
项目	荷重/(kg/m)	366～1130	343～1070	353～1100	366～1132	362～1120	330～1100	332～1100
	钢材/kg	6.27～23.3	6.71～26.9	7.19～28.57	12.7～48	15.4～55.75	16.23～62.82	17.04～180.52
	屋架重/kg	116～298	137～372	152～439	188～513	230～586	246～868	272～971

续表

屋架简图				
跨度/m		13	14	15
项目	荷重/(kg/m)	358～1130	361～1115	335～1125
	钢材/kg	18.73～185.3	32.4～249.43	33.58～274.73
	屋架重/kg	369～1040	427～1254	454～1365

注：屋架允许悬挂质量 2t。

2. 普通人字木屋架每榀木材体积

普通人字木屋架每榀木材的体积可参考表 8-6 计算。

表 8-6 普通人字木屋架每榀木材体积（概、预算用） 单位：m³/榀

跨度/m	木屋架接头夹板铁拉杆													
	屋架每一延长米的荷载/(kg/每延长米)													
	400		500		600		700		800		900		1000	
	方木	圆木	方木	圆木	方木	圆木	方木	圆木	方木	圆木	方木	圆木	方木	圆木
7	0.31	0.41	0.35	0.47	0.40	0.53	0.46	0.61	0.53	0.70	0.54	0.72	0.55	0.74
8	0.36	0.48	0.41	0.54	0.46	0.61	0.50	0.67	0.57	0.74	0.59	0.80	0.64	0.86
9	0.43	0.58	0.49	0.66	0.55	0.74	0.61	0.82	0.68	0.90	0.74	0.99	0.81	1.08
10	0.50	0.66	0.58	0.77	0.66	0.88	0.73	0.98	0.81	1.08	0.89	1.13	0.97	1.28
11	0.57	0.76	0.67	0.89	0.77	1.03	0.86	1.14	0.96	1.27	1.05	1.40	1.15	1.54
12	0.66	0.88	0.78	1.04	0.90	1.20	1.01	1.35	1.12	1.50	1.23	1.65	1.35	1.80
13	0.77	1.02	0.90	1.02	1.04	1.38	1.17	1.56	1.30	1.74	1.44	1.92	1.58	2.11
14	0.88	1.17	1.03	1.38	1.19	1.60	1.35	1.81	1.52	2.02	1.67	2.22	1.82	2.43
15	1.01	1.33	1.19	1.57	1.33	1.82	1.55	2.06	1.73	2.30	1.90	2.52	2.07	2.75
16	1.17	1.52	1.36	1.80	1.56	2.08	1.85	2.32	1.94	2.57	2.14	2.85	2.35	3.13
17	1.32	1.73	1.55	2.05	1.79	2.38	2.01	2.68	2.24	2.98	2.48	3.29	2.72	3.61
18	1.52	2.02	1.78	2.36	2.04	2.71	2.31	3.07	2.58	3.44	2.84	3.79	3.11	4.14

注：木半屋架每榀木材体积概算用量可按整屋架的 60%计算。

3. 普通人字木屋架每榀平均使用剪刀撑及下弦水平系杆木材用量

普通人字木屋架每榀平均使用剪刀撑及下弦水平系杆木材的用量可参照表 8-7 计算。

表 8-7 普通人字木屋架每榀平均使用剪刀撑及下弦水平系杆木材用量（概、预算用） 单位：m³/每榀平均

项目名称	屋架下弦使用材料	屋架跨度/m	屋架间距/m	每榀屋架平均用剪刀撑及下弦水平系杆木材用量/m³	剪刀撑及下弦水平系杆用料断面/mm×mm	设置情况	
						剪刀撑/道	下弦水平系杆/道
方木屋架	方木	6.0	3.0	不用	—	—	—
		9.0		0.033	均用方木	1	—
	圆钢	6.0		0.034	80×120	1	—
		9.0		0.053	80×120	1	1
		12.0		0.103	80×120	2	2
		15.0		0.109	80×120	2	2
圆木屋架	圆木	6.0	3.0	不用	—	—	—
		9.0		0.052	均用圆木：	1	—
	圆钢	6.0		0.046	梢径 $d=\phi120$,对剖	1	—
		9.0		0.073	梢径 $d=\phi120$,对剖	1	1
		12.0		0.141	梢径 $d=\phi120$,对剖	2	2
		15.0		0.150	梢径 $d=\phi120$,对剖	2	2

注：木剪刀撑及下弦水平系杆的设置系按一般设计情况考虑的，屋面计算荷载为 150～296kg/m²（不包括屋架自重）。

4. 屋面坡度与斜面长度系数

屋面坡度与斜面长度的系数可参照表 8-8 选用。

表 8-8　屋面坡度与斜面长度系数

屋面坡度	高度系数	1.00	0.67	0.50	0.45	0.40	0.33	0.25	0.20	0.15	0.125	0.10	0.083	0.066
	角度	45°	33°40′	26°34′	24°14′	21°48′	18°26′	14°02′	11°19′	8°32′	7°08′	5°42′	4°45′	3°49′
斜长系数		1.4142	1.2015	1.1180	1.0966	1.0770	1.0541	1.0380	1.0198	1.0112	1.0078	1.0050	1.0035	1.0022

5. 人字钢木屋架每榀材料参考用量

人字钢木屋架每榀材料的用量可参考表 8-9 进行计算。

表 8-9　人字钢木屋架每榀材料用量

类别	屋架跨度/m	屋架间距/m	屋面荷载/(N/m²)	每榀用料		每榀屋架平均用支撑木材用量/m³
				木材/m³	钢材/kg	
方木	9.0		1510	0.235	63.6	0.032
		3.0	2960	0.285	83.8	0.082
		3.3	1510	0.235	72.6	0.090
			2960	0.297	96.3	0.090
	10.0		1510	0.390	80.2	0.085
		3.0	2960	0.503	130.9	0.085
		3.3	1510	0.405	85.7	0.093
			2960	0.524	130.9	0.093
	12.0		1510	0.390	80.2	0.085
		3.0	2960	0.503	130.0	0.085
		3.3	1510	0.405	85.7	0.093
			2960	0.524	130	0.093
	15.0	3.0	1510	0.602	105.0	0.091
		3.3	1510	0.628	105.0	0.099
		4.0	1510	0.690	118.7	0.116
	18.0	3.0	1510	0.709	160.6	0.087
		3.3	1510	0.738	163.04	0.095
		4.0	1510	0.898	248.36	0.112
圆木	9.0		1510	0.259	63.6	0.080
		3.0	2960	0.269	83.8	0.080
		3.3	1510	0.259	72.6	0.089
			2960	0.272	96.3	0.089
	10.0		1510	0.290	70.5	0.081
		3.0	2960	0.304	101.7	0.081
		3.3	1510	0.290	74.5	0.090
			2960	0.304	101.7	0.090
	12.0		1510	0.463	80.2	0.083
		3.0	2960	0.416	130.9	0.083
		3.3	1510	0.463	85.7	0.092
			2960	0.447	130.9	0.092
	15.0	3.0	1510	0.766	105.0	0.089
		3.3	1510	0.776	105.0	0.097

6. 每 100m² 屋面檩条木材参考用量

每 100m²屋面檩条木材的用量参照表 8-10 计算。

表 8-10　每 100m² 屋面檩条木材用量

跨度/m	每平方米屋面木基层荷载/N									
	1000		1500		2000		2500		3000	
	方木	圆木	方木	圆木	方木	圆木	方木	圆木	方木	圆木
2.0	0.68	1.00	0.77	1.13	0.86	1.26	1.11	1.63	1.35	1.93
2.5	0.69	1.16	1.03	1.51	1.27	1.87	1.61	2.37	1.94	1.85
3.0	1.01	1.48	1.26	1.88	1.55	2.28	2.00	2.94	2.44	3.59
3.5	1.28	1.88	1.59	2.34	1.90	2.79	2.44	3.59	2.98	4.38
4.0	1.55	2.28	1.90	2.79	2.25	3.31	2.89	—	3.52	—
4.5	1.81	—	2.20	—	2.56	—	3.31	—	4.03	—
5.0	2.06	—	2.49	—	2.92	—	3.73	—	4.53	—
5.5	2.36	—	2.86	—	3.35	—	4.27	—	5.19	—
6.0	2.65	—	3.21	—	3.77	—	4.31	—	5.85	—

7. 每 100m² 屋面椽条木材参考用量

每 100m²屋面椽条木材的用量可参照表 8-11 确定。

表 8-11　每 100m² 屋面椽条木材用量

名称	椽条断面尺寸/cm×cm	断面面积/cm²	椽条间距/cm					
			25	30	35	40	45	50
方椽	4×6	24	1.10	0.91	0.78	0.69	—	—
	5×6	30	1.37	1.14	0.98	0.86	—	—
	6×6	36	1.66	1.38	1.18	1.03	—	—
	5×7	35	1.61	1.33	1.14	1.00	0.89	0.81
	6×7	42	1.92	1.60	1.47	1.20	1.06	0.96
	5×8	40	1.83	1.52	1.31	1.14	1.01	0.92
	6×8	48	2.19	1.82	1.56	1.37	1.22	1.10
	6×9	54	2.47	2.05	1.76	1.54	1.37	1.24
	6×10	60	2.74	2.28	1.96	1.72	1.52	1.37
圆椽	ϕ6		1.64	1.37	1.18	1.03	0.92	0.82
	ϕ7		2.16	1.82	1.56	1.37	1.32	1.08
	ϕ8		2.69	2.26	1.94	1.70	1.52	1.35
	ϕ9		3.38	2.84	2.44	2.14	1.90	1.69
	ϕ10		4.05	3.41	2.93	2.57	2.29	2.02

8. 屋面板木材

屋面板木材的用量可参照表 8-12 确定。

表 8-12　屋面板木材用量

檩椽条距离/m	屋面板厚度/mm	每 100m² 屋面板锯材/m³	当屋面板上钉挂瓦条时	
			100m² 需挂瓦条/m	100m² 需顺水条(灰板条)(100)根
0.5	15	1.659	0.19	1.76
0.7	16	1.770		
0.75	17	1.882		
0.8	18	1.992		
0.85	19	2.104		
0.9	20	2.213		
0.95	21	2.325		
1.00	22	2.434		

9. 厂房大门、特种门五金铁件参考用量

厂房大门、特种门五金铁件的用量可参照表 8-13 确定。

表 8-13　厂房大门、特种门五金铁件用量

项　　目	单位	木板大门		平开钢木大门	推拉钢木大门	变电室门	防火门	折叠门	保温隔声门
		平开	推拉						
		100m² 门扇面积							100m² 框外围面积
铁件	kg	600	1080	590	1087	1595	1002	400	—
滑轮	个	—	48	—	48	—	—	—	—
单列圆锥子轴承 7360 号	套	—	—	2	—	—	—	—	—
单列向心球轴承(230 号)	套	—	48	—	40	—	—	—	—
单列向心球轴承(205 号)	套	—	—	—	9	—	—	—	—
折页(150mm)	个	—	—	—	—	—	—	—	110
折页(100mm)	个	24	24	—	22	58	—	—	—
拉手(125mm)	个	24	24	—	11	58	—	—	—
暗插销(300mm)	个	—	—	—	—	—	—	—	8
暗插销(150mm)	个	—	—	—	—	—	—	—	8
木螺栓	百个	3.60	3.60	—	0.22	2.70	6.99	—	7.58

注：厂库房平开大门五金数量内不包括地轨及滑轮。

第三节　工程量清单工程量计算实例

项目编码：010501001　　　**项目名称：木板大门**

【例 8-1】 某厂房大门为一木板大门，如图 8-2 所示，平开式不带采光窗，有框，两扇门，洞口尺寸为 3m×3.3m，刷底油一遍，刷调合漆两遍。

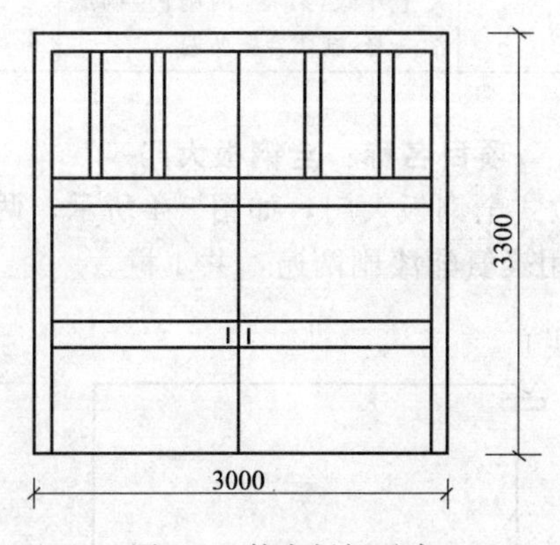

图 8-2　某木板门示意

【解】 清单工程量：

工程量　3×3.3＝9.90（m²）

清单工程量计算见下表：

清单工程量计算表

项目编码	项目名称	项目特征描述	计量单位	工程量
010501001001	木板大门	平开式不带采光窗；有框，两扇门，刷底油一遍，刷调合漆两遍	m²	9.90

项目编码：010501002　　项目名称：钢木大门

【例 8-2】 某工程大门均采用平开式钢木大门，两面板（防风型）、两扇门，如图 8-3 所示，洞口尺寸为 3m×3.3m，共有 4 樘，刷底油一遍，刷调合漆两遍，求钢木大门工程量。

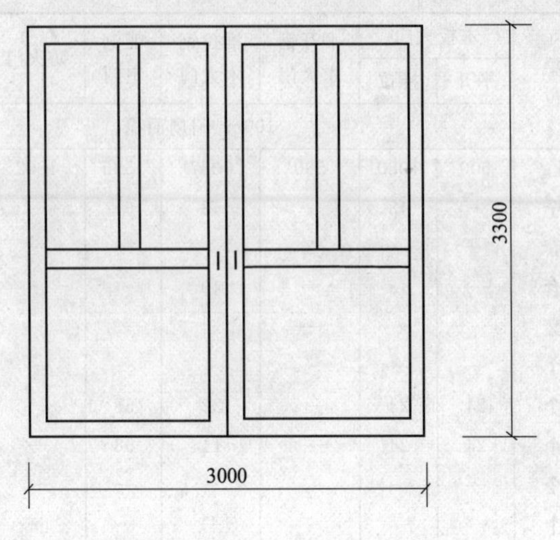

图 8-3　平开式钢木大门示意

【解】 清单工程量：

工程量　3×3.3×4＝39.6（m^2）

清单工程量计算见下表：

清单工程量计算表

项目编码	项目名称	项目特征描述	计量单位	工程量
010501002001	钢木大门	平开式，有框，两扇门，刷底油一遍，刷调合漆两遍	m^2	39.60

项目编码：010501003　　项目名称：全钢板大门

【例 8-3】 某厂房采用推拉式全钢板大门，如图 8-4 所示，两面板（防寒型）、一扇门，门洞尺寸为 3m×3.6m，油漆采用聚氨酯漆刷两遍，共 1 樘。

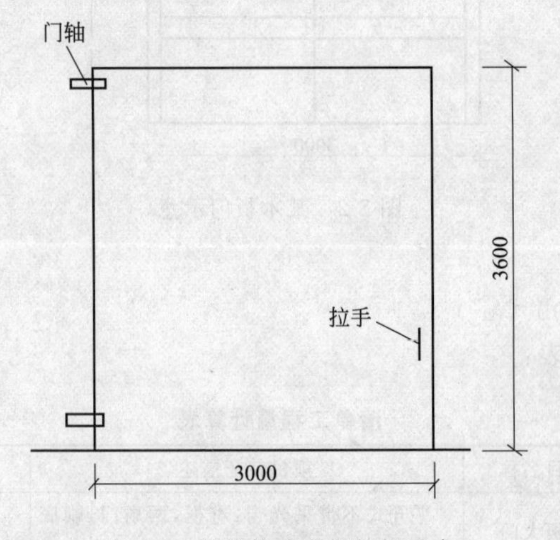

图 8-4　某推拉式全钢板门示意

【解】 清单工程量：

工程量为1樘。

因门扇制作与安装对建筑工程综合定额子目计量单位为“100m²”，刷油漆对应装饰装修工程综合定额子目计量单位为“100m²”，因此，按定额工程量计算规则计算工程量，再按清单计量单位折合成每樘综合计价。

$$1\text{樘工程量}=3\times3.6=10.8\ (m^2)$$

清单工程量计算见下表：

清单工程量计算表

项目编码	项目名称	项目特征描述	计量单位	工程量
010501003001	全钢板大门	推拉式，无框，一扇门，刷聚氨酯漆两遍	m²	10.8

项目编码：010501004　　项目名称：特种门

【例8-4】 某仓库大门为卷闸门，如图8-5所示，铝合金材料，尺寸为3m×3m，刷调合漆两遍。

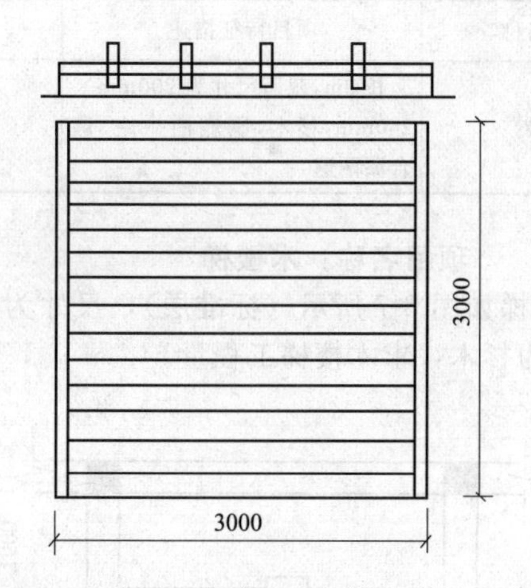

图8-5 某仓库卷闸门示意

【解】 清单工程量：

工程量为　$3\times3=9.00\ (m^2)$

清单工程量计算见下表：

清单工程量计算表

项目编码	项目名称	项目特征描述	计量单位	工程量
010501004001	特种门	仓库卷闸门铝合金材料，尺寸为3m×3m，刷调合漆两遍	m²	9.00

项目编码：010503002　　项目名称：木梁

【例8-5】 某工程采用方木梁，尺寸如图8-6所示，刷底油一遍、调合漆两遍，试求方木梁工程量。

【解】 清单工程量：

$$\text{工程量}=0.24\times0.2\times3=0.14\ (m^3)$$

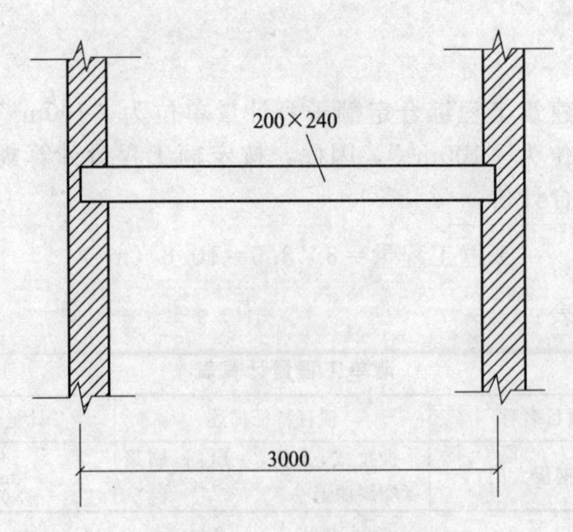

图 8-6　某工程方木梁示意

清单工程量计算见下表：

清单工程量计算表

项目编码	项目名称	项目特征描述	计量单位	工程量
010503002001	木梁	长 3m，截面尺寸为 200mm×240mm，杉木，刷底油一遍、调合漆两遍	m^3	0.14

项目编码：010503003　　　项目名称：木楼梯

【例 8-6】 某住宅楼木楼梯如图 8-7 所示（标准层），尺寸为 300mm×150mm，楼梯栏杆 ϕ50，硬木扶手 ϕ80，材质均为杉木，求木楼梯工程量。

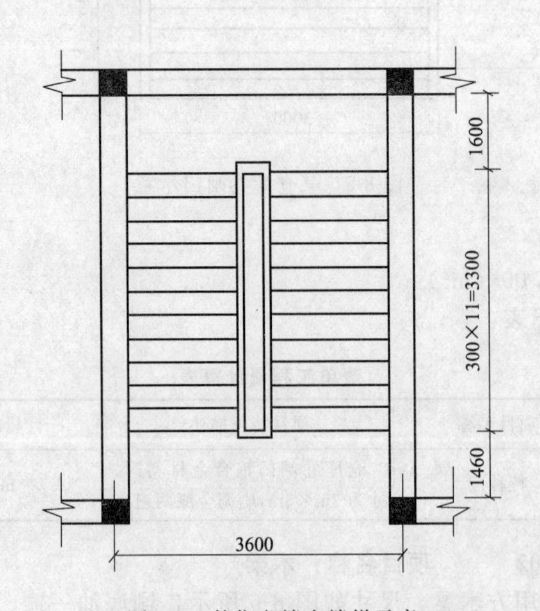

图 8-7　某住宅楼木楼梯示意

【解】 清单工程量：

$$(3.6-0.24)\times(3.3+1.6)=16.46\ (m^2)$$

项目编码：010503004　　　项目名称：其他木构件

【例 8-7】 试计算如图 8-8 所示木基层的椽子、挂瓦条工程量。

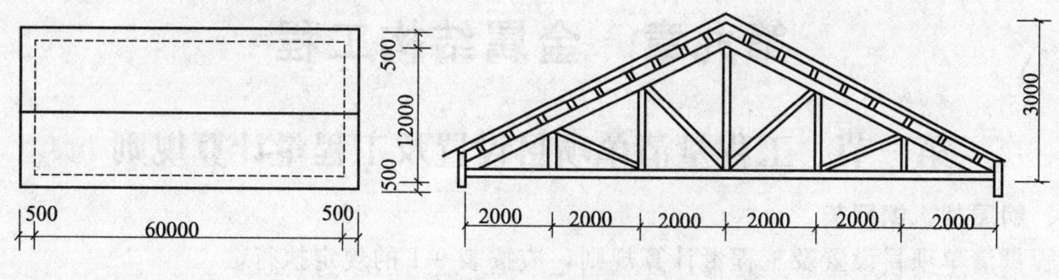

图 8-8　屋顶示意图

【解】 清单工程量：

椽子、挂瓦条工程量＝(60＋0.5×2)＋(12＋0.5×2)×2＝148 (m)

清单工程量计算见下表：

清单工程量计算表

项目编码	项目名称	项目特征描述	计量单位	工程量
010503004001	其他木构件	椽子、挂瓦条，柳木，刷底漆一遍、调合漆两遍	m	148

第九章　金属结构工程

第一节　工程量清单项目设置及工程量计算规则

一、钢屋架、钢网架

工程量清单项目设置及工程量计算规则，应按表 9-1 的规定执行。

表 9-1　钢屋架、钢网架（编码：010601）

项目编码	项目名称	项目特征	计量单位	工程量计算规则	工程内容
010601001	钢屋架	1. 钢材品种、规格 2. 单榀屋架的重量 3. 屋架跨度、安装高度 4. 探伤要求 5. 涂料品种、刷漆遍数	t （榀）	按设计图示尺寸以质量计算。不扣除孔眼、切边、切肢的质量，焊条、铆钉、螺栓等不另增加质量，不规则或多边形钢板，以其外接矩形面积乘以厚度乘以单位理论质量计算	1. 制作 2. 运输 3. 拼装 4. 安装 5. 探伤 6. 刷漆
010601002	钢网架	1. 钢材品种、规格 2. 网架节点形式、连接方式 3. 网架跨度、安装高度 4. 探伤要求 5. 涂料品种、刷漆遍数			

二、钢托架、钢桁架

工程量清单项目设置及工程量计算规则，应按表 9-2 的规定执行。

表 9-2　钢托架、钢桁架（编码：010602）

项目编码	项目名称	项目特征	计量单位	工程量计算规则	工程内容
010602001	钢托架	1. 钢材品种、规格 2. 单榀重量 3. 安装高度 4. 探伤要求 5. 涂料品种、刷漆遍数	t	按设计图示尺寸以质量计算。不扣除孔眼、切边、切肢的质量，焊条、铆钉、螺栓等不另增加质量，不规则或多边形钢板，以其外接矩形面积乘以厚度乘以单位理论质量计算	1. 制作 2. 运输 3. 拼装 4. 安装 5. 探伤 6. 刷漆
010602002	钢桁架				

三、钢柱

工程量清单项目设置及工程量计算规则，应按表 9-3 的规定执行。

表 9-3　钢柱（编码：010603）

项目编码	项目名称	项目特征	计量单位	工程量计算规则	工程内容
010603001	实腹柱	1. 钢材品种、规格 2. 单根柱重量 3. 探伤要求 4. 涂料品种、刷漆遍数	t	按设计图示尺寸以质量计算。不扣除孔眼、切边、切肢的质量，焊条、铆钉、螺栓等不另增加质量，不规则或多边形钢板，以其外接矩形面积乘以厚度乘以单位理论质量计算，依附在钢柱上的牛腿及悬臂梁等并入钢柱工程量内	1. 制作 2. 运输 3. 拼装 4. 安装 5. 探伤 6. 刷漆
010603002	空腹柱				

续表

项目编码	项目名称	项目特征	计量单位	工程量计算规则	工程内容
010603003	钢管柱	1. 钢材品种、规格 2. 单根柱重量 3. 探伤要求 4. 涂料种类、刷漆遍数	t	按设计图示尺寸以质量计算。不扣除孔眼、切边、切肢的质量，焊条、铆钉、螺栓等不另增加质量，不规则或多边形钢板，以其外接矩形面积乘以厚度乘以单位理论质量计算，钢管柱上的节点板、加强环、内衬管、牛腿等并入钢管柱工程量内	1. 制作 2. 运输 3. 安装 4. 探伤 5. 刷漆

四、钢梁

工程量清单项目设置及工程量计算规则，应按表 9-4 的规定执行。

表 9-4　钢梁（编码：010604）

项目编码	项目名称	项目特征	计量单位	工程量计算规则	工程内容
010604001	钢梁	1. 钢材品种、规格 2. 单根重量 3. 安装高度 4. 探伤要求 5. 涂料品种、刷漆遍数	t	按设计图示尺寸以质量计算。不扣除孔眼、切边、切肢的质量，焊条、铆钉、螺栓等不另增加质量，不规则或多边形钢板，以其外接矩形面积乘以厚度乘以单位理论质量计算，制动梁、制动板、制动桁架、车挡并入钢吊车梁工程量内	1. 制作 2. 运输 3. 安装 4. 探伤要求 5. 刷漆
010604002	钢吊车梁				

五、压型钢板楼板、墙板

工程量清单项目设置及工程量计算规则，应按表 9-5 的规定执行。

表 9-5　压型钢板楼板、墙板（编码：010605）

项目编码	项目名称	项目特征	计量单位	工程量计算规则	工程内容
010605001	压型钢板楼板	1. 钢材品种、规格 2. 压型钢板厚度 3. 涂料品种、刷漆遍数	m^2	按设计图示尺寸以铺设水平投影面积计算。不扣除柱、垛及单个 $0.3m^2$ 以内的孔洞所占面积	1. 制作 2. 运输 3. 安装 4. 刷漆
010605002	压型钢板墙板	1. 钢材品种、规格 2. 压型钢板厚度、复合板厚度 3. 复合板夹芯材料种类、层数、型号、规格		按设计图示尺寸以铺挂面积计算。不扣除单个 $0.3m^2$ 以内的孔洞所占面积，包角、包边、窗台泛水等不另增加面积	

六、钢构件

工程量清单项目设置及工程量计算规则，应按表 9-6 的规定执行。

表 9-6　钢构件（编码：010606）

项目编码	项目名称	项目特征	计量单位	工程量计算规则	工程内容
010606001	钢支撑	1. 钢材品种、规格 2. 单式、复式 3. 支撑高度 4. 探伤要求 5. 涂料品种、刷漆遍数	t	按设计图示尺寸以质量计算。不扣除孔眼、切边、切肢的质量，焊条、铆钉、螺栓等不另增加质量，不规则或多边形钢板以其外接矩形面积乘以厚度乘以单位理论质量计算	1. 制作 2. 运输 3. 安装 4. 探伤 5. 刷漆
010606002	钢檩条	1. 钢材品种、规格 2. 型钢式、格构式 3. 单根重量 4. 安装高度 5. 涂料品种、刷漆遍数			
010606003	钢天窗架	1. 钢材品种、规格 2. 单榀重量 3. 安装高度 4. 探伤要求 5. 油漆品种、刷漆遍数			
010606004	钢挡风架	1. 钢材品种、规格 2. 单根重量 3. 探伤要求 4. 涂料品种、刷漆遍数			
010606005	钢墙架				
010606006	钢平台	1. 钢材品种、规格 2. 涂料品种、刷漆遍数			
010606007	钢走道				
010606008	钢梯	1. 钢材品种、规格 2. 钢梯形式 3. 涂料品种、刷漆遍数			
010606009	钢栏杆	1. 钢材品种、规格 2. 涂料品种、刷漆遍数			
010606010	钢漏斗	1. 钢材品种、规格 2. 方形、圆形 3. 安装高度 4. 探伤要求 5. 涂料品种、刷漆遍数		按设计图示尺寸以质量计算。不扣除孔眼、切边、切肢的质量，焊条、铆钉、螺栓等不另增加质量，不规则或多边形钢板以其外接矩形面积乘以厚度乘以单位理论质量计算，依附漏斗的型钢并入漏斗工程量内	
010606011	钢支架	1. 钢材品种、规格 2. 单件重量 3. 涂料品种、刷漆遍数		按设计图示尺寸以质量计算。不扣除孔眼、切边、切肢的质量，焊条、铆钉、螺栓等不另增加质量，不规则或多边形钢板以其外接矩形面积乘以厚度乘以单位理论质量计算	
010606012	零星钢构件	1. 钢材品种、规格 2. 构件名称 3. 涂料品种、刷漆遍数			

七、金属网

工程量清单项目设置及工程量计算规则，应按表 9-7 的规定执行。

表 9-7　金属网（编码：010607）

项目编码	项目名称	项目特征	计量单位	工程量计算规则	工程内容
010607001	金属网	1. 材料品种、规格 2. 边框及立柱型钢品种、规格 3. 涂料品种、刷漆遍数	m^2	按设计图示尺寸以面积计算	1. 制作 2. 运输 3. 安装 4. 刷漆

八、其他相关问题的处理

① 型钢混凝土柱、梁浇筑混凝土和压型钢板楼板上浇筑钢筋混凝土，混凝土和钢筋应按《计价规范》附录 A.4 中相关项目编码列项。

② 钢墙架项目包括墙架柱、墙架梁和连接杆件。

③ 加工铁件等小型构件，应按表 9-6 中零星钢构件项目编码列项。

九、有关项目的说明

① 钢屋架项目适用于一般钢屋架和轻钢屋架、冷弯薄壁型钢屋架。

② 钢网架项目适用于一般钢网架和不锈钢网架。不论节点形式（如球形节点、板式节点等）和节点连接方式（如焊结、丝结）等均使用该项目。

③ 实腹柱项目适用于实腹钢柱和实腹式型钢混凝土柱。

④ 实腹柱项目适用于空腹钢柱和空腹式型钢混凝土柱。

⑤ 钢管柱项目适用于钢管柱和钢管混凝土柱。应注意：钢管混凝土柱的盖板、底板、穿心板、横隔板、加强环、明牛腿、暗牛腿应包括在报价内。

⑥ 钢梁项目适用于钢梁和实腹式型钢混凝土梁、空腹式型钢混凝土梁。

⑦ 钢吊车梁项目适用于钢吊车梁及吊车梁的制动梁、制动板、制动桁架，车挡应包括在报价内。

⑧ 压型钢板楼板项目适用于现浇混凝土楼板，使用压型钢板作永久性模板，并与混凝土叠合后组成共同受力的构件。压型钢板采用镀锌或经防腐处理的薄钢板。

⑨ 钢栏杆适用于工业厂房平台钢栏杆。

十、共性问题的说明

① 钢构件的除锈刷漆包括在报价内。

② 钢构件拼装台的搭拆和材料摊销应列入措施项目费。

③ 钢构件需探伤（包括射线探伤、超声波探伤、磁粉探伤、金相探伤、着色探伤、荧光探伤等）应包括在报价内。

十一、工程常见的名词解释

① 轻钢屋架：是采用圆钢筋、小角钢（小于∟45×4 等肢角钢、小于∟56×36×4 不等肢角钢）和薄钢板（其厚度一般不大于 4mm）等材料组成的轻型钢屋架。

② 薄壁型钢屋架：是指厚度在 2～6mm 的钢板或带钢经冷弯或冷拔等方式弯曲而成的型钢组成的屋架。

③ 钢管混凝土柱：是指将普通混凝土填入薄壁圆形钢管内形成的组合结构。

④ 型钢混凝土柱、梁：是指由混凝土包裹型钢组成的柱、梁。

第二节　相关的工程技术资料

一、圆钢、方钢及六角钢

1. 冷拉圆钢、方钢及六角钢质量

冷拉圆钢、方钢及六角钢的质量见表 9-8。

表 9-8 冷拉圆钢、方钢及六角钢的质量

d(a) /mm	d	a	a	d(a) /mm	d	a	a	d(a) /mm	d	a	a
	理论质量/(kg/m)				理论质量/(kg/m)				理论质量/(kg/m)		
3.0	0.056	0.071	0.061	9.5	0.556	0.709		32.0	6.31	8.04	6.96
3.2	0.063	0.080		10.0	0.617	0.785	0.680	34.0	7.13	9.07	7.86
3.4	0.071	0.091		10.5	0.680	0.865		35.0	7.55	9.62	
3.5	0.076	0.096		11.0	0.746	0.950	0.823	36.0			8.81
3.8	0.089	0.112		11.5	0.815	1.04		38.0	8.90	11.24	9.82
4.0	0.099	0.126	0.109	12.0	0.888	1.13	0.979	40.0	9.87	12.56	10.88
4.2	0.109	0.139		13.0	1.04	1.33	1.15	42.0	10.87	13.85	11.92
4.5	0.125	0.159	0.138	14.0	1.21	1.54	1.33	45.0	12.48	15.90	13.77
4.8	0.142	0.181		15.0	1.39	1.77	1.53	48.0	14.21	18.09	15.66
5.0	0.154	0.196	0.170	16.0	1.58	2.01	1.74	50.0	15.42	19.63	16.99
5.3	0.173	0.221		17.0	1.78	2.27	1.96	53.0	17.32	22.05	19.10
5.5			0.206	18.0	2.00	2.54	2.20	55.0			20.59
5.6	0.193	0.246		19.0	2.23	2.82	2.45	56.0	19.33	24.61	
6.0	0.222	0.283	0.245	20.0	2.47	3.14	2.72	60.0	22.19	28.26	24.50
6.3	0.245	0.312		21.0	2.72	3.46	3.00	63.0	24.47	31.16	
6.7	0.277	0.352		22.0	2.98	3.80	3.29	65.0			28.70
7.0	0.302	0.385	0.333	24.0	3.55	4.52	3.92	67.0	27.67	35.24	
7.5	0.347	0.442		25.0	3.85	4.91	4.25	70.0	30.21	38.47	33.30
8.0	0.395	0.502	0.435	26.0	4.17	5.30	4.59	75.0	34.68		38.24
8.5	0.446	0.567		28.0	4.83	6.15	5.33	80.0	39.46		
9.0	0.499	0.636	0.551	30.0	5.55	7.06	6.12				

注：冷拉圆钢长度 5、6、7 级为 2～6m，4 级为 2～4m，冷拉方钢及六角钢长度为 2～6m。

2. 热轧圆钢、方钢及六角钢质量

热轧圆钢、方钢及六角钢的质量见表 9-9。

表 9-9 热轧圆钢、方钢及六角钢的质量

d(a) /mm	d	a	a	d(a) /mm	d	a	a	d(a) /mm	d	a	a
	理论质量/(kg/m)				理论质量/(kg/m)				理论质量/(kg/m)		
5.5	0.187	0.236		17.0	1.78	2.27	1.96	30.0	5.55	7.06	6.12
6.0	0.222	0.283		18.0	2.00	2.54	2.20	31.0	5.92	7.54	—
6.5	0.260	0.332		19.0	2.23	2.82	2.45	32.0	6.31	8.04	6.96
7.0	0.302	0.385	31.0	20.0	2.47	3.14	2.72	33.0	6.71	8.55	—
8.0	0.395	0.502	0.435	21.0	2.72	3.46	3.00	34.0	7.13	9.07	7.86
9.0	0.499	0.636	0.551	22.0	2.98	3.80	3.29	35.0	7.55	9.62	—
10.0	0.617	0.785	0.680	23.0	3.26	4.15	3.59	36.0	7.99	10.17	8.81
11.0	0.746	0.950	0.823	24.0	3.55	4.52	3.92	38.0	8.90	11.24	9.82
12.0	0.888	1.13	0.979	25.0	3.85	4.91	4.25	40.0	9.87	12.56	10.88
13.0	1.04	1.33	1.15	26.0	4.17	5.30	4.59	42.0	10.87	13.80	11.99
14.0	1.21	1.54	1.33	27.0	4.49	5.72	4.96	45.0	12.48	15.90	13.77
15.0	1.39	1.77	1.53	28.0	4.83	6.15	5.33	48.0	14.21	18.09	15.66
16.0	1.58	2.01	1.74	29.0	5.18	6.60	—	50.0	15.42	19.60	16.99

续表

d(a)/mm	d	a	a	d(a)/mm	d	a	a	d(a)/mm	d	a	a
	理论质量/(kg/m)				理论质量/(kg/m)				理论质量/(kg/m)		
53	17.30	22.00	19.10	80	39.50	50.20		130	104.20	133	
55	18.60	23.70		85	44.50	56.72		140	120.84	154	
56	19.30	24.61	21.32	90	49.90	63.59		150	138.72	177	
58	20.70	26.41	22.87	95	55.60	70.80		160	157.83	201	
60	22.19	28.25	24.50	100	61.7	78.50		170	178.18	227	
63	24.50	31.16	26.98	105	68.00	86.50		180	199.76	254	
65	26.00	33.17	28.70	110	74.60	95.00		190	222.57	283	
68	28.51	36.30	31.43	115	81.50	104		200	246.62	314	
70	30.21	38.50	33.30	120	88.78	113		220	298.00	—	
75	34.70	44.20	—	125	96.33	123		250	385.00	—	

注：热轧圆钢、方钢的长度，当 $d(a)\leqslant$25mm 为 4～10m；$d(a)>$25mm 为 3～9m。六角钢的长度，$d(a)$为 8～70mm，长 3～8m，均指普通钢。

二、钢板

1. 常用镀锌钢板规格质量

常用镀锌钢板（白铁皮）的规格质量见表 9-10。

表 9-10 常用镀锌钢板（白铁皮）的规格质量

号数	厚度/mm	宽×长/mm×mm					质量/(kg/m^2)
		180×1440	710×1420	750×1500	900×2000	1000×2000	
		每块(张)质量/kg					
26	0.44		3.5	3.88	6.21	6.9	3.45
24	0.57		4.5	5.04	8.06	8.96	4.48
22	0.7	3.8	5.5	6.19	9.9	11	5.5
20	0.88		7	7.8	12.4	13.8	6.91
18	1.25		10	11	17.7	19.6	9.81

2. 普通钢板理论质量

普通钢板的理论质量见表 9-11。

表 9-11 普通钢板的理论质量

厚度/mm	理论质量/kg	厚度/mm	理论质量/kg	厚度/mm	理论质量/kg
0.20	1.570	0.80	6.280	2.50	19.63
0.25	1.963	0.90	7.065	2.80	21.98
0.27	2.120	1.00	7.850	3.00	23.55
0.30	2.355	1.10	8.635	3.20	25.12
0.35	2.748	1.20	9.420	3.50	27.48
0.40	3.140	1.25	9.813	3.80	29.83
0.45	3.533	1.40	10.99	4.00	31.40
0.50	3.925	1.50	11.78	4.50	35.33
0.55	4.318	1.60	12.56	5.00	39.25
0.60	4.710	1.80	14.13	5.50	43.18
0.70	5.495	2.00	15.70	6.00	47.10
0.75	5.888	2.20	17.27	7.00	54.95

续表

厚度/mm	理论质量/kg	厚度/mm	理论质量/kg	厚度/mm	理论质量/kg
8.0	62.80	21	164.90	38	298.30
9.0	70.65	22	172.70	40	314.00
10.0	78.50	23	180.60	42	329.70
11	86.35	24	188.40	44	345.40
12	94.20	25	196.30	46	361.10
13	102.10	26	204.10	48	376.80
14	109.90	27	212.00	50	392.50
15	117.80	28	219.80	52	408.20
16	125.60	29	227.70	54	423.90
17	133.50	30	235.50	56	439.60
18	141.30	32	251.20	58	455.30
19	149.20	34	266.90	60	471.00
20	157.00	36	282.60		

三、型钢

1. 热轧工字钢截面尺寸与理论质量

热轧工字钢截面尺寸与理论质量见表 9-12。

表 9-12 热轧工字钢截面尺寸与理论质量

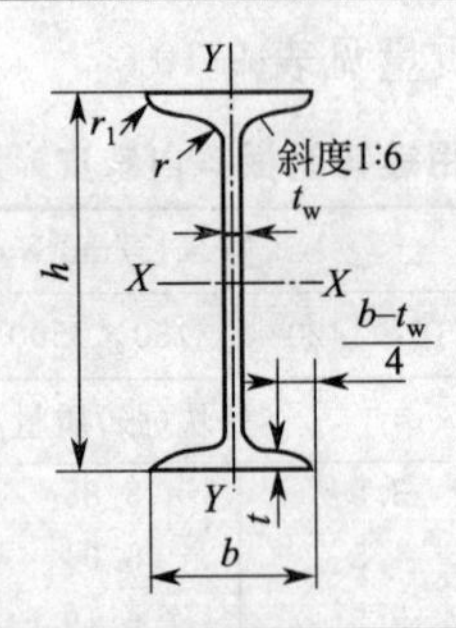

型号	尺寸/mm						截面面积/cm²	理论质量/(kg/m)	型号	尺寸/mm						截面面积/cm²	理论质量/(kg/m)
	h	b	t_w	t	r	r_1				h	b	t_w	t	r	r_1		
10	100	68	4.5	7.6	6.5	3.3	14.345	11.261	32a	320	130	9.5	15.0	11.5	5.8	67.156	52.717
12.6	126	74	5.0	8.4	7.0	3.5	18.118	14.223	32b	320	132	11.5	15.0	11.5	5.8	73.556	57.741
14	140	80	5.5	9.1	7.5	3.8	21.516	16.890	32c	320	134	13.5	15.0	11.5	5.8	79.956	62.765
16	160	88	6.0	9.9	8.0	4.0	26.131	20.512	36a	360	136	10.0	15.8	12.0	6.0	76.480	60.037
18	180	94	6.5	10.7	8.5	4.3	30.156	24.143	36b	360	138	12.0	15.8	12.0	6.0	83.680	65.689
20a	200	100	7.0	11.4	9.0	4.5	35.578	27.929	36c	360	140	14.0	15.8	12.0	6.0	90.880	71.341
20b	200	102	9.0	11.4	9.0	4.5	39.758	31.069	40a	400	142	10.5	16.5	12.5	6.3	86.112	67.598
22a	220	110	7.5	12.3	9.5	4.8	12.128	33.070	40b	400	144	12.5	16.5	12.5	6.3	94.112	73.878
22b	220	112	9.5	12.3	9.5	4.8	46.528	36.524	40c	400	146	14.5	16.5	12.5	6.3	102.112	80.158
25a	250	116	8.0	13.0	10.0	5.0	48.541	38.105	45a	450	150	11.5	18.0	13.5	6.8	102.446	80.420
25b	250	118	10.0	13.0	10.0	5.0	53.541	42.030	45b	450	152	13.5	18.0	13.5	6.8	111.446	87.485
28a	280	122	8.5	13.7	10.5	5.3	55.404	43.492	45c	450	154	15.5	18.0	13.5	6.8	120.446	94.550
28b	280	124	10.5	13.7	10.5	5.3	61.004	47.988	50a	550	158	12.0	20.0	14.0	7.0	119.304	93.654

续表

型号	尺寸/mm						截面面积/cm²	理论质量/(kg/m)	型号	尺寸/mm						截面面积/cm²	理论质量/(kg/m)
	h	b	t_w	t	r	r_1				h	b	t_w	t	r	r_1		
50b	500	160	14.0	20.0	14.0	7.0	129.304	101.504	24a	240	116	8.0	13.0	10.0	5.0	47.741	37.477
50c	500	166	16.0	20.0	14.0	7.0	139.304	109.354	24b	240	118	10.0	13.0	10.0	5.0	52.541	41.245
56c	560	168	12.5	21.0	14.5	7.3	135.435	106.316	27a	270	122	8.5	13.7	10.5	5.3	54.554	42.825
56b	560	168	14.5	21.0	14.5	7.3	146.635	115.108	27b	270	124	10.5	13.7	10.5	5.3	59.954	47.064
56c	560	170	16.5	21.0	14.5	7.3	157.835	123.900	30a	300	126	9.0	14.4	11.0	5.5	61.254	48.084
63a	630	176	13.0	22.0	15.0	7.5	154.658	121.407	30b	300	128	11.0	14.4	11.0	5.5	67.254	52.794
63b	630	178	15.0	22.0	15.0	7.5	167.258	131.298	30c	300	130	13.0	14.4	11.0	5.5	73.254	57.504
63c	630	180	17.0	22.0	15.0	7.5	179.858	141.189	55a	550	166	12.5	21.0	14.5	7.3	134.185	105.335
经供需双方协议，可供应以下系列工字钢									55b	550	168	14.5	21.0	14.5	7.3	145.185	113.970
12	120	74	5.0	8.4	7.0	3.5	17.818	13.987	55c	550	170	16.5	21.0	14.5	7.3	156.185	122.605

注：热轧工字钢通常长度：10～18号工字钢，5～19m；20～63号工字钢，6～19m。

2. 热轧等边角钢截面尺寸与理论质量

热轧等边角钢截面尺寸与理论质量见表9-13。

表9-13 热轧等边角钢截面尺寸与理论质量表

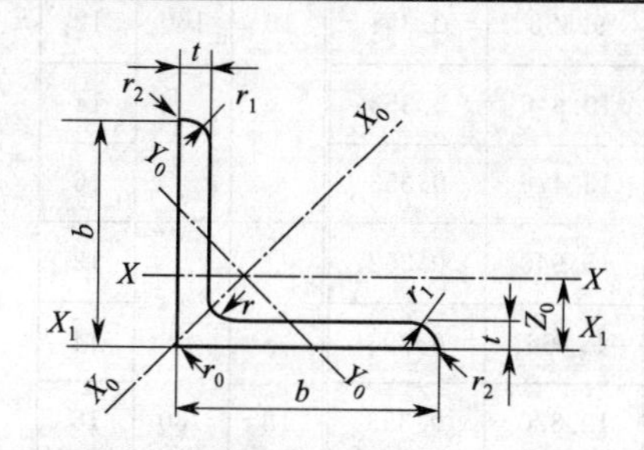

角钢号数	尺寸/mm			截面面积/cm²	理论质量/(kg/m)	外表面积/(m²/m)
	b	t	r			
2	20	3	3.5	1.132	0.889	0.078
		4		1.459	1.145	0.077
2.5	25	3		1.432	1.124	0.098
		4		1.859	1.459	0.097
3.0	30	3	4.5	1.749	1.373	0.117
		4		2.276	1.786	0.117
3.6	36	3		2.109	1.656	0.141
		4		2.756	2.163	0.141
		5		3.382	2.654	0.141
4	40	3	5	2.359	1.852	0.157
		4		3.086	2.422	0.157
		5		3.791	2.976	0.156
4.5	45	3	5	2.659	2.088	0.177
		4		3.486	2.736	0.177
		5		4.292	3.369	0.176
		6		5.076	3.985	0.176
5	50	3	5.5	2.971	2.332	0.197
		4		3.897	3.059	0.197
		5		4.803	3.770	0.196
		6		5.688	4.465	0.196
5.6	56	3	6	3.345	2.624	0.221
		4		4.390	3.446	0.220
		5		5.415	4.251	0.220
		8		8.367	6.568	0.219
6.3	63	4	7	4.978	3.907	0.248
		5		6.143	4.822	0.248
		6		7.288	5.721	0.247
		8		9.515	7.469	0.247
		10		11.657	9.151	0.246
7	70	4	8	5.570	4.372	0.275
		5		6.875	5.397	0.275
		6		8.160	6.406	0.275

续表

角钢号数	尺寸/mm			截面面积/cm²	理论质量/(kg/m)	外表面积/(m²/m)	角钢号数	尺寸/mm			截面面积/cm²	理论质量/(kg/m)	外表面积/(m²/m)
	b	*t*	*r*					*b*	*t*	*r*			
7	70	7	9	9.424	7.398	0.275	11	110	8	12	17.238	13.532	0.433
		8		10.667	8.373	0.274			10		21.261	16.690	0.432
(7.5)	75	5		7.367	5.818	0.295			12		25.200	19.782	0.431
		6		8.797	6.905	0.294			14		29.056	22.809	0.431
		7		10.160	7.976	0.294	12.5	125	8	14	19.750	15.504	0.492
		8		11.503	9.030	0.294			10		24.373	19.133	0.491
		10		14.126	11.089	0.293			12		28.912	22.696	0.491
8	80	5	10	7.912	6.211	0.315			14		33.367	26.193	0.490
		6		9.397	7.376	0.314	14	140	10		27.373	21.488	0.551
		7		10.860	8.525	0.314			12		32.512	25.522	0.551
		8		12.303	9.658	0.314			14		37.567	29.490	0.550
		10		15.126	11.874	0.313			16		42.539	33.393	0.549
9	90	6		10.637	8.350	0.354	16	160	10	16	31.502	24.729	0.630
		7		12.301	9.656	0.354			12		37.441	29.391	0.630
		8		13.944	10.946	0.353			14		43.296	33.987	0.629
		10	12	17.167	13.476	0.353			16		49.067	38.518	0.629
		12		20.306	15.940	0.352	18	180	12		42.241	33.159	0.710
10	100	6		11.932	9.366	0.393			14		48.896	38.383	0.709
		7		13.796	10.830	0.393			16		55.467	43.542	0.709
		8		15.638	12.276	0.393			18		61.955	48.634	0.708
		10		19.261	15.120	0.392	20	200	14	18	54.642	42.894	0.788
		12		22.800	17.898	0.391			16		62.013	48.680	0.788
		14		26.256	20.611	0.391			18		69.301	54.401	0.787
		16		29.627	23.57	0.390			20		76.505	60.056	0.787
11	110	7		15.196	11.928	0.433			24		90.661	71.168	0.785

注：热轧等边角钢通常长度见表9-14。

表 9-14 热轧等边角钢长度

型 号	2～9	10～14	16～20
长度/m	4～12	4～19	6～19

3. 热轧不等边角钢截面尺寸与理论质量

热轧不等边角钢截面尺寸与理论质量可参照表9-15选用。

表 9-15　热轧不等边角钢截面尺寸与理论质量

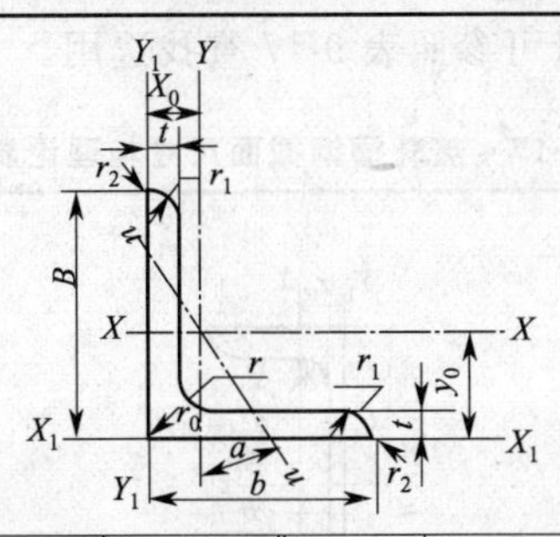

角钢号数	尺寸/mm B	b	t	r	截面面积/cm²	理论质量/(kg/m)	外表面积/(m²/m)
2.5/1.6	25	16	3	3.5	1.162	0.912	0.080
			4		1.499	1.176	0.079
3.2/2	32	20	3		1.492	1.171	0.102
			4		1.939	1.522	0.101
4/2.5	40	25	3	4	1.890	1.484	0.127
			4		2.467	1.936	0.127
4.5/2.8	45	28	3	5	2.149	1.687	0.143
			4		2.806	2.203	0.143
5/3.2	50	32	3	5.5	2.431	1.908	0.161
			4		3.177	2.494	0.160
5.6/3.6	56	36	3	6	2.743	2.153	0.181
			4		3.590	2.818	0.180
			5		4.415	3.466	0.180
6.3/4	63	40	4	2	4.058	3.185	0.202
			5		4.993	3.920	0.202
			6		5.908	4.638	0.201
			7		6.802	5.339	0.201
			4	7.5	4.547	3.570	0.226
			5		5.609	4.403	0.225
7/4.5	70	45	6		6.647	5.218	0.225
7/4.5	45	70	7		7.657	6.011	0.225
(7.5/5)	75	50	5	8	6.125	4.808	0.245
			6		7.260	5.699	0.245
			8		9.467	7.431	0.244
			10		11.590	9.098	0.244
8/5	80	50	5		6.375	5.005	0.255
			6		7.560	5.935	0.255
			7		8.724	6.848	0.255
			8		9.867	7.745	0.254
9/5.6	90	56	5	9	7.212	5.661	0.287
			6		8.557	6.717	0.286
			7		9.880	7.756	0.286
			8		11.183	8.779	0.286

角钢号数	尺寸/mm B	b	t	r	截面面积/cm²	理论质量/(kg/m)	外表面积/(m²/m)
10/6.3	100	63	6	10	9.617	7.550	0.320
			7		11.111	8.722	0.320
			8		12.584	9.878	0.319
			10		15.467	12.142	0.319
10/8	100	80	6	10	10.637	8.350	0.354
			7		12.301	9.656	0.354
			8		13.944	10.946	0.353
			10		17.167	13.476	0.353
11/7	110	70	6		10.637	8.350	0.354
			7		12.301	9.656	0.354
			8		13.944	10.946	0.353
			10		17.167	13.476	0.353
12.5/8	125	80	7	11	14.096	11.066	0.403
			8		15.989	12.551	0.403
			10		19.712	15.474	0.402
			12		23.351	18.330	0.402
14/9	145	90	8	12	18.038	14.160	0.453
			10		22.261	17.475	0.452
			12		26.400	20.724	0.451
			14		30.456	23.908	0.451
16/10	160	100	10	13	25.315	19.872	0.512
			12		30.054	23.592	0.511
			14		34.709	27.247	0.510
			16		39.281	30.835	0.510
18/11	180	110	10	14	28.373	22.273	0.571
			12		33.712	26.464	0.571
			14		38.967	30.589	0.570
			16		44.139	34.649	0.569
20/12.5	200	125	12	14	37.912	20.761	0.641
			14		43.867	34.436	0.640
			16		49.739	39.045	0.639
			18		56.526	43.588	0.639

注：括号内型号不推荐使用。热轧不等边角钢的通常长度见表 9-16。

表 9-16　热轧不等边角钢长度

型　　号	长　　度/m	型　　号	长　　度/m
2.5/1.6～9/5.6	4～12	16/10～20/12.5	6～19
10/6.3～14/9	4～19		

4．热轧槽钢截面尺寸与理论质量

热轧槽钢截面尺寸与理论质量可参照表 9-17 查找选用。

表 9-17　热轧槽钢截面尺寸与理论质量

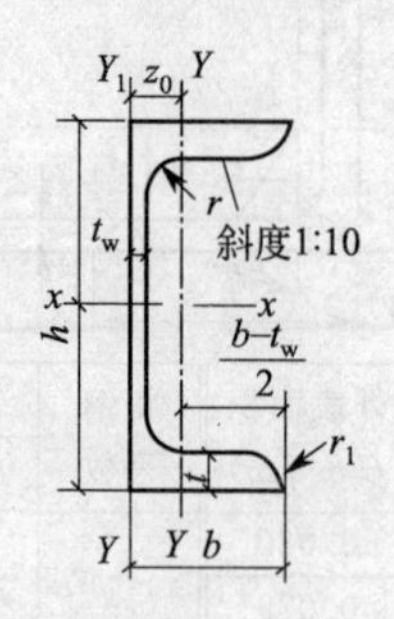

型号	尺寸/mm						截面面积/cm^2	理论质量/(kg/m)	型号	尺寸/mm						截面面积/cm^2	理论质量/(kg/m)
	h	b	t_w	t	r	r_1				h	b	t_w	t	r	r_1		
5	50	37	4.5	7.0	70	3.5	6.928	5.438	32a	320	88	8.0	14.0	14.0	7.0	48.513	38.083
6.3	63	40	4.8	7.5	7.5	3.8	8.451	6.634	32b	320	90	10.0	14.0	14.0	7.0	54.913	43.107
8	80	43	5.0	8.0	8.0	4.0	10.248	8.045	32c	320	92	12.0	14.0	14.0	7.0	61.313	48.131
10	100	48	5.3	8.5	8.5	4.2	12.748	10.007	36a	360	96	9.0	16.0	16.0	8.0	60.910	41.814
12.6	126	53	5.5	9.0	9.0	4.5	15.692	12.318	36b	360	98	11.0	16.0	16.0	8.0	68.110	53.466
14a	140	58	6.0	9.5	9.5	4.8	18.516	14.535	36c	360	100	13.0	16.0	16.0	8.0	75.310	59.118
14b	140	60	8.0	9.5	9.5	4.8	21.316	16.733	40a	400	100	10.5	18.0	18.0	9.0	75.068	58.928
16a	160	63	6.5	10.0	10.0	5.0	21.962	17.240	40b	400	102	12.5	18.0	18.0	9.0	83.068	65.208
16	160	65	8.5	10.0	10.0	5.0	25.162	19.732	40c	400	104	14.5	18.0	18.0	9.0	91.068	71.488
18a	180	68	7.0	10.5	10.5	5.2	25.699	20.174	6.5	65	40	4.3	7.5	7.5	3.8	8.547	6.709
18	180	70	9.0	10.5	10.5	5.2	29.299	23.000	12	120	53	5.5	9.0	9.0	4.5	15.362	12.059
20a	200	73	7.0	11.0	11.0	5.5	28.837	22.637	24a	240	78	7.0	12.0	12.0	6.0	34.217	26.860
20	200	75	9.0	11.0	11.0	5.5	32.837	25.777	24b	240	80	9.0	12.0	12.0	6.0	39.017	30.628
22a	220	77	7.0	11.5	11.5	5.8	31.846	24.999	24c	240	82	11.0	12.0	12.0	6.0	43.817	34.396
22	220	79	9.0	11.5	11.5	5.8	36.246	28.453	27a	270	82	7.5	12.5	12.5	6.2	39.284	30.838
25a	250	78	7.0	12.0	12.0	6.0	34.917	27.410	27b	270	84	9.5	12.5	12.5	6.2	44.684	35.077
25b	250	80	9.0	12.0	12.0	6.0	39.917	31.335	27c	270	86	11.5	12.5	12.5	6.2	50.084	39.316
25c	250	82	11.0	12.0	12.0	6.2	44.917	35.260	30a	300	85	7.5	13.5	13.5	6.8	43.902	34.463
28a	280	82	7.5	12.5	12.5	6.2	40.034	31.427	30b	300	87	9.5	13.5	13.5	6.8	49.902	39.173
28b	280	84	9.5	12.5	12.5	6.2	45.634	35.823	30c	300	89	11.5	13.5	13.5	6.8	55.902	43.883
28c	280	86	11.5	12.5	12.5	7.0	51.234	40.219									

注：热轧槽钢的通常长度见表 9-18。

表 9-18　热轧槽钢长度

型　号	5～8	＞8～18	＞18～40
长度/m	5～12	5～19	6～19

5. 热轧扁钢质量

热轧扁钢的质量可参照表 9-19 选用。

表 9-19 热轧扁钢的质量

宽度/mm	厚度/mm													
	3	4	5	6	7	8	9	10	11	12	14	16	18	20
	理论质量/(kg/m)													
14	0.33	0.44	0.55	0.66	0.77	0.88	—	—	—	—	—	—	—	—
16	0.38	0.50	0.63	0.75	0.88	1.00	1.15	1.26	—	—	—	—	—	—
18	0.42	0.57	0.71	0.85	0.99	1.13	1.27	1.41	—	—	—	—	—	—
20	0.47	0.63	0.79	0.94	1.10	1.26	1.41	1.57	1.73	1.88	—	—	—	—
22	0.52	0.69	0.86	1.04	1.21	1.38	1.55	1.73	1.90	2.07	—	—	—	—
25	0.59	0.79	0.98	1.18	1.37	1.57	1.77	1.96	2.16	2.36	2.75	3.14	—	—
28	0.66	0.88	1.10	1.32	1.54	1.76	1.98	2.20	2.42	2.64	3.08	3.53	—	—
30	0.71	0.94	1.18	1.41	1.65	1.88	2.12	2.36	2.59	2.83	3.36	3.77	4.24	4.71
32	0.75	1.01	1.25	1.50	1.76	2.01	2.26	2.54	2.76	3.01	3.51	4.02	4.52	5.02
36	0.85	1.13	1.41	1.69	1.97	2.26	2.51	2.82	3.11	3.39	3.95	4.52	5.09	5.65
40	0.94	1.26	1.57	1.88	2.20	2.51	2.83	3.14	3.45	3.77	4.40	5.02	5.65	6.28
45	1.06	1.41	1.77	2.12	2.47	2.83	3.18	3.53	3.89	4.24	4.95	5.65	6.36	7.07
50	1.18	1.57	1.96	2.36	2.75	3.14	3.53	3.93	4.32	4.71	5.50	6.28	7.07	7.85
56	1.32	1.76	2.20	2.64	3.08	3.52	3.95	4.39	4.83	5.27	6.15	7.03	7.91	8.79
60	1.41	1.88	2.36	2.83	3.30	3.77	4.24	4.71	5.18	5.65	6.59	7.54	8.48	9.42
63	1.48	1.98	2.47	2.97	3.46	3.95	4.45	4.94	5.44	5.93	6.92	7.91	8.90	9.69
65	1.53	2.04	2.55	3.06	3.57	4.08	4.59	5.10	5.61	6.12	7.14	8.16	9.19	10.21
70	1.65	2.20	2.75	3.30	3.85	4.40	4.95	5.50	6.04	6.59	7.69	8.79	9.89	10.99
75	1.77	2.36	2.94	3.53	4.12	4.71	5.30	5.89	6.48	7.07	8.24	9.42	10.60	11.78
80	1.88	2.51	3.14	3.77	4.40	5.02	5.65	6.28	6.91	7.54	8.79	10.05	11.30	12.56
85	2.00	2.67	3.34	4.00	4.67	5.34	6.01	6.67	7.34	8.01	9.34	10.68	12.01	13.35
90	2.12	2.83	3.53	4.24	4.95	5.65	6.36	7.07	7.77	8.48	9.89	11.30	12.72	14.13
95	2.24	2.98	3.73	4.47	5.22	5.97	6.71	7.46	8.20	8.95	10.44	11.93	13.42	14.92
100	2.36	3.14	3.93	4.71	5.50	6.28	7.07	7.85	8.64	9.42	10.99	12.56	14.13	15.70
105	2.47	3.30	4.12	4.95	5.77	6.59	7.42	8.24	9.07	9.89	11.54	13.19	14.84	16.49
110	2.59	3.45	4.32	5.18	6.04	6.91	7.77	8.64	9.50	10.36	12.09	13.82	15.54	17.27
120	2.83	3.77	4.71	5.65	6.59	7.54	8.48	9.42	10.36	11.30	13.19	15.07	16.96	18.84

注：1. 本表系摘录常用部分规格的尺寸及理论质量（单位为 kg/m）。

2. 当理论质量不大于 19kg/m（即本表范围内），长度为 3～9m。

四、钢梯

1. 消防及屋面检修钢梯质量计算

消防及屋面检修钢梯质量计算可参照表 9-20 及表 9-21 进行计算。

表 9-20　屋面女儿墙高度≤0.6m 时的消防及屋面检修钢梯质量

檐　高	钢梯质量/(kg/座)				檐　高	钢梯质量/(kg/座)			
	梯身离墙面净距/m<					梯身离墙面净距/m<			
	a=0.25	b=0.41	a=0.53	b=0.66		a=0.25	b=0.41	a=0.53	b=0.66
3.0	32.8	37.0	43.6	46.4	15.6	197.0	209.6	229.4	237.8
3.6	38.7	42.9	49.5	52.4	16.2	203.1	215.7	235.5	243.9
4.2	44.8	49.0	55.6	58.4	16.8	209.0	221.6	241.4	249.8
4.8	50.7	54.9	61.5	64.3	17.4	215.0	227.6	247.4	255.8
5.4	56.7	60.9	67.5	70.3	18.0	226.3	241.0	264.1	273.9
6.0	68.0	74.3	84.2	88.4	18.6	232.2	246.9	270.0	279.8
6.6	73.9	80.2	90.1	94.3	19.2	238.3	253.0	276.1	285.9
7.2	80.0	86.3	96.2	100.4	19.8	244.2	258.9	282.0	291.8
7.8	85.9	92.2	120.1	103.3	20.4	250.2	264.9	288.0	297.8
8.4	91.9	98.2	103.1	112.3	21.0	261.5	278.3	304.7	315.9
9.0	103.2	111.6	124.8	130.4	21.6	267.4	284.2	310.6	321.8
9.6	109.1	117.5	130.7	136.3	22.2	291.0	307.8	334.2	345.4
10.2	115.2	123.6	136.8	142.4	22.8	296.9	313.7	340.1	351.3
10.8	121.1	129.5	142.7	148.3	23.4	302.9	319.7	346.1	357.3
11.4	127.1	135.5	148.7	154.3	24.0	314.2	333.1	362.8	375.4
12.0	155.9	166.4	182.9	189.9	24.6	320.1	339.0	368.7	381.3
12.6	161.8	172.3	188.8	195.8	25.2	326.2	345.1	374.8	387.4
13.2	167.9	178.4	194.9	201.9	25.8	332.1	351.0	380.7	393.3
13.8	173.8	184.3	200.8	207.8	26.4	338.1	357.0	386.7	399.3
14.4	179.8	190.3	206.8	213.8	27.0	349.4	370.4	403.4	417.4
15.0	191.1	203.7	223.5	231.9	27.6	355.3	376.3	409.3	423.3

表 9-21　屋面女儿墙高度 1.0～1.2m 时的消防及屋面检修钢梯质量

檐高/m	钢梯质量/(kg/座)		檐高/m	钢梯质量/(kg/座)		檐高/m	钢梯质量/(kg/座)	
	梯身离墙面净距/m<			梯身离墙面净距/m<			梯身离墙面净距/m<	
	a=0.25	b=0.41		a=0.25	b=0.41		a=0.25	b=0.41
3.0	64.4	70.6	11.4	164.1	176.6	19.8	275.9	292.6
3.6	70.5	76.7	12.0	187.5	200.0	20.4	287.2	306.0
4.2	76.4	82.6	12.6	193.6	206.1	21.0	293.1	311.9
4.8	82.4	88.6	13.2	199.5	212.0	21.6	299.2	318.0
5.4	93.7	102.0	13.8	205.5	218.0	22.2	322.6	341.4
6.0	99.6	107.9	14.4	216.8	231.4	22.8	328.6	347.4
6.6	105.7	114.0	15.0	222.7	237.3	23.4	339.9	360.8
7.2	111.6	119.9	15.6	228.8	243.4	24.0	345.8	366.7
7.8	117.6	125.9	16.2	234.7	249.3	24.6	351.9	372.8
8.4	128.9	139.3	16.8	240.7	255.3	25.2	357.8	378.7
9.0	134.8	145.2	17.4	252.0	268.7	25.8	363.8	384.7
9.6	140.9	151.3	18.0	257.9	274.6	26.4	375.1	398.1
10.2	146.8	157.2	18.6	264.0	280.7	27.0	381.0	404.0
10.8	152.8	163.2	19.2	269.9	286.6	27.6	387.1	410.1

2. 天窗端壁钢梯质量

天窗端壁钢梯的质量见表 9-22。

表 9-22　天窗端壁钢梯的质量

钢梯编号	天窗高度/m	钢梯质量/(kg/座)	钢梯编号	天窗高度/m	钢梯质量/(kg/座)	钢梯编号	天窗高度/m	钢梯质量/(kg/座)
G_1	2.1	26.9	G_5	3.9	44.8	S_3	2.7	36.6
G_2	2.4	29.8	G_6	4.5	50.7	S_4	3.3	42.3
G_3	2.7	32.8	S_1	2.1	30.4	S_5	3.9	48.3
G_4	3.3	38.8	S_2	2.4	33.3	S_6	4.5	54.2

注：钢梯 G_1～G_6 用于钢筋混凝土天窗端壁；S_1～S_6 用于石棉瓦天窗端壁。

3. 作业台钢梯质量

作业台钢梯的质量见表 9-23。

表 9-23　作业台钢梯的质量

钢梯型号	梯高/mm	钢梯质量/kg	钢梯型号	梯高/mm	钢梯质量/kg	钢梯型号	梯高/mm	钢梯质量/kg
T_1-9	900	27	T_1-23	2300	41	T_1-36	3600	62
T_1-10	1000	28	T_1-24	2400	42	T_1-37	3700	64
T_1-11	1100	29	T_1-25	2500	43	T_1-38	3800	65
T_1-12	1200	30	T_1-26	2600	44	T_1-39	3900	66
T_1-13	1300	31	T_1-27	2700	45	T_1-40	4000	67
T_1-14	1400	32	T_1-28	2800	46	T_1-41	4100	68
T_1-15	1500	33	T_1-29	2900	47	T_1-42	4200	69
T_1-16	1600	34	T_1-30	3000	48	T_1-43	4300	71
T_1-17	1700	35	T_1-31	3100	49	T_1-44	4400	72
T_1-18	1800	36	T_1-32	3200	50	T_1-45	4500	73
T_1-19	1900	37	T_1-33	3300	51	T_1-46	4600	74
T_1-20	2000	38	T_1-34	3400	60	T_1-47	4700	75
T_1-21	2100	39	T_1-35	3500	61	T_1-48	4800	76
T_1-22	2200	40						

注：1. 钢梯 T_1：坡度 90°，宽度 600mm，为爬式。

2. 钢梯质量内包括梯梁、踏步、扶手及栏杆等质量。梯高为地面至平台标高的垂直距离。

五、每平方米屋盖水平投影面积参考质量

1. 钢檩条每平方米屋盖水平投影面积参考质量

钢檩条每平方米屋盖水平投影面积的参考质量见表 9-24。

表 9-24　钢檩条每平方米屋盖水平投影面积的参考质量

屋架间距/m	屋面荷重/(N/m²)					附　注
	1000	2000	3000	4000	5000	
	每平方米屋盖檩条质量/kg					
4.5	5.63	8.70	10.50	12.50	14.70	1. 檩条间距为 1.8～2.5m 2. 本表不包括檩条间支撑量，如有支撑，每平方米增加：圆钢制成 1.0kg，角钢制成 1.8kg 3. 如有组合断面构成的屋檐时，则檩条的质量应增加 $\frac{36}{L}$（L 为屋架跨度）
6.0	7.10	12.50	14.70	17.00	22.00	
7.0	8.70	14.70	17.00	22.20	25.00	
8.0	10.50	17.00	22.20	25.00	28.00	
9.0	12.59	19.50	22.20	28.00		

2. 钢屋架每平方米屋盖水平投影面积参考质量

钢屋架每平方米屋盖水平投影面积的参考质量见表 9-25。

表 9-25　钢屋架每平方米屋盖水平投影面积的参考质量

屋架间距/m	跨度/m	屋面荷重/(N/m²)					附注
		1000	2000	3000	4000	5000	
		每平方米屋盖钢架质量/kg					
三角形	9	6.0	6.92	7.50	9.53	11.32	1. 本表屋架间距按 6m 计算，如间距为 a 时，则屋面荷重乘以系数 a/b，由此得知屋面新荷重，再从表中查出质量 2. 本表质量中包括屋架支座垫板及上弦连接檩条的角钢 3. 本表系铆接。如采用电焊时，三角形屋架乘以系数 0.85，多角形系数乘以 0.87
	12	6.41	8.00	10.33	12.67	15.13	
	15	7.20	10.00	13.00	16.30	19.20	
	18	8.00	12.00	15.13	19.20	22.90	
	21	9.10	13.80	18.20	22.30	26.70	
	24	10.33	15.67	20.80	25.80	30.50	
多角形	12	6.8	8.3	11.0	13.7	15.8	
	15	8.5	10.6	13.5	16.5	19.8	
	18	10	12.7	16.1	19.7	23.5	
	21	11.9	15.1	19.5	23.5	27	
	24	13.5	17.6	22.6	27	31	
	27	15.4	20.5	26.1	30	34	
	30	17.5	23.4	29.5	33	37	

3. 钢屋架上弦支撑每平方米屋盖水平投影面积参考质量

钢屋架上弦支撑每平方米屋盖水平投影面积的参考质量见表 9-26。

表 9-26　钢屋架上弦支撑每平方米屋盖水平投影面积的参考质量

屋架间距/m	屋架跨度/m					
	12	15	18	21	24	30
	每平方米屋盖上弦支撑质量/kg					
4.5	7.26	6.21	5.64	5.50	5.32	5.33
6.0	8.90	8.15	7.42	7.24	7.10	7.00
7.5	10.85	8.93	7.78	7.77	7.75	7.70

注：表中屋架上弦支撑质量已包括屋架间的垂直支撑钢材用量。

4. 钢屋架下弦支撑每平方米屋盖水平投影面积参考质量

钢屋架下弦支撑每平方米屋盖水平投影面积的参考质量见表 9-27。

表 9-27　钢屋架下弦支撑每平方米屋盖水平投影面积的参考质量

建筑物高度/m	屋架间距/m	屋面风荷载/(kg/m²)		
		30	50	80
		每平方米屋盖下弦支撑质量/kg		
12	4.5	2.50	2.90	3.65
	6.0	3.60	4.00	4.60
	7.5	5.60	5.85	6.25
18	4.5	2.80	3.40	4.12
	6.0	3.90	4.40	5.20
	7.5	5.70	6.15	6.80
24	4.5	3.00	3.80	4.66
	6.0	4.18	4.80	5.87
	7.5	5.90	6.48	6.20

六、每榀钢屋架参考质量

每榀钢屋架的参考质量见表 9-28 及表 9-29。

表 9-28　每榀钢屋架参考质量

类别	荷重/(N/m²)	屋架跨度/m											
		6	7	8	9	12	15	18	21	24	27	30	36
		角钢组成每榀质量/(t/榀)											
多边形	1000					0.418	0.648	0.918	1.260	1.656	2.122	2.682	
	2000					0.518	0.810	1.166	1.460	1.776	2.090	2.768	3.603
	3000					0.677	1.035	1.459	1.662	2.203	2.615	3.830	5.000
	4000					0.872	1.260	1.459	1.903	2.614	3.472	3.949	5.955
三角形	1000				0.217	0.367	0.522	0.619	0.920	1.195			
	2000				0.297	0.461	0.720	1.037	1.386	1.800			
	3000				0.324	0.598	0.936	1.307	1.840	2.390			
		轻型角钢组成每榀质量/(t/榀)											
	96	0.046	0.063	0.076									
	170				0.169	0.254	0.41						

表 9-29　每榀轻型钢屋架的参考质量

类　别		屋架跨度/m			
		8	9	12	13
		每榀重量/t			
梭形	下弦 16Mn	0.135～0.187	0.17～0.22	0.286～0.42	0.49～0.581
	下弦 A_3	0.151～0.702	0.17～0.25	0.306～0.45	0.519～0.625

七、每根轻钢檩条参考质量

每根轻钢檩条的参考质量见表 9-30。

表 9-30　每根轻钢檩条的参考质量

檩条/m	钢材规格		质量/(kg/根)	檩条/m	钢材规格		质量/(kg/根)
	下弦	上弦			下弦	上弦	
2.4	1ϕ8	2ϕ10	9.0	4.0	1ϕ10	1ϕ12	20.0
3.0	1ϕ16	∟45×4	16.4	5.0	1ϕ12	1ϕ14	25.6
3.3	1ϕ10	2ϕ12	14.5	5.3	1ϕ12	1ϕ14	27.0
3.6	1ϕ10	2ϕ12	15.8	5.7	1ϕ12	1ϕ14	32.0
3.75	1ϕ10	∟50×5	18.8	6.0	1ϕ14	2 ∟25×2	31.6
4.00	1ϕ16	∟50×5	23.5	6.0	1ϕ14	2ϕ16	38.5

八、平台每米参考质量

1. 每米钢平台（带栏杆）参考质量

每米钢平台（带栏杆）的参考质量见表 9-31。

表 9-31　每米钢平台（带栏杆）的参考质量

平台宽度/m	3m 长平台	4m 长平台	5m 长平台
	每米质量/kg		
0.6	54	60	65
0.8	67	74	81
1.0	78	84	97
1.2	87	100	107

注：表中栏杆为单面，如两面均有，每米平台增加 10.2kg。

2. 每平方米算式平台参考质量

每平方米箅式平台的参考质量见表 9-32。

表 9-32　每平方米箅式平台（圆钢为主）的参考质量

项　　目	单　　位	箅式(圆钢为主)
箅式平台制作	kg/m²	160

3. 每米钢栏杆及扶手参考质量

每米钢栏杆及扶手的参考质量见表 9-33。

表 9-33　每米钢栏杆及扶手的参考质量

项　　目	钢　栏　杆			钢　扶　手		
	角钢	圆钢	扁钢	钢管	圆钢	扁钢
	每　米　质　量　/kg					
栏杆及扶手制作	15	12	10	14	9.5	7.7

第三节　工程量清单工程量计算实例

项目编码：010601001　　项目名称：钢屋架

【例 9-1】　如图 9-1 所示，求钢屋架制作工程量。

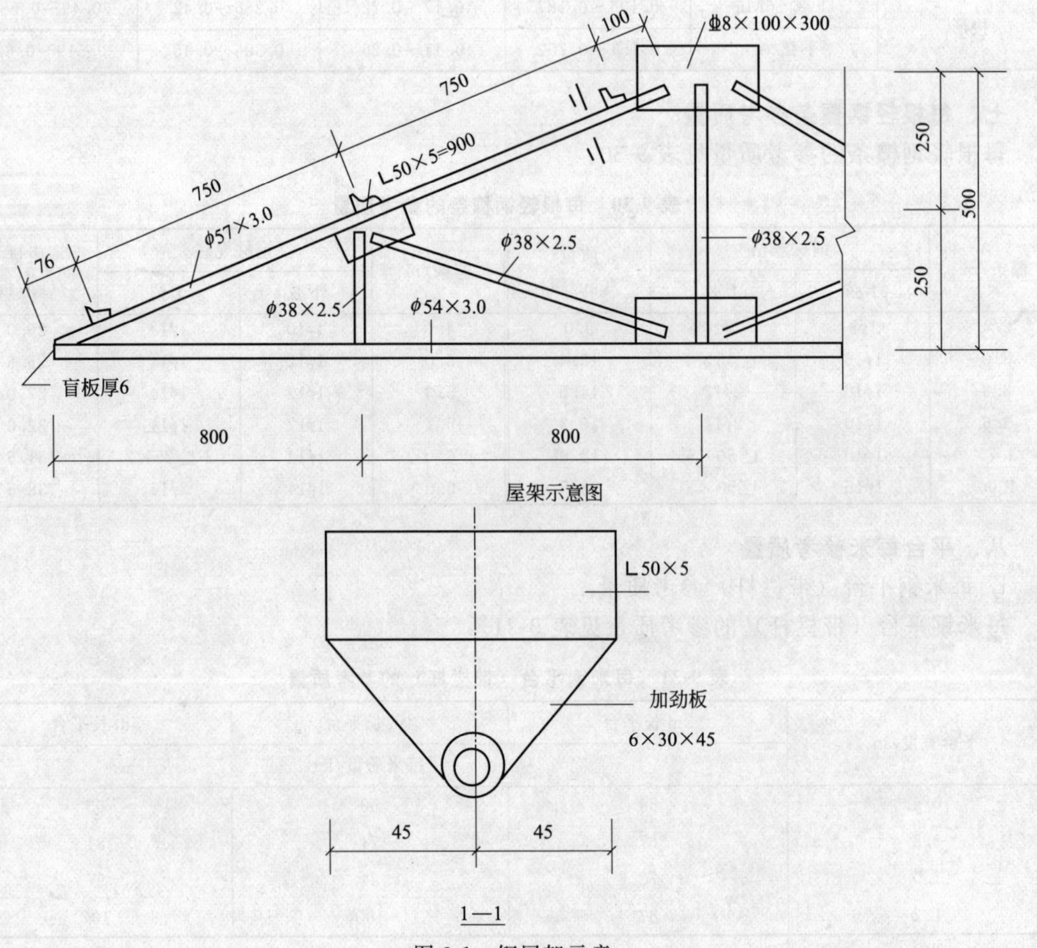

图 9-1　钢屋架示意

【解】 清单工程量：

(1) 上弦杆（ϕ57×3.0 钢管）工程量

$$(0.076+0.75\times2+0.1)\times2\times4=13.41\ (\text{kg})$$

(2) 下弦杆（ϕ54×3.0 钢管）工程量

$$(0.8+0.8)\times2\times3.77=12.06\ (\text{kg})$$

(3) 腹杆（ϕ38×2.5 钢管）工程量

$$(0.25\times2+\sqrt{0.25^2+0.8^2}\times2+0.5)\times2.19=5.86\ (\text{kg})$$

(4) 连接板（厚 8mm）工程量

$$0.1\times0.3\times4\times62.8=7.54\ (\text{kg})$$

(5) 盲板（厚 6mm）工程量

$$\frac{\pi\times0.054^2}{4}\times2\times47.1=0.22\ (\text{kg})$$

(6) 角钢（∟50×5）工程量

$$0.9\times6\times3.7=19.98\ (\text{kg})$$

(7) 加劲板（厚 6mm）工程量

$$0.03\times0.045\times\frac{1}{2}\times2\times6\times47.1=0.38\ (\text{kg})$$

(8) 总预算工程量

$$13.41+12.06+5.86+7.54+0.22+19.98+0.38=59.45\ (\text{kg})\approx0.059\ (\text{t})$$

清单工程量计算见下表：

清单工程量计算表

项目编码	项目名称	项目特征描述	计量单位	工程量
010601001001	钢屋架	ϕ57×3.0 钢管，ϕ54×3.0 钢管，ϕ38×2.5 钢管，8mm 和 6mm 厚钢板，∟50×5 角钢	t	0.059

项目编码：010603001　　项目名称：实腹柱

【例 9-2】 如图 9-2 所示 I20a 号工字形钢柱，求钢柱制作工程量。

【解】 清单工程量：

由表查得 I20a 号工字钢，理论质量为 27.91kg/m，20mm 厚钢板的理论质量为 157kg/m²，12mm 厚钢板的理论质量为 94.2kg/m²，10mm 厚钢板的理论质量为 78.5kg/m²。

(1) 工字形钢板的工程量

$$27.91\times(3-0.012-0.01)=83.12\ (\text{kg})$$

(2) 压顶板的工程量

$$78.5\times(0.2\times0.2)=3.14\ (\text{kg})$$

(3) 底板的工程量

$$94.2\times(0.35\times0.35)=11.54\ (\text{kg})$$

(4) 不规则钢板的工程量

$$157\times(0.146\times0.2\times4+0.3\times0.2\times2)=37.18\ (\text{kg})$$

(5) 预算工程量

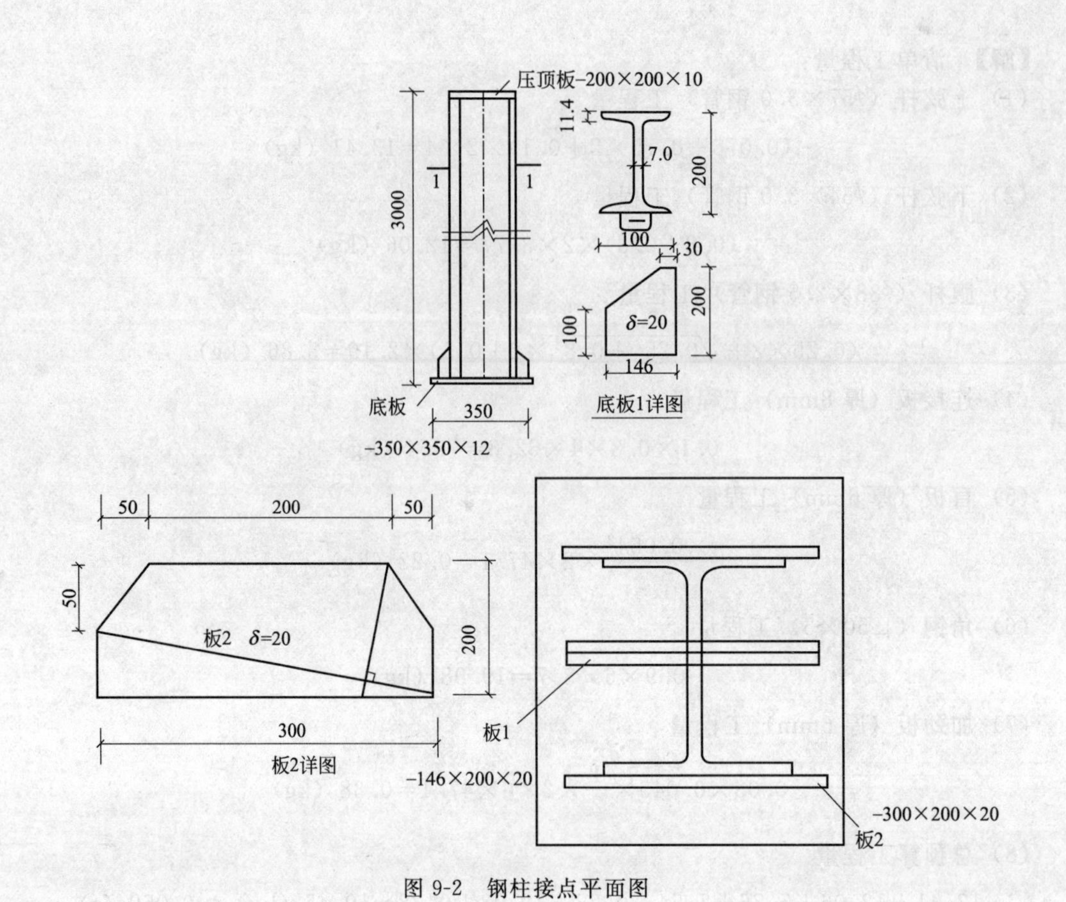

图 9-2　钢柱接点平面图

$$83.12+3.14+11.54+37.18=134.98\ (\text{kg})\ \approx 0.135\ (\text{t})$$

清单工程量计算见下表：

清单工程量计算表

项目编码	项目名称	项目特征描述	计量单位	工程量
010603001001	实腹柱	I20a 号工字钢，每米质量为 27.91kg	t	0.135

项目编码：010603003　　项目名称：钢管柱

【例 9-3】 如图 9-3 所示的钢管柱，求该柱的工程量。

【解】 清单工程量：

（1）上、下底板工程量

查表知，8mm 钢板的理论质量为 62.8kg/m²。

$$62.8\times0.52\times0.52\times2=33.96\ (\text{kg})\ \approx 0.034\ (\text{t})$$

（2）ϕ180×8.0 圆柱的工程量

查表知，ϕ180×8.0 圆柱的理论质量为 33.93kg/m。

$$33.93\times(3.6-0.008\times2)=121.61\ (\text{kg})\ \approx 0.122\ (\text{t})$$

（3）支撑板的工程量

$$62.8\times0.12\times0.3\times4\times2=18.09\ (\text{kg})\ \approx 0.018\ (\text{t})$$

（4）总的预算工程量

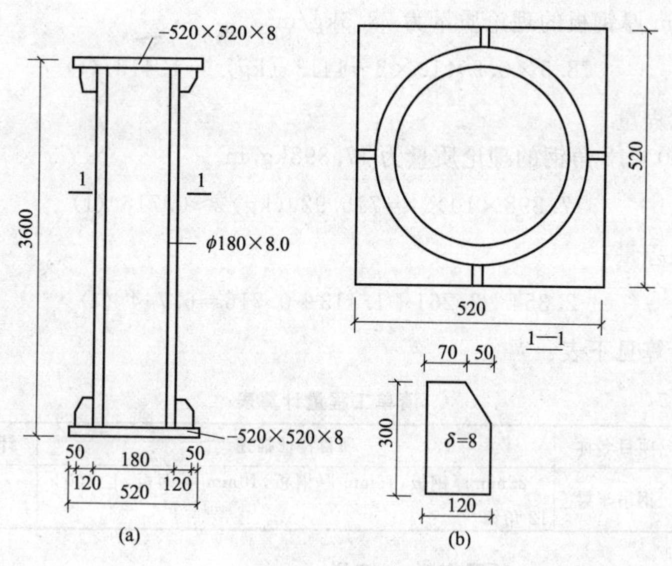

图 9-3　支撑板详图

（a）柱立面图；（b）支撑板详图

$$0.034+0.122+0.018=0.174\ (t)$$

清单工程量计算见下表：

清单工程量计算表

项目编码	项目名称	项目特征描述	计量单位	工程量
010603003001	钢管柱	8mm 厚钢板，ϕ180×8.0 圆钢	t	0.171

项目编码：010604002　　项目名称：钢吊车梁

【例 9-4】 如图 9-4 所示，求钢吊车梁制作工程量。

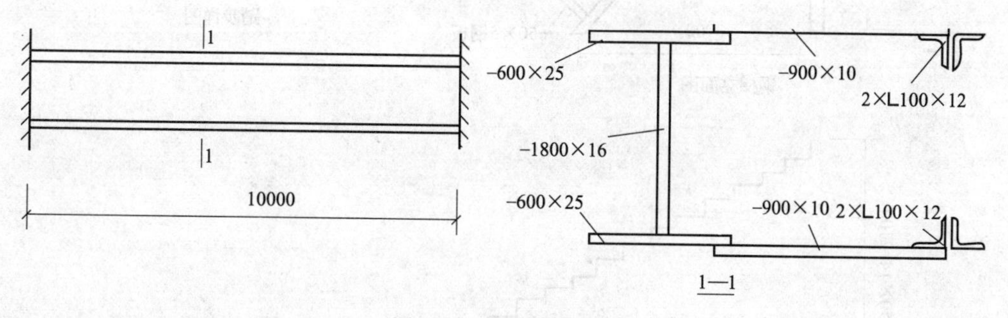

图 9-4　钢吊车梁示意

【解】 清单工程量：

(1) 翼缘的工程量

查表知，25mm 厚钢板的理论质量为 196.2kg/m²。

$$196.2\times0.6\times10\times2=2354.4\ (kg)\ \approx2.354\ (t)$$

(2) 腹板的工程量

查表知，16mm 厚钢板的理论质量为 125.6kg/m²

$$125.6\times1.8\times10=2260.8\ (kg)\ \approx2.261\ (t)$$

(3) 连接板的工程量

查表知，10mm 厚钢板的理论质量为 78.5kg/m²。

$$78.5\times0.9\times10\times2=1413\ (\text{kg})\ =1.413\ (\text{t})$$

(4) 角钢的工程量

查表知，∟100×12 角钢的理论质量为 17.898kg/m。

$$17.898\times10\times4=715.92\ (\text{kg})\ \approx0.716\ (\text{t})$$

(5) 总预算工程量

$$2.354+2.261+1.413+0.716=6.744\ (\text{t})$$

清单工程量计算见下表：

清单工程量计算表

项目编码	项目名称	项目特征描述	计量单位	工程量
010604002001	钢吊车梁	25mm 厚钢板，16mm 厚钢板，10mm 厚钢板，∟100×12 角钢	t	6.744

项目编码：010606008　　项目名称：钢梯

【例 9-5】 计算如图 9-5 所示的踏步式钢梯的工程量（共四层）。

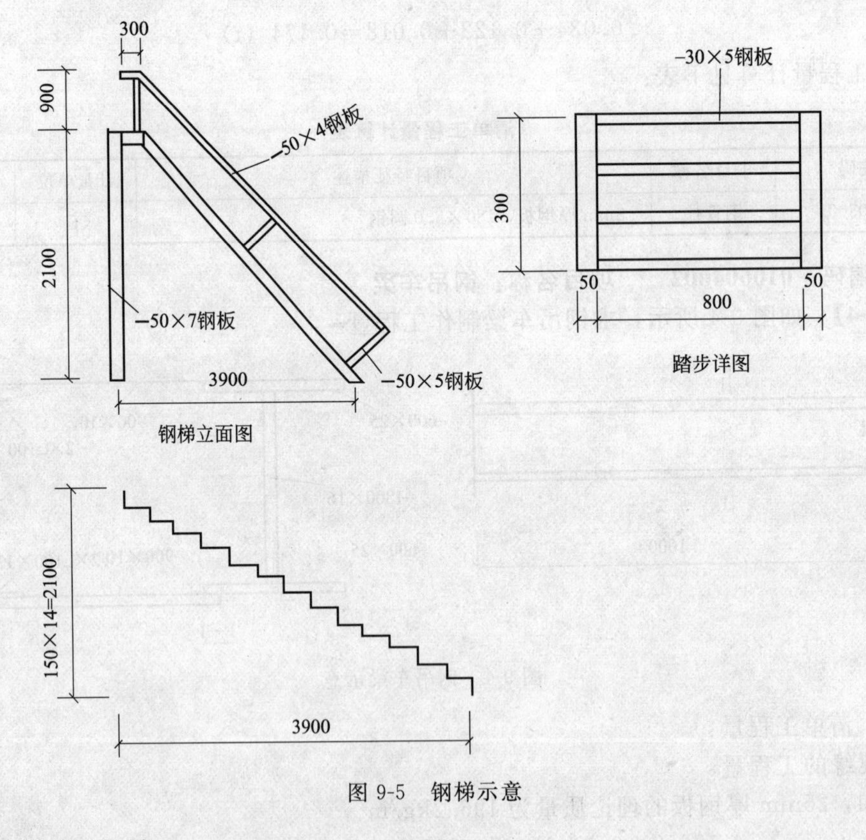

图 9-5　钢梯示意

【解】 清单工程量：

(1) —50×7 钢板的工程量

查表知，7mm 厚钢板的理论质量为 55kg/m²。

$$55\times0.05\times4\times2.1\times2=46.2\ (\text{kg})\ \approx0.046\ (\text{t})$$

(2) —50×4 钢板的工程量

查表知，—50×4 钢板的理论质量为 1.57kg/m。

$$1.57\times(\sqrt{3.0^2+3.9^2}+0.3)\times4\times2=65.57\ (\text{kg})\approx0.066\ (\text{t})$$

（3）—50×5 钢板的工程量

查表知：—50×5 钢板的理论质量为 1.96kg/m。

$$1.96\times(0.9\times4\times3)\times2=42.336\ (\text{kg})\approx0.042\ (\text{t})$$

（4）—30×5 钢板的工程量

查表知，—30×5 钢板的理论质量为 1.18kg/m。

$$1.18\times(0.8\times4\times4\times13)=196.35\ (\text{kg})\approx0.196\ (\text{t})$$

（5）总预算工程量

$$0.046+0.066+0.042+0.196=0.350\ (\text{t})$$

清单工程量计算见下表：

清单工程量计算表

项目编码	项目名称	项目特征描述	计量单位	工程量
010606008001	钢梯	—50×7 钢板，—50×4 钢板，—50×5 钢板，—30×5 钢板	t	0.350

项目编码：010606009　　项目名称：钢栏杆

【例 9-6】 计算如图 9-6 所示的金属楼梯栏杆的工程量，只计算一层的工程量，该层层高为 3.3m，踏步高为 150mm，宽为 300mm。

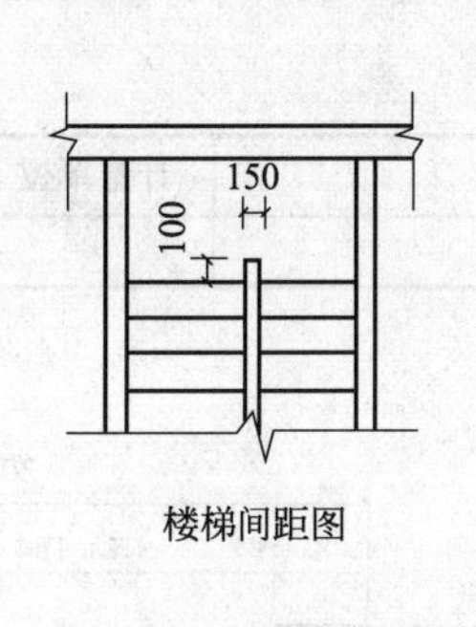

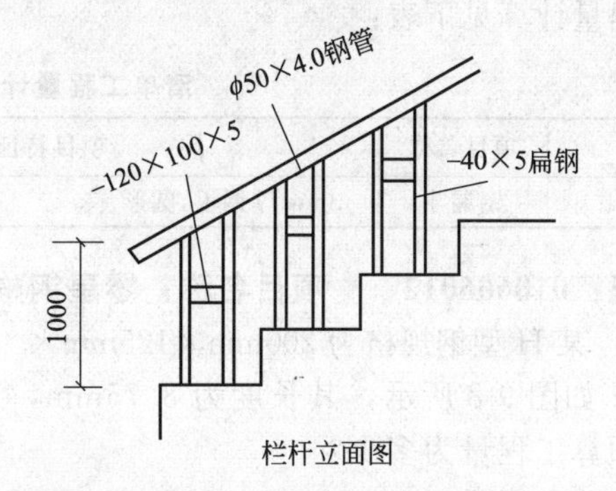

图 9-6　楼梯钢栏杆示意

【解】 清单工程量：

（1）ϕ50 钢管的工程量

查表知，ϕ50×4.0 钢管的理论质量为 1.54kg/m。

$$4.54\times\left[\sqrt{3^2+\left(\frac{3.3}{2}\right)^2}+0.15+0.1\right]\times2=34.32\ (\text{kg})\approx0.034\ (\text{t})$$

（2）5mm 厚钢板的工程量

查表知，5mm 厚钢板的理论质量为 39.2kg/m²。

$$39.2\times0.12\times0.1\times21=9.88\ (\text{kg})\approx0.01\ (\text{t})$$

（3）5mm 厚扁钢的工程量

$$39.2\times0.04\times1\times42=65.86\ (\text{kg})\approx0.066\ (\text{t})$$

（4）总预算工程量

$$0.034+0.01+0.066=0.11\ (\text{t})$$

清单工程量计算见下表：

清单工程量计算表

项目编码	项目名称	项目特征描述	计量单位	工程量
010606009001	钢栏杆	ϕ50 钢管，5mm 厚钢板，5mm 厚扁钢	t	0.110

项目编码：010606010　　项目名称：钢漏斗

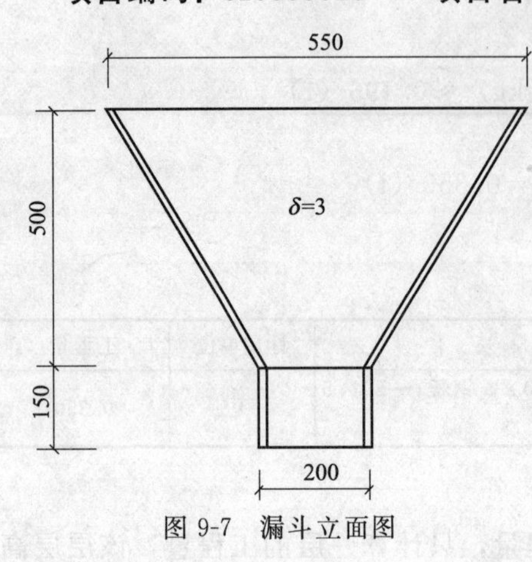

图 9-7　漏斗立面图

【例 9-7】 如图 9-7 所示，漏斗为圆形漏斗，上半部分为一缺口扇形围成，下口为一圆柱形，试计算该漏斗的工程量。

【解】 清单工程量：

（1）上半部分工程量

上口板长 $=0.55\times\pi=1.727$（m）

查表知，3mm 厚钢板的理论质量为 2.36kg/m^2。

$2.36\times1.727\times0.5=2.04$（kg）

（2）下半部分工程量

$2.36\times(0.2\times\pi)\times0.15=0.22$（kg）

（3）总预算工程量

$2.04+0.22=2.26$（kg）≈0.002（t）

清单工程量计算见下表：

清单工程量计算表

项目编码	项目名称	项目特征描述	计量单位	工程量
010606010001	钢漏斗	3mm 厚钢板，圆形	t	0.002

项目编码：010606012　　项目名称：零星钢构件

【例 9-8】 某 H 型钢规格为 200mm×125mm×6mm×8mm，如图 9-8 所示，其长度为 8.75mm，则其施工图预算工程量为多少？

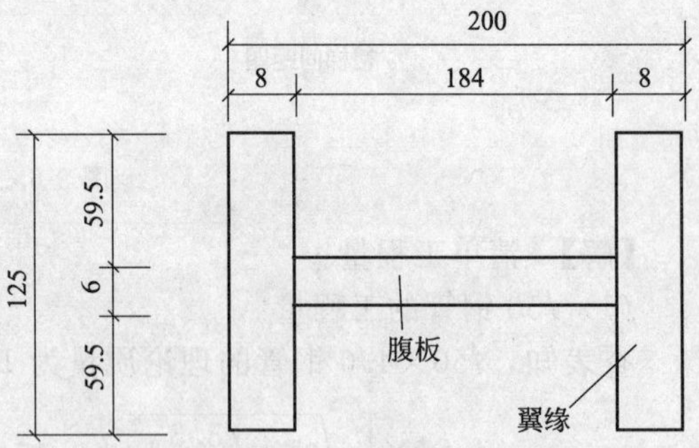

【解】 清单工程量：

查表得，6mm 钢板的理论质量为 47.1kg/m^2，8mm 钢板的理论质量为 62.8kg/m^2。

（1）6mm 钢板的清单工程量

$47.1\times0.184\times8.75=75.831$（kg）$\approx0.0758$（t）

（2）8mm 钢板的清单工程量

$62.8\times0.125\times8.75\times2=137.38$（kg）$\approx0.137$（t）

（3）总预算工程量

$0.0758+0.137\approx0.213$（t）

图 9-8　某 H 型钢示意

清单工程量计算见下表：

清单工程量计算表

项目编码	项目名称	项目特征描述	计量单位	工程量
010606012001	零星钢构件	H 型钢，规格为 200mm×125mm×6mm×8mm	t	0.213

第十章 屋面及防水工程

第一节 工程量清单项目设置及工程量计算规则

一、瓦、型材屋面

工程量清单项目设置及工程量计算规则，应按表 10-1 的规定执行。

表 10-1 瓦、型材屋面（编码：010701）

项目编码	项目名称	项目特征	计量单位	工程量计算规则	工程内容
010701001	瓦屋面	1. 瓦品种、规格、品牌、颜色 2. 防水材料种类 3. 基层材料种类 4. 楔条种类、截面 5. 防护材料种类	m^2	按设计图示尺寸以斜面积计算。不扣除房上烟囱、风帽底座、风道、小气窗、斜沟等所占面积,小气窗的出檐部分不增加面积	1. 檩条、椽子安装 2. 基层铺设 3. 铺防水层 4. 安装顺水条和挂瓦条 5. 安瓦 6. 刷防护材料
010701002	型材屋面	1. 型材品种、规格、品牌、颜色 2. 骨架材料品种、规格 3. 接缝、嵌缝材料种类			1. 骨架制作、运输、安装 2. 屋面型材安装 3. 接缝、嵌缝
010701003	膜结构屋面	1. 膜布品种、规格、颜色 2. 支柱(网架)钢材品种、规格 3. 钢丝绳品种、规格 4. 涂料品种、刷漆遍数		按设计图示尺寸以需要覆盖的水平面积计算	1. 膜布热压胶接 2. 支柱(网架)制作、安装 3. 膜布安装 4. 穿钢丝绳、锚头锚固 5. 刷漆

二、屋面防水

工程量清单项目设置及工程量计算规则，应按表 10-2 的规定执行。

表 10-2 屋面防水（编码：010702）

项目编码	项目名称	项目特征	计量单位	工程量计算规则	工程内容
010702001	屋面卷材防水	1. 卷材品种、规格 2. 防水层做法 3. 嵌缝材料种类 4. 防护材料种类	m^2	按设计图示尺寸以面积计算 1. 斜屋顶(不包括平屋顶找坡)按斜面积计算,平屋顶按水平投影面积计算 2. 不扣除房上烟囱、风帽底座、风道、屋面小气窗和斜沟所占面积 3. 屋面的女儿墙、伸缩缝和天窗等处的弯起部分,并入屋面工程量内	1. 基层处理 2. 抹找平层 3. 刷底油 4. 铺油毡卷材、接缝、嵌缝 5. 铺保护层
010702002	屋面涂膜防水	1. 防水膜品种 2. 涂膜厚度、遍数、增强材料种类 3. 嵌缝材料种类 4. 防护材料种类			1. 基层处理 2. 抹找平层 3. 涂防水膜 4. 铺保护层
010702003	屋面刚性防水	1. 防水层厚度 2. 嵌缝材料种类 3. 混凝土强度等级		按设计图示尺寸以面积计算。不扣除房上烟囱、风帽底座、风道等所占面积	1. 基层处理 2. 混凝土制作、运输、铺筑、养护

续表

项目编码	项目名称	项目特征	计量单位	工程量计算规则	工程内容
010702004	屋面排水管	1. 排水管品种、规格、品牌、颜色 2. 接缝、嵌缝材料种类 3. 涂料品种、刷漆遍数	m	按设计图示尺寸以长度计算。如设计未标注尺寸，以檐口至设计室外散水上表面垂直距离计算	1. 排水管及配件安装、固定 2. 雨水斗、雨水箅子安装 3. 接缝、嵌缝
010702005	屋面天沟、沿沟	1. 材料品种 2. 砂浆配合比 3. 宽度、坡度 4. 接缝、嵌缝材料种类 5. 防护材料种类	m^2	按设计图示尺寸以面积计算。铁皮和卷材天沟按展开面积计算	1. 砂浆制作、运输 2. 砂浆找坡、养护 3. 天沟材料铺设 4. 天沟配件安装 5. 接缝、嵌缝 6. 刷防护材料

三、墙、地面防水、防潮

工程量清单项目设置及工程量计算规则，应按表 10-3 的规定执行。

表 10-3　墙、地面防水、防潮（编码：010703）

项目编码	项目名称	项目特征	计量单位	工程量计算规则	工程内容
010703001	卷材防水	1. 卷材、涂料品种 2. 涂膜厚度、遍数、增强材料种类 3. 防水部位 4. 防水做法 5. 接缝、嵌缝材料种类 6. 防护材料种类	m^2	按设计图示尺寸以面积计算 1. 地面防水：按主墙间净空面积计算，扣除凸出地面的构筑物、设备基础等所占面积，不扣除间壁墙及单个 0.3m^2 以内的柱、垛、烟囱和孔洞所占面积 2. 墙基防水：外墙按中心线，内墙按净长乘以宽度计算	1. 基层处理 2. 抹找平层 3. 刷胶黏剂 4. 铺防水卷材 5. 铺保护层 6. 接缝、嵌缝
010703002	涂膜防水				1. 基层处理 2. 抹找平层 3. 刷基层处理剂 4. 铺涂膜防水层 5. 铺保护层
010703003	砂浆防水（潮）	1. 防水（潮）部位 2. 防水（潮）厚度、层数 3. 砂浆配合比 4. 外加剂材料种类			1. 基层处理 2. 挂钢丝网片 3. 设置分格缝 4. 砂浆制作、运输、摊铺、养护
010703004	变形缝	1. 变形缝部位 2. 嵌缝材料种类 3. 止水带材料种类 4. 盖板材料 5. 防护材料种类	m	按设计图示以长度计算	1. 清缝 2. 填塞防水材料 3. 止水带安装 4. 盖板制作 5. 刷防护材料

四、其他相关问题的处理

① 小青瓦、水泥平瓦、琉璃瓦等，应按表 10-1 中瓦屋面项目编码列项。

② 压型钢板、阳光板、玻璃钢等，应按表 10-1 中型材屋面编码列项。

五、有关项目的说明

① 瓦屋面　项目适用于小青瓦、平瓦、筒瓦、石棉水泥瓦及玻璃钢波形瓦等。应注意以下几个问题。

a. 屋面基层包括檩条、椽子、木屋面板、顺水条及挂瓦条等。

b. 木屋面板应明确启口、错口及平口接缝。

② 型材屋面　项目适用于压型钢板、金属压型夹芯板、阳光板及玻璃钢等。应注意：型材屋面的钢檩条或木檩条及骨架、螺栓、挂钩等应包括在报价内。

③ 膜结构屋面　项目适用于膜布屋面。应注意以下几个问题。

a. 工程量的计算按设计图示尺寸以需要覆盖的水平投影面积计算，见图 10-1。

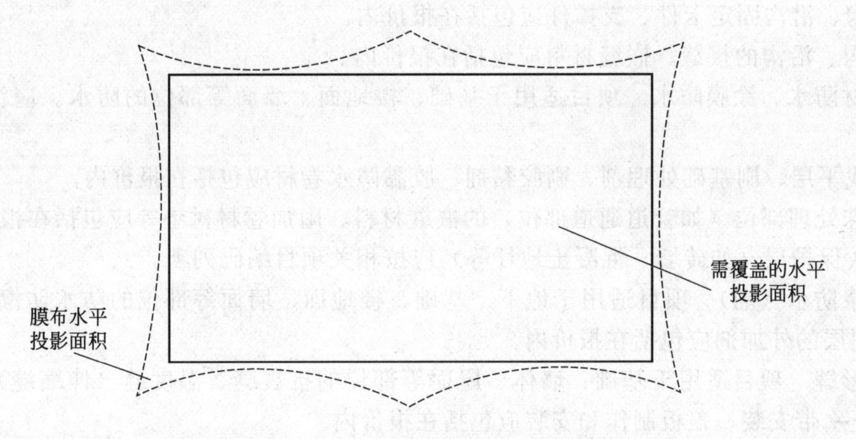

图 10-1　膜结构屋面工程量计算示意图

b. 支撑和拉固膜布的钢柱、拉杆、金属网架、钢丝绳、锚固的锚头等应包括在报价内。

c. 支撑柱钢筋混凝土的柱基、锚固的钢筋混凝土基础及地脚螺栓等按混凝土及钢筋混凝土相关项目编码列项。

④ 屋面卷材防水　项目适用于利用胶结材料粘贴卷材进行防水的屋面。应注意以下几个问题。

a. 抹屋面找平层、基层处理（清理修补、刷基层处理剂）等应包括在报价内。

b. 檐沟、天沟、水落口、泛水收头及变形缝等处的卷材附加层应包括在报价内。

c. 浅色、反射涂料保护层、绿豆砂保护层、细砂、云母及蛭石保护层应包括在报价内。

d. 水泥砂浆保护层、细石混凝土保护层可包括在报价内，也可按相关项目编码列项。

⑤ 屋面涂膜防水　项目适用于厚质涂料、薄质涂料和有加增强材料或无加增强材料的涂膜防水屋面。应注意以下几个问题。

a. 抹屋面找平层，基层处理（清理修补、刷基层处理剂等）应包括在报价内。

b. 需加强材料的应包括在报价内。

c. 檐沟、天沟、水落口、泛水收头及变形缝等处的附加层材料应包括在报价内。

d. 浅色、反射涂料保护层、绿豆砂保护层、细砂、云母、蛭石保护层应包括在报价内。

e. 水泥砂浆、细石混凝土保护层可包括在报价内，也可按相关项目编码列项。

⑥ 屋面刚性防水　项目适用于细石混凝土、补偿收缩混凝土、块体混凝土、预应力混凝土和钢纤维混凝土刚性防水屋面。应注意：刚性防水屋面的分格缝、泛水、变形缝部位的防水卷材、密封材料、背衬材料、沥青麻丝等应包括在报价内。

⑦ 屋面排水管　项目适用于各种排水管材（PVC 管、玻璃钢管、铸铁管等）。应注意以

下几个问题。

a. 排水管、雨水口、箅子板、水斗等应包括在报价内。

b. 埋设管卡箍、裁管、接嵌缝应包括在报价内。

⑧ 屋面天沟、沿沟　项目适用于水泥砂浆天沟、细石混凝土天沟、预制混凝土天沟板、卷材天沟、玻璃钢天沟、镀锌钢板天沟等；塑料沿沟、镀锌钢板沿沟、玻璃钢天沟等。应注意以下几个问题。

a. 天沟、沿沟固定卡件、支撑件应包括在报价内。

b. 天沟、沿沟的接缝、嵌缝材料应包括在报价内。

⑨ 卷材防水、涂膜防水　项目适用于基础、楼地面、墙面等部位的防水。应注意以下几个问题。

a. 抹找平层、刷基础处理剂、刷胶黏剂、胶黏防水卷材应包括在报价内。

b. 特殊处理部位（如管道通道部位）的嵌缝材料、附加卷材衬垫等应包括在报价内。

c. 永久保护层（如砖墙、混凝土地坪等）应按相关项目编码列项。

⑩ 砂浆防水（潮）　项目适用于地下、基础、楼地面、墙面等部位的防水防潮。应注意：防水、防潮层的外加剂应包括在报价内。

⑪ 变形缝　项目适用于基础、墙体、屋面等部位的抗震缝、温度缝（伸缩缝）、沉降缝。应注意：止水带安装、盖板制作和安装应包括在报价内。

六、共性问题的说明

① 瓦屋面、型材屋面的木檩条、木椽子、木屋面板需刷防火涂料时，可按相关项目单独编码列项，也可包括在瓦屋面、型材屋面项目报价内。

② 瓦屋面、型材屋面、膜结构屋面的钢檩条、钢支撑（柱、网架等）和拉结结构需刷防护材料时，可按相关项目单独编码列项，也可包括在瓦屋面、型材屋面、膜结构屋面项目报价内。

七、工程常见的名词解释

膜结构，也称索膜结构，是一种以膜布与支撑（柱、网架等）和拉结结构（拉杆、钢丝绳等）组成的屋盖、篷顶结构。

第二节　相关的工程技术资料

一、瓦屋面材料用量计算

各种瓦屋面的瓦及砂浆用量计算方法如下：

① 每 100m^2 屋面瓦耗用量 $=\dfrac{100}{\text{瓦有效长度}\times\text{瓦有效宽度}}\times(1+\text{损耗率})$

② 每 100m^2 屋面脊瓦耗用量 $=\dfrac{11(9)}{\text{脊瓦长度}-\text{搭接长度}}\times(1+\text{损耗率})$

（每 100m² 屋面面积屋脊摊入长度：水泥瓦黏土瓦为 11m，石棉瓦为 9m）

③ 每 100m^2 屋面瓦出线抹灰屋（m^3）＝抹灰宽×抹灰厚×每 100m^2 屋面摊入抹灰长度×(1＋损耗率)

（每 100m² 屋面面积摊入长度为 4m）

④ 脊瓦填缝砂浆用量（m^3）$=\dfrac{\text{脊瓦内圆面积}\times 70\%}{2}\times$ 每 100m^2 瓦屋面取定的屋脊长×(1－砂浆孔隙率)×(1＋损耗率)

脊瓦用的砂浆量按脊瓦半圆体积的 70％计算；梢头抹灰宽度按 120mm，砂浆厚度按

30mm 计算；铺瓦条间距为 300mm。

瓦的选用规格、搭接长度及综合脊瓦、梢头抹灰长度见表 10-4。

表 10-4 瓦的选用规格、搭接长度及综合脊瓦、梢头抹灰长度

项目	规格/mm		搭接/mm		有效尺寸/mm		每 100m² 屋面摊入	
	长	宽	长向	宽向	长	宽	脊长	梢头长
黏土瓦	380	240	80	33	300	207	7690	5860
小青瓦	200	145	133	182	67	190	11000	9600
小波石棉瓦	1820	720	150	62.5	1670	657.5	9000	
大波石棉瓦	2800	994	150	165.7	2650	828.3	9000	
黏土脊瓦	155	195	55				11000	
小波石棉脊瓦	780	180	200	1.5 波			11000	
大波石棉脊瓦	850	160	200	1.5 波			11000	

二、卷材屋面材用量计算

$$每\ 100m^2\ 屋面卷材用量(m^2)=\frac{100}{\left(卷材宽-\begin{matrix}横向\\搭接宽\end{matrix}\right)\times\left(卷材长-\begin{matrix}顺向\\搭接宽\end{matrix}\right)}\times 每卷卷材面积\times(1+损耗率)$$

1. 卷材屋面的油毡搭接长度（见表 10-5）

表 10-5 卷材屋面的油毡搭接长度

项目		单位	规范规定		定额取定	备注
			平顶	坡顶		
隔气层	长向	mm	50	50	70	油毡规格为 21.86m×0.915m
	短向	mm	50	50	100	每卷卷材按 2 个接头
防水层	长向	mm	70	70	70	
	短向	mm	100	150	100	(100×0.7+150×0.3)按 2 个接头

注：定额取定为搭接长向 70mm，短向 100mm，附加层计算 10.30m²。

2. 一般各部位附加层（见表 10-6）

表 10-6 每 100m² 卷材屋面附加层含量

部位		单位	平檐口	檐口沟	天沟	檐口天沟	屋脊	大板端缝	过屋脊	沿墙
附加层	长度	mm	780	5340	730	6640	2850	6670	2850	6000
	宽度	mm	450	450	800	500	450	300	200	650

3. 卷材铺油厚度（见表 10-7）

表 10-7 屋面卷材铺油厚度

项目	底层	中层	面层	
			面层	带砂
规范规定	1～1.5mm，不大于 2mm			2～4mm
定额取定	1.4mm	1.3mm	2.5mm	3mm

三、屋面保温找坡层平均折算厚度

屋面保温找坡层的平均折算厚度见表 10-8。

表 10-8　屋面保温找坡层的平均折算厚度　　单位：m

类别/坡度/跨度/m	双坡							单坡						
	$\frac{1}{10}$ 10%	$\frac{1}{12}$ 8.3%	$\frac{1}{33.3}$ 3.0%	$\frac{1}{40}$ 2.5%	$\frac{1}{50}$ 2%	$\frac{1}{67}$ 1.5%	$\frac{1}{100}$ 1%	$\frac{1}{10}$ 10%	$\frac{1}{12}$ 8.3%	$\frac{1}{33.3}$ 3%	$\frac{1}{40}$ 2.5%	$\frac{1}{50}$ 2%	$\frac{1}{67}$ 1.5%	$\frac{1}{100}$ 1%
4	0.100	0.083	0.030	0.25	0.020	0.015	0.010	0.200	0.167	0.060	0.050	0.040	0.030	0.020
5	0.125	0.104	0.038	0.31	0.025	0.019	0.013	0.250	0.208	0.075	0.063	0.050	0.038	0.025
6	0.150	0.125	0.045	0.038	0.030	0.023	0.015	0.300	0.250	0.090	0.075	0.060	0.045	0.030
7	0.175	0.146	0.053	0.044	0.035	0.026	0.018	0.350	0.292	0.105	0.088	0.070	0.053	0.035
8	0.200	0.167	0.060	0.050	0.040	0.030	0.020	0.400	0.333	0.120	0.100	0.080	0.060	0.040
9	0.225	0.188	0.068	0.056	0.045	0.034	0.023	0.450	0.375	0.135	0.113	0.090	0.068	0.045
10	0.250	0.208	0.075	0.063	0.050	0.038	0.025	0.500	0.416	0.150	0.125	0.100	0.075	0.050
11	0.275	0.229	0.083	0.069	0.055	0.041	0.028	0.550	0.458	0.165	0.138	0.110	0.083	0.055
12	0.300	0.250	0.090	0.075	0.060	0.045	0.030	0.600	0.500	0.180	0.150	0.120	0.090	0.060
13		0.271	0.098	0.081	0.065	0.049	0.033			0.195	0.163	0.130	0.098	0.065
14		0.292	0.105	0.088	0.070	0.053	0.035			0.210	0.175	0.140	0.106	0.070
15		0.312	0.113	0.094	0.075	0.056	0.038			0.225	0.188	0.150	0.112	0.075
18		0.375	0.135	0.113	0.090	0.068	0.045			0.270	0.225	0.180	0.136	0.090
21		0.437	0.158	0.131	0.105	0.079	0.053			0.315	0.263	0.210	0.158	0.105
24		0.500	0.180	0.150	0.120	0.099	0.060			0.360	0.300	0.240	0.180	0.120

四、金属屋面单双咬口长度

金属屋面单双咬口的长度见表 10-9。

表 10-9　金属屋面单双咬口的长度

项　目	单　位	立　咬	平　咬	铁皮规格	每张铁皮有效面积
单咬口	mm	55	30	1800×900	1.496m^2
双咬口	mm	110	30	1800×900	1.382m^2

铁皮单立咬口、双立咬口、单平咬口、双平咬口如图 10-2 所示。

图 10-2　铁皮单立咬口、双立咬口、单平咬口、双平咬口示意

注：瓦垄金属规格为 1800mm×600mm，上、下搭接长度为 100mm，短向搭接按左右压 1.5 个坡。

第三节　工程量清单工程量计算实例

项目编码：010702001　　项目名称：屋面卷材防水

【例 10-1】 某屋面防水层为再生橡胶卷材，其详图及尺寸如图 10-3 所示，试计算其工程量。

【解】 清单工程量：

工程量＝屋顶平面面积＋女儿墙处弯起面积

＝[(15－0.24)×(8.4－0.24)＋(8.4－0.24＋15－0.24)×2×0.3]m^2

＝(120.44＋13.75)m^2

＝134.19 (m^2)

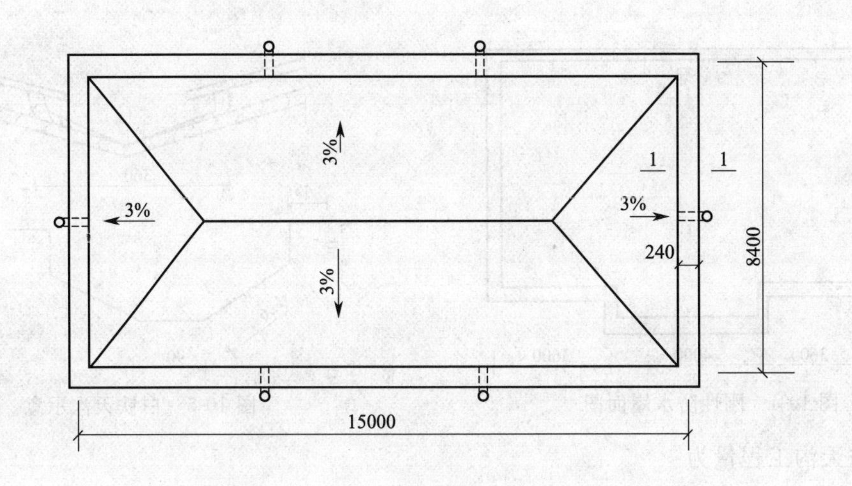

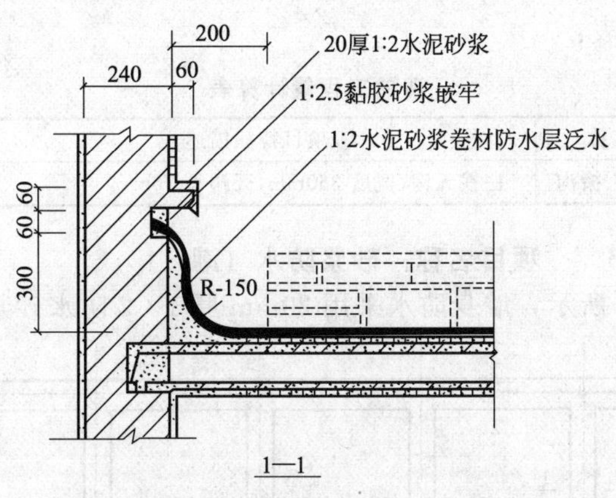

图 10-3 卷材防水屋面平面图

清单工程量计算见下表：

清单工程量计算表

项目编码	项目名称	项目特征描述	计量单位	工程量
010702001001	屋面卷材防水	再生橡胶卷材	m^2	134.19

项目编码：010702003　　项目名称：屋面刚性防水

【例 10-2】 某屋面采用屋面刚性防水，如图 10-4 所示，求其工程量。

【解】 清单工程量：

$$(3.6+4.0+3.6)\times 8.6+1.0\times 4.0=100.32\ (m^2)$$

清单工程量计算见下表：

清单工程量计算表

项目编码	项目名称	项目特征描述	计量单位	工程量
010702003001	屋面刚性防水	10 厚 1：2 防水砂浆防水	m^2	100.32

项目编码：010702005　　项目名称：屋面天沟、檐沟

【例 10-3】 如图 10-5 所示，为一白铁天沟示意图，天沟长度 26m，试计算其工程量。

【解】 清单工程量：

根据清单中关于天沟的工程量计算规则，按设计图示尺寸以面积计算，铁皮天沟按展开面积计算。

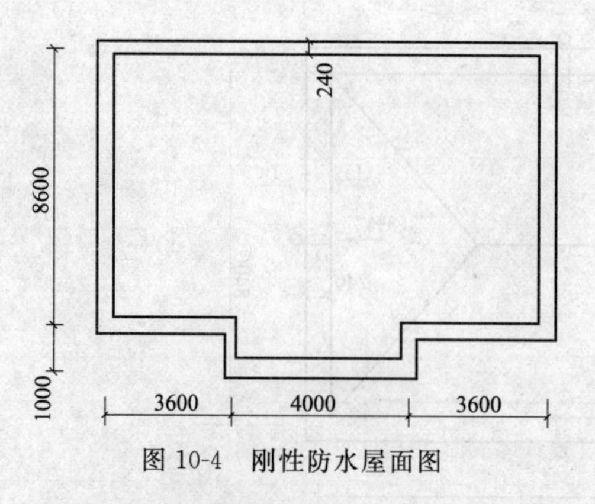

图 10-4　刚性防水屋面图

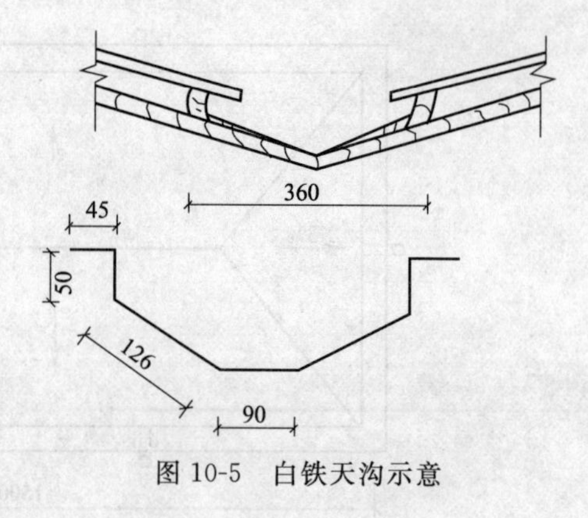

图 10-5　白铁天沟示意

则白铁天沟工程量为

$$S=[(0.045+0.05+0.126)\times 2+0.09]\times 26=13.832\ (m^2)$$

清单工程量计算见下表：

清单工程量计算表

项目编码	项目名称	项目特征描述	计量单位	工程量
010702005001	屋面天沟、檐沟	白铁天沟、宽度 360mm，天沟长 26m	m^2	13.83

项目编码：010703003　　项目名称：砂浆防水（潮）

【例 10-4】 如图 10-6 所示，墙身防水采用 20mm 厚 1∶2 防水砂浆防水，试求其工程量。

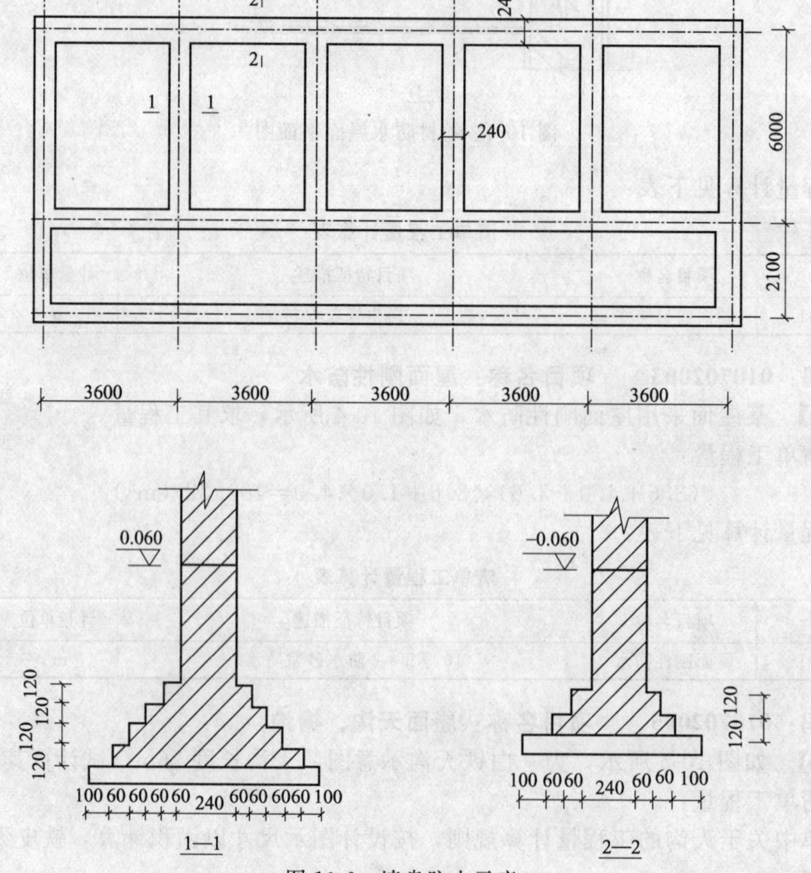

图 10-6　墙身防水示意

【解】 清单工程量：

$$[(18+8.1)\times2+17.76+5.76\times4]\times0.24=22.32\ (\mathrm{m}^2)$$

清单工程量计算见下表：

清单工程量计算表

项目编码	项目名称	项目特征描述	计量单位	工程量
010703003001	砂浆防水(潮)	20mm厚1：2防水砂浆墙基防水	m^2	22.32

第十一章　防腐、隔热、保温工程

第一节　工程量清单项目设置及工程量计算规则

一、防腐面层

工程量清单项目设置及工程量计算规则，应按表 11-1 的规定执行。

表 11-1　防腐面层（编码：010801）

项目编码	项目名称	项目特征	计量单位	工程量计算规则	工程内容
010801001	防腐混凝土面层	1. 防腐部位 2. 面层厚度 3. 砂浆、混凝土、胶泥种类	m^2	按设计图示尺寸以面积计算 1. 平面防腐：扣除凸出地面的构筑物、设备基础等所占面积 2. 立面防腐：砖垛等凸出部分按展开面积并入墙面积内	1. 基层清理 2. 基层刷稀胶泥 3. 砂浆制作、运输、摊铺、养护 4. 混凝土制作、运输、摊铺、养护
010801002	防腐砂浆面层				
010801003	防腐胶泥面层				1. 基层清理 2. 胶泥调制、摊铺
010801004	玻璃钢防腐面层	1. 防腐部位 2. 玻璃钢种类 3. 贴布层数 4. 面层材料品种			1. 基层清理 2. 刷底漆、刮腻子 3. 胶浆配制、涂刷 4. 贴布、涂刷面层
010801005	聚氯乙烯板面层	1. 防腐部位 2. 面层材料品种 3. 黏结材料种类		按设计图示尺寸以面积计算 1. 平面防腐：扣除凸出地面的构筑物、设备基础等所占面积 2. 立面防腐：砖垛等凸出部分按展开面积并入墙面积内 3. 踢脚板防腐：扣除门洞所占面积并相应增加门洞侧壁面积	1. 基层清理 2. 配料、涂胶 3. 聚氯乙烯板铺设 4. 铺贴踢脚板
010801006	块料防腐面层	1. 防腐部位 2. 块料品种、规格 3. 黏结材料种类 4. 勾缝材料种类			1. 基层清理 2. 砌块料 3. 胶泥调制、勾缝

二、其他防腐

工程量清单项目设置及工程量计算规则，应按表 11-2 的规定执行。

表 11-2　其他防腐（编码：010802）

项目编码	项目名称	项目特征	计量单位	工程量计算规则	工程内容
010802001	隔离层	1. 隔离层部位 2. 隔离层材料品种 3. 隔离层做法 4. 粘贴材料种类	m^2	按设计图示尺寸以面积计算 1. 平面防腐：扣除凸出地面的构筑物、设备基础等所占面积 2. 立面防腐：砖垛等凸出部分按展开面积并入墙面积内	1. 基层清理、刷油 2. 煮沥青 3. 胶泥调制 4. 隔离层铺设
010802002	砌筑沥青浸渍砖	1. 砌筑部位 2. 浸渍砖规格 3. 浸渍砖砌法（平砌、立砌）	m^3	按设计图示尺寸以体积计算	1. 基层清理 2. 胶泥调制 3. 浸渍砖铺砌

续表

项目编码	项目名称	项目特征	计量单位	工程量计算规则	工程内容
010802003	防腐涂料	1. 涂刷部位 2. 基层材料类型 3. 涂料品种、刷涂遍数	m²	按设计图示尺寸以面积计算 1. 平面防腐：扣除凸出地面的构筑物、设备基础等所占面积 2. 立面防腐：砖垛等凸出部分按展开面积并入墙面积内	1. 基层清理 2. 刷涂料

三、隔热、保温

工程量清单项目设置及工程量计算规则，应按表 11-3 的规定执行。

表 11-3　隔热、保温（编码：010803）

<table>
<tr><th>项目编码</th><th>项目名称</th><th>项目特征</th><th>计量单位</th><th>工程量计算规则</th><th>工程内容</th></tr>
<tr><td>010803001</td><td>保温隔热屋面</td><td rowspan="5">1. 保温隔热部位
2. 保温隔热方式(内保温、外保温、夹芯保温)
3. 踢脚线、勒脚线保温做法
4. 保温隔热面层材料品种、规格、性能
5. 保温隔热材料品种、规格
6. 隔气层厚度
7. 黏结材料种类
8. 防护材料种类</td><td rowspan="5">m²</td><td rowspan="2">按设计图示尺寸以面积计算。不扣除柱、垛所占面积</td><td rowspan="2">1. 基层清理
2. 铺粘保温层
3. 刷防护材料</td></tr>
<tr><td>010803002</td><td>保温隔热天棚</td></tr>
<tr><td>010803003</td><td>保温隔热墙</td><td>按设计图示尺寸以面积计算。扣除门窗洞口所占面积;门窗洞口侧壁需做保温时,并入保温墙体工程量内</td><td rowspan="2">1. 基层清理
2. 底层抹灰
3. 粘贴龙骨
4. 填贴保温材料
5. 粘贴面层
6. 嵌缝
7. 刷防护材料</td></tr>
<tr><td>010803004</td><td>保温柱</td><td>按设计图示以保温层中心线展开长度乘以保温层高度计算</td></tr>
<tr><td>010803005</td><td>隔热楼地面</td><td>按设计图示尺寸以面积计算。不扣除柱、垛所占面积</td><td>1. 基层清理
2. 铺设粘贴材料
3. 铺贴保温层
4. 刷防护材料</td></tr>
</table>

四、其他相关问题的处理

① 保温隔热墙的装饰面层，应按《计价规范》附录 B.2 中相关项目编码列项。

② 柱帽保温隔热应并入天棚保温隔热工程量内。

③ 池槽保温隔热，池壁、池底应分别编码列项，池壁应并入墙面保温隔热工程量内，池底应并入地面保温隔热工程量内。

五、有关项目的说明

① 防腐混凝土面层、防腐砂浆面层、防腐胶泥面层　项目适用于平面或立面的水玻璃混凝土、水玻璃砂浆、水玻璃胶泥、沥青混凝土、沥青砂浆、沥青胶泥、树脂砂浆、树脂胶泥及聚合物水泥砂浆等防腐工程。应注意以下几个问题。

a. 因防腐材料不同及价格上的差异，清单项目中必须列出混凝土、砂浆、胶泥的材料种类，如水玻璃混凝土、沥青混凝土等。

b. 如遇池槽防腐，池底和池壁可合并列项，也可分为池底面积和池壁防腐面积，分别列项。

② 玻璃钢防腐面层　项目适用于树脂胶料与增强材料（如玻璃纤维丝、布、玻璃纤维表面毡、玻璃纤维短切毡或涤纶布、涤纶毡、丙纶布、丙纶毡等）复合塑制而成的玻璃钢防腐。应注意以下几个问题。

a. 项目名称应描述构成玻璃钢、树脂和增强材料名称。如环氧酚醛（树脂）玻璃钢、酚醛（树脂）玻璃钢、环氧煤焦油（树脂）玻璃钢、环氧呋喃（树脂）玻璃钢、不饱和聚酯（树脂）玻璃钢等。增强材料玻璃纤维布、毡、涤纶布毡等。

b. 应描述防腐部位和立面、平面。

③ 聚氯乙烯板面层　项目适用于地面、墙面的软、硬聚氯乙烯板防腐工程。应注意：聚氯乙烯板的焊接应包括在报价内。

④ 块料防腐面层　项目适用于地面、沟槽、基础的各类块料防腐工程。应注意以下几个问题。

a. 防腐蚀块料粘贴部位（地面、沟槽、基础、踢脚线）应在清单项目中进行描述。

b. 防腐蚀块料的规格、品种（瓷板、铸石板、天然石板等）应在清单项目中进行描述。

⑤ 隔离层　项目适用于楼地面的沥青类、树脂玻璃钢类防腐工程隔离层。

⑥ 砌筑沥青浸渍砖　项目适用于浸渍标准砖、工程量以体积计算，立砌按厚度 115mm 计算；平砌以 53mm 计算。

⑦ 防腐涂料　项目适用于建筑物、构筑物以及钢结构的防腐。应注意以下几个问题。

a. 项目名称应对涂刷基层（混凝土、抹灰面）进行描述。

b. 需刮腻子时应包括在报价内。

c. 应对涂料底漆层、中间漆层、面漆涂刷（或刮）遍数进行描述。

⑧ 保温隔热屋面　项目适用于各种材料的屋面隔热保温。应注意以下几个问题。

a. 屋面保温隔热层上的防水层应按屋面的防水项目单独列项。

b. 预制隔热板屋面的隔热板与砖墩分别按混凝土及钢筋混凝土工程和砌筑工程相关项目编码列项。

c. 屋面保温隔热的找坡、找平层应包括在报价内，如果屋面防水层项目包括找平层和找坡，屋面保温隔热不再计算，以免重复。

⑨ 保温隔热天棚　项目适用于各种材料的下贴式或吊顶上搁置式的保温隔热的天棚。应注意以下几个问题。

a. 下贴式如需底层抹灰时，应包括在报价内。

b. 保温隔热材料需加药物防虫剂时，应在清单中进行描述。

⑩ 保温隔热墙　项目适用于工业与民用建筑物外墙、内墙保温隔热工程。应注意以下几个问题。

a. 外墙内保温和外保温的面层应包括在报价内，装饰层应按 GB 50500—2008 附录 B 相关项目编码列项。

b. 外墙内保温的内墙保温踢脚线应包括在报价内。

c. 外墙外保温、内保温、内墙保温的基层抹灰或刮腻子应包括在报价内。

六、共性问题的说明

① 防腐工程中需酸化处理时应包括在报价内。

② 防腐工程中的养护应包括在报价内。

③ 保温的面层应包括在项目内、面层外的装饰面层按 GB 50500—2008 附录 B 相关项目编码列项。

第二节　相关的工程技术资料

一、工程施工配合比

1. 沥青胶泥施工配合比

沥青胶泥的施工配合比见表 11-4。

表 11-4　沥青胶泥施工配合比

沥青软化点/℃	配合比(质量计)			胶泥软化点/℃	适用部位
	沥青	粉料	石棉		
75	100	30	5	75	隔离层用
90～110	100	30	5	95～110	
75	100	80	5	95	灌缝用
90～110	100	80	5	110～115	
75	100	100	5	95	铺砌平面板块材用
90～110	100	100	10～15	120	
65～75	100	150	5	105～110	铺砌立面板块材用
90～110	100	150	10～5	125～135	
65～75	100	200	5	120～145	灌缝法铺砌平面结合层用
90～110	100	200	10～5	>145	
75	100	—	25	70～90	铺贴卷材

注：1. 配制耐热稳定性大于70℃的沥青胶泥，可采用掺加沥青用量5%左右的硫黄提高沥青软化点。

2. 沥青胶泥的相对密度为1.35～1.48。

2. 沥青砂浆和沥青混凝土施工配合比

沥青砂浆和沥青混凝土的施工配合比见表11-5。

表 11-5　沥青砂浆和沥青混凝土的施工配合比

种类	配合比(质量计)								适用部位
	石油沥青			粉料	石棉	砂子	碎石/mm		
	30号	10号	55号				5～20	20～40	
沥青砂浆	100	—	—	166	—	466	—	—	砌筑用
	100	—	—	100	5～8	100～200	—	—	涂抹用
	—	100	—	150	—	583	—	—	砌筑用
	—	50	50	142	—	567	—	—	面层用
	—	—	—	100	—	400	—	—	砌筑用
沥青混凝土	100	—	—	90	—	360	140	310	作面层用
	100	—	—	67	—	244	266	—	
	—	100	—	100	—	500	300	—	
	—	50	50	84	—	333	417	—	
	—	—	—	33	—	400	300	—	

注：涂抹立面的沥青砂浆，抗压强度可不受限制。

3. 环氧胶泥、砂浆、玻璃钢胶料施工配合比

环氧胶泥、砂浆、玻璃钢胶料的施工配合比见表11-6。

表 11-6　环氧胶泥、砂浆、玻璃钢胶料的施工配合比（质量比）

材料名称			胶结料	稀释剂	固化剂	增韧剂	粉料	细集料	砂子
			环氧树脂	丙酮(或二甲苯)	乙二胺	乙二胺丙酮溶液	邻苯二甲酸二丁酯	石英粉或瓷粉	
环氧胶泥			100	0～20	(6～8)	12～16	(10)	150～250	—
环氧胶泥			100	(20)	(6～8)	12～16	10～12	(80～170)	—
环氧砂浆			100	10～30	(6～8)	12～16	10	250～290	500～600
环氧玻璃钢	打底料	水泥砂浆混凝土钢材	100	60～100	(6～8)	12～16	—	0～20	—
			100	40～50	(6～8)	12～16	—	0～20	—
	腻子料衬布料、面层料		100	0～10	(6～8)	12～16	—	120～180	—
			100	10～15	(6～8)	12～16	—	15～20	—

注：1. 表中括号内数据为亦可选用的数据。

2. 乙二胺纯度按100%计。石英粉可用辉绿岩粉代用。腐蚀介质为氢氟酸时，粉料应选用硫酸钡粉。

3. 环氧胶泥技术性能：抗压强度45～80MPa；抗拉强度4.5～8MPa；黏结强度：与混凝土2.7MPa；与瓷板3.8MPa；与花岗岩3.0～3.85MPa；密度1.4～1.54g/cm³；渗水性2.8MPa；使用温度95℃。

4. 水玻璃胶泥、砂浆、混凝土施工配合比

水玻璃胶泥、砂浆、混凝土的施工配合比见表11-7。

表 11-7　水玻璃胶泥、砂浆、混凝土的施工配合比

材料名称	配合比(质量比)						
	水玻璃	氟硅酸钠	辉绿岩粉(或石英粉)	69号耐酸灰	辉绿岩粉：石英粉＝1：1	砂子	碎石
水玻璃胶泥	1.0	0.15～0.18	2.55～2.7	—	—	—	—
	1.0	0.15～0.18	—	2.4～2.6	—	—	—
	1.0	0.15～0.18	1.25～1.3	1.25～1.3	—	—	—
	1.0	0.15～0.18	(2.0～2.2)	—	—	—	—
	1.0	0.15～0.18	—	—	2.2～2.4	—	—
水玻璃砂浆	1.0	0.15～0.17	2.0～2.2	—	—	2.5～2.7	—
	1.0	0.15～0.17	1.0～1.4	—	—	1.7～1.9	—
	1.0	0.15～0.17	—	2.0～2.4	—	2.5～2.6	—
	1.0	0.15～0.17	—	—	2.0～2.2	2.5～2.6	—
水玻璃混凝土	1.0	0.15～0.16	2.0～2.2	—	—	2.3	3.2
	1.0	0.15～0.16	—	—	1.8～2.2	2.4～2.5	3.2～3.3
	1.0	0.15～0.16	—	2.1～2.0	—	2.5～2.7	3.2～3.3

注：1. 氟硅酸钠纯度按100%计，不足100%时掺量按比例增加。

2. 氟硅酸钠用量计算按下式

$$G=1.5\frac{N_1}{N_2}\times 100$$

式中　G——氟硅酸钠用量占水玻璃用量的百分率，%；

N_1——水玻璃中含氧化钠的百分率，%；

N_2——氟硅酸钠的纯度，%。

5. 改性水玻璃混凝土配合比

改性水玻璃混凝土的配合比见表11-8。

表 11-8　改性水玻璃混凝土的配合比（质量比）

改性水玻璃溶液					氟硅酸钠	辉绿岩粉	石英砂	石英碎石
水玻璃	糠醇	六羟树脂	NNO	木钙				
100	3～5	—	—	—	15	180	250	320
100	—	7～8	—	—	15	190	270	345
100	—	—	10	—	15	190	270	345
100	—	—	—	2	15	210	230	320

注：1. 糠醇为淡黄色或微棕色液体，要求纯度95%以上；六羟树脂为微黄色透明液体，要求固体含量40%，游离醛不大于2%～3%，NNO呈粉状，要求硫酸钠含量小于3%，pH值7～9；木钙为黄棕色粉末，碱木素含量大于55%，pH值为4～6。

2. 糠醇改性水玻璃溶液另加糖醇用量3%～5%的催化剂盐酸苯胺，盐酸苯胺要求纯度98%以上，细度通过0.25mm筛孔。NNO配成1：1水溶液使用；木钙加9份水配成溶液使用，表中为溶液掺量。氟硅酸钠纯度按100%计。

6. 呋喃胶泥和砂浆施工配合比

呋喃胶泥和砂浆的施工配合比见表11-9。

表 11-9 呋喃胶泥和砂浆施工配合比（质量比）

材料名称	呋喃树脂	10 号石油沥青	二甲苯或甲苯	硫酸乙酯（3：1）	石英粉（或辉绿岩粉）	石英粉（或硫酸钡粉）	石英砂	备注
呋喃胶泥	100	—	5～10	12	100	—	—	灌缝用
	100	—	5～10	12	80　20	—	—	灌缝用
	100	—	5～10	12	—	50　50	—	灌缝用
	100(90)	(10)	5～10	12	180	—	—	铺砌与嵌缝用
	100(90)	(100)	5～10	12	140　50	—	—	铺砌与嵌缝用
	100(90)	(10)	5～10	12	—	90　90	—	铺砌与嵌缝用
呋喃砂浆	100	—	10～15	12～14	75～125	—	225～375	铺砌用

注：1. 表中括号内数据为配制改性呋喃沥青胶泥时，树脂与沥青比例，其他材料均相同。介质为氢氟酸时，材料应选用石墨粉与硫酸钡粉。

2. 呋喃胶泥技术性能：抗压强度 15～80MPa；抗压强度 418MPa；黏结强度：与瓷板 0.09MPa，与铸石板 0.84MPa；与花岗岩 1.35MPa；呋喃沥青胶泥黏结强度：与瓷板 0.26MPa；与铸石板 1.19MPa；与花岗岩 1.21MPa；呋喃胶泥耐热温度 180～200℃；呋喃沥青胶泥耐热温度 175℃。

7. 酚醛胶泥、玻璃钢胶料施工配合比

酚醛胶泥、玻璃钢胶料的施工配合比见表 11-10。

表 11-10 酚醛胶泥、玻璃钢胶料的施工配合比（质量比）

材料名称		胶结料	稀释剂		固化剂		改进剂	粉料
		酚醛树脂	丙酮	乙醇	苯磺酰氯	对甲苯磺酰氯：硫酸乙酯＝7：3	桐油钙松等	石英粉或瓷粉
酚醛胶泥		100	(0～10)	0～10	6～10	(8～12)	10	150～200
酚醛玻璃钢	腻子料衬布料、面层料	100	(0～10)	0～10	8～10	—	—	120～180
		100	(10～15)	10～15	8～10	—	—	10～15

注：1. 表中括号内数据为亦可选用数据。

2. 硫酸乙酯为硫酸：乙醇＝1：（2～3）。

3. 酚醛玻璃钢打底料同环氧玻璃钢打底料。

4. 酚醛胶泥技术性能：抗压强度 37.8～84MPa；抗拉强度 3.9～5.4MPa；黏结强度；与瓷板 1.1～1.2MPa；与铸石板 1.3～1.7MPa；与钢 1.5MPa；收缩率 0.16％～0.42％；耐热温度在 120℃以下。

8. 聚酯胶泥、砂浆、玻璃钢胶料施工配合比

聚酯胶泥、砂浆、玻璃钢胶料的施工配合比见表 11-11。

表 11-11 聚酯胶泥、砂浆、玻璃钢胶料的施工配合比（质量比）

材料名称		胶结料	稀释剂	引发剂	促进剂	粉料	细集料
		不饱和聚酯树脂	苯乙烯	过氧化环己酮	萘酸钴	石英粉或瓷粉	石英粉
聚酯胶泥		100	0～10	3～4	2～4	200～400	—
聚酯砂浆		100	0～10	3～4	2～4	70～200	340～400
聚酯玻璃钢	打底料	100	20～40	3～4	1.5～2	—	—
	腻子料	100	0～10	3～4	1.5～2	120～180	—
	衬布料、面层料	100	0～10	3～4	1.5～2	10～20	—

注：介质为氢氟酸时，粉料、细集料改用硫酸钡填料。

9. 硫黄胶泥、砂浆、混凝土施工配合比

硫黄胶泥、砂浆、混凝土的施工配合比见表 11-12。

表 11-12　硫黄胶泥、砂浆、混凝土的施工配合比

材料名称	配合比(质量比)									
	硫黄	石英粉	辉绿岩粉	石墨粉	石棉绒	石英砂	聚硫橡胶	聚氯乙烯粉	萘	碎石
硫黄胶泥	58～60	38～40	—	—	0～1	—	1～2	—	—	—
	60	19.5	19.5	—	—	—	1.5	—	—	—
	70～72	—	—	26～28	0～1	—	1～2	—	—	—
	54～60	35～42	—	—	—	—	—	3～5	—	—
	60～35	35	—	—	—	—	—	—	3	—
硫黄砂浆	50	17～18	—	—	0～1	30	2～3	—	—	—
硫黄混凝土	40～50(硫黄胶泥或硫黄砂浆)									60～50

注：1. 硫黄胶泥的技术性能：抗拉强度 5.2～7.2MPa、抗压强度 37～64MPa、抗折强度 9.4～10.4MPa。黏结强度：与瓷板 1.5MPa；与铸石板 1.8～2.0MPa；与水泥砂浆 2.4MPa。弹性模量 499.9MPa，密度 2200～2300kg/m³，体积收缩率约 4%，热膨胀系数 1.6×10^{-5}～1.5×10^{-5}，吸水率 0.14%～0.48%。

2. 硫黄混凝土弹性模量 262.6MPa，密度 2400～2500kg/m³。

10. 常用聚氯乙烯黏结剂施工配合比及技术性能

常用聚氯乙烯黏结剂的施工配合比及技术性能见表 11-13。

表 11-13　常用聚氯乙烯黏结剂施工配合比及技术性能

黏结剂名称	施工配合比(质量比)	黏结强度/MPa	耗用量/(kg/m²)	备注
聚氨酯黏结剂(乌利当胶)	甲组∶乙组＝100∶(10～15)甲组(弹性体 30%,丙酮 51%,醋酸乙酯 19%) 乙组(多异氰酸酯固体含量 75%)	64.5～83.5	—	粘接硬板用，有商品供应
过氯乙烯黏结剂(601 塑料黏结剂)	(1)过氯乙烯树脂∶二氯乙烷＝13∶87 (2)过氯乙烯树脂∶丙酮＝20∶80 (3)过氯乙烯树脂∶环已酮∶二氯甲烷＝13∶15∶72	10	0.2～0.3	粘接软板用，有商品供应
氯丁酚醛黏结剂(FN-303 胶、88 号胶、F-234 胶、熊猫牌 303 树脂、202 胶)	氯丁橡胶∶氯丁酚甲醛树脂∶醋酸乙酯∶汽油＝113∶100∶272∶136	13	0.8	粘接软板用，有商品供应
氯丁橡胶黏结剂	氯丁橡胶∶氧化锌∶氧化镁∶碳酸钙∶防老剂 D∶苯∶汽油∶丙酮∶醋酸乙酯＝100∶10∶8∶(120～140)∶2∶36∶72∶36∶36	7	0.6	粘接软板用，有商品供应
沥青橡胶黏结剂	10 号石油沥青∶滑石粉∶生橡胶∶硫黄粉∶汽油＝60∶12∶0.9∶0.1∶(27～适量)	3	0.5～1.2	粘接软板用，自行配制
沥青胶泥	10 号石油沥青∶填料∶6～7 级石棉＝100∶(100～200)∶5	—	—	粘接软板用，自行配制

注：1. 聚氨酯黏结剂乙组为固化剂，采用热砂法时，在 2～3h 后，可固化，在固化前严禁与水接触，以免失效。

2. 氯丁酚醛黏结剂，括号内四种材料以 125 份配好后，作为 113 份再与后三种材料配合。

二、工程施工用料计算

1. 各种胶泥、砂浆、混凝土、玻璃钢用料计算

各种胶泥、砂浆、混凝土、玻璃钢用料按下列公式计算（均按质量比计算）。

① 统一计算公式：设甲、乙、丙三种材料密度分别为 A、B、C，配合比分别为 a、b、c，

则单位用量为$G=\frac{1}{a+b+c}$。

$$\text{甲材料用量(质量)}=G\times a \quad \text{乙材料用量(质量)}=G\times b$$

$$\text{丙材料用量(质量)}=G\times c$$

$$\text{配合后 }1\text{m}^3\text{ 砂浆(胶泥)质量}=\frac{1}{\frac{G\times a}{A}+\frac{G\times b}{B}+\frac{G\times c}{C}}\ (\text{kg})$$

1m^3 砂浆（胶泥）需要各种材料质量分别为

$$\text{甲材料(kg)}=1\text{m}^3\text{ 砂浆(胶泥)质量}\times G\times a$$

$$\text{乙材料(kg)}=1\text{m}^3\text{ 砂浆(胶泥)质量}\times G\times b$$

$$\text{丙材料(kg)}=1\text{m}^3\text{ 砂浆(胶泥)质量}\times G\times c$$

② 例如：耐酸沥青砂浆（铺设压实）用配合比（质量比）1.3∶2.6∶7.4，即沥青∶石英粉∶石英砂的配合比。

$$\text{单位用量 }G=\frac{1}{1.3+2.6+7.4}=0.0885$$

$$\text{沥青}=1.3\times0.0885=0.115$$

$$\text{石英粉}=2.6\times0.0885=0.23$$

$$\text{石英砂}=7.4\times0.0885=0.665$$

$$1\text{m}^3\text{ 砂浆质量}=\frac{100}{\frac{0.115}{1.1}+\frac{0.23}{2.7}+\frac{0.655}{2.7}}=2326\ (\text{kg})$$

1m^3 砂浆材料用量：

$$\text{沥青}=2326\times0.115=267\ (\text{kg})\ (\text{另加损耗})$$

$$\text{石英粉}=2326\times0.23=535\ (\text{kg})\ (\text{另加损耗})$$

$$\text{石英砂}=2326\times0.655=1524\ (\text{kg})\ (\text{另加损耗})$$

应注意：树脂胶泥中的稀释剂，如丙酮、乙醇、二甲苯等在配合比计算中未有比例成分，而是按取定值见表 11-14 直接算入。

表 11-14　树脂胶泥中的稀释剂参考取定值

材料名称 \ 种类	环氧胶泥	酚醛胶泥	环氧酚醛胶泥	环氧呋喃胶泥	环氧煤焦油胶泥	环氧打底材料
丙酮	0.1		0.06	0.06	0.04	1
乙醇		0.06				
乙二胺苯磺酰氯	0.08		0.05	0.05	0.04	0.07
二甲苯		0.08			0.10	

2. 玻璃钢类用料计算

根据一般作法，环氧玻璃钢、环氧酚醛玻璃钢、环氧呋喃玻璃钢、酚醛玻璃钢、环氧煤焦油玻璃钢项目计算如下。

① 底漆：各种玻璃钢底漆均用环氧树脂胶料，其用量为 0.116kg/m^2，另加 2.5%的损耗量，石英粉的损耗量为 1.5%。

② 腻子：各种玻璃钢腻子所用树脂与底漆相同，均为环氧树脂，其用量为底漆的 30%。

③ 贴布一层：各种玻璃钢，均为各该底漆一层耗用树脂量的 150%，玻璃布厚为 0.2mm。

④ 面漆一层：均与各该底漆一层所需用树脂量相同。

⑤ 各层的其他材料：其耗用量均按各种玻璃钢各该层的配合比计算取得。

⑥ 各种玻璃钢各层次所用的稀释剂，其用量除按配合比所需计算外，每层按照 100m^2 另加 2.5kg 洗刷工具的耗用量。

⑦ 各种玻璃钢各层次每增一层的各种材料，与该层次一层的耗用量相同。

⑧ 沥青胶泥不带填充料，每立方米用 30 号石油沥青 1155kg。

3. 软氯乙烯塑料地面用料计算

塑料板厚规格为 3mm，401 胶 0.9kg/m^2，塑料焊条 0.0244kg/m 焊缝。踢脚线是按 15cm 高度计算的。

4. 块料面层用料计算

① 块料。每 100m^2 块料用量$=\dfrac{100}{(\text{块料长}+\text{灰缝宽})\times(\text{块料宽}+\text{灰缝宽})}$

$=$块数（另加损耗）

② 胶料（各种胶泥或砂浆）。

计算量＝结合层数量＋灰缝胶料计算量（另加损耗）

其中：每 100m^2 灰缝胶料计算量＝(100－块料长×块料宽×块数)×灰缝深度。

③ 水玻璃胶料基层涂稀胶泥用量为 0.2m^3/(100m^2)。

④ 表面擦拭用的丙酮，按 0.1kg/m^2 计算。

⑤ 其他材料费按每 100m^2 用棉纱 2.4kg 计算。

5. 保温隔热材料计算

① 胶结料的消耗量按隔热层不同部件、缝厚的要求按实际情况计算。

② 熬制 1kg 沥青损耗用木柴为 0.46kg。

③ 关于稻壳损耗率问题，只包括了施工损耗 2%，晾晒损耗 5%，共计 7%。施工后墙体、屋面松散稻壳的自然沉陷损耗，未包括在定额内。露天堆放损耗约 4%（包括运输损耗），应计算在稻壳的预算价格内。

三、每 100m^2 胶结料（沥青）参考消耗量

每 100m^2 胶结料（沥青）的参考消耗量见表 11-15。

表 11-15　每 100m^2 胶结料（沥青）的参考消耗量　　单位：kg

隔热材料名称	缝厚/mm	墙体、柱子、吊顶				楼地面	
		独立墙体		附墙、柱子、吊顶		基本层厚	
		基本层厚 100	基本层厚 200	基本层厚 100	基本层厚 200	100	200
软木板	4	47.41					
软木板	5			93.50		115.50	
聚苯乙烯泡沫塑料	4	47.41					
聚苯乙烯泡沫塑料	5			93.50		115.50	
加气混凝土块	5		34.10		60.50		
膨胀珍珠岩板	4			93.50			60.50
稻壳板	4			93.50			

注：1. 表内沥青用量未加损耗。

2. 独立板材墙体、吊顶的木框架及龙骨所占体积已按设计扣除。

第三节 工程量清单工程量计算实例

项目编码：010801002 项目名称：防腐砂浆面层

【例 11-1】 如图 11-1 所示，计算不发火沥青砂浆的地面及踢脚板的工程量，已知不发火沥青砂浆的厚度为 30mm，踢脚板的高度为 150mm。

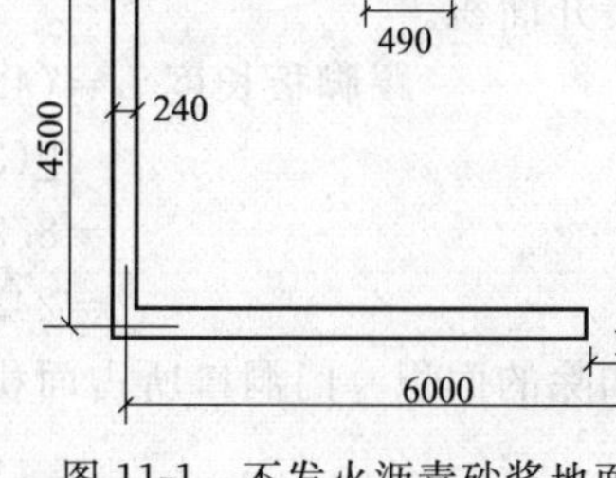

图 11-1 不发火沥青砂浆地面示意

【解】 防腐工程按设计实铺面积以平方米（m^2）计算。

清单工程量：

地面面积＝(6－0.24)×(4.5－0.24)－0.35×0.49

＝24.538－0.172

＝24.366（m^2）

踢脚板按实铺长度乘以高度以平方米（m^2）计算。

踢脚板面积＝[(6－0.24)＋(4.5－0.24)]×2×0.15＋0.35×2×0.15－1.2×0.15＋0.24×2×0.15

＝3.006＋0.105－0.18＋0.072

＝3.003（m^2）

清单工程量计算见下表：

清单工程量计算表

序号	项目编码	项目名称	项目特征描述	计量单位	工程量
1	010801002001	防腐砂浆面层	不发火沥青砂浆地面，厚度 30mm	m^2	24.37
2	010801002002	防腐砂浆面层	不发火沥青砂浆踢脚板，高度 150mm	m^2	3.00

项目编码：010801006 项目名称：块料防腐面层

【例 11-2】 如图 11-2 所示，地面采用双层耐酸沥青胶泥粘青石板（180mm×110mm×30mm），踢脚板高为 150mm，厚度为 20mm，计算其工程量。

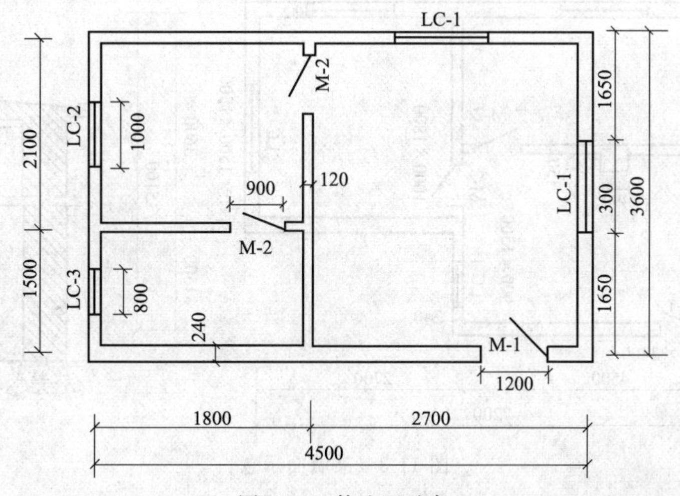

图 11-2 某地面示意

【解】 清单工程量：

根据工程量清单项目设置及工程量的计算规则可知，块料防腐面层按设计图示尺寸以平方米（m^2）计算，在平面防腐中扣除凸出地面的构筑物、设备基础等所占面积。

地面面积=[(1.8−0.18)×(1.5−0.18)+(1.8−0.18)×(2.1−0.18)+(2.7−0.18)×(3.6−0.240)]+0.9×0.12×2+1.2×0.24
=2.138+3.11+8.467+0.216+0.288
=11.213 (m^2)

踢脚板防腐是按设计图示尺寸以平方米（m^2）计算的，应扣除门洞所占的面积并相应增加侧壁展开面积。

踢脚板长度 L=(4.5−0.24−0.12)×2+(3.6−0.24)×2+[(3.6−0.24−0.12)+(1.8−0.18)]×2
=8.28+6.72+9.72
=24.72 (m)

应扣除的面积　门洞口所占面积=(1.2+0.9×4)×0.15
=0.72 (m^2)

应增加的面积　侧壁展开面积=0.12×0.15×2+0.12×0.15×4
=0.11 (m^2)

则踢脚板的工程量=24.72×0.15+0.11−0.72
=3.10 (m^2)

清单工程量计算见下表：

清单工程量计算表

项目编码	项目名称	项目特征描述	计量单位	工程量
010801006001	块料防腐面层	双层耐酸沥青胶泥粘青石板地面，厚度为 20mm	m^2	14.21
010801006002	块料防腐面层	双层耐酸沥青胶泥粘青石板踢脚板，高 150mm	m^2	3.10

项目编码：010802003　　项目名称：防腐涂料

【例 11-3】 如图 11-3 所示，墙面是用过氯乙烯漆耐酸防腐涂料抹灰 25mm 厚，其中底漆一遍，计算其工程量。

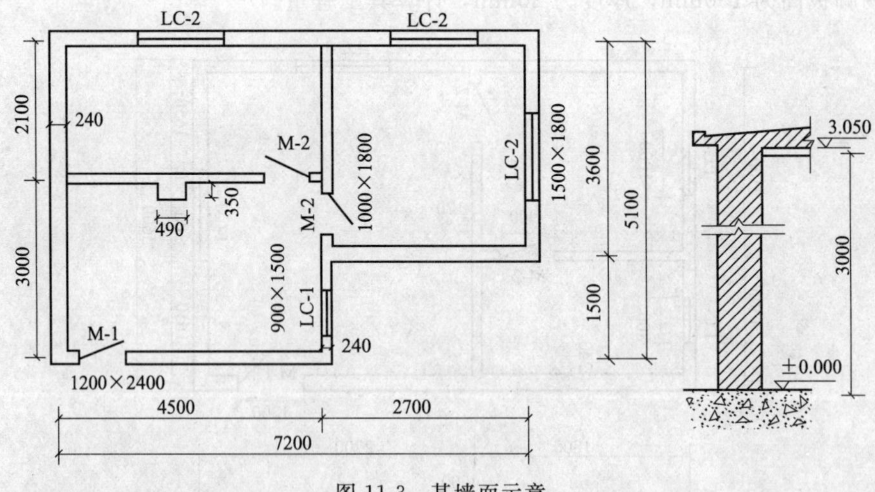

图 11-3　某墙面示意

【解】 清单工程量：

根据工程量清单项目设备及工程量计算规则可知，防腐涂料是按设计图示尺寸以平方米（m^2）计算的，平面防腐扣除凸出地面的构筑物、设备基础等所占面积，立面防腐砖垛等凸出部分应按展开面积并入墙面积内。由图 11-3 可知，墙高为 3m。

墙面长度$=(4.5-0.24)\times4+(2.7-0.24)\times2+(2.1-0.24)\times2+(3-0.24)\times2+(3.6-0.24)\times2$

$=17.04+4.92+9.24+8.52+6.72$

$=46.44$ (m)

应扣除面积　门窗洞口面积$=1.2\times2.4+0.9\times1.5\times1+1.8\times4+1.5\times1.8\times3$

$=2.88+1.35+3.6+8.1$

$=19.53$ (m^2)

应增加的面积　砖垛展开面积$=0.35\times2\times3=2.1$ (m^2)

清单工程量计算见下表：

清单工程量计算表

项目编码	项目名称	项目特征描述	计量单位	工程量
010802003001	防腐涂料	墙面，过氯乙烯漆耐酸防腐涂料抹灰 25mm 厚	m^2	121.89

项目编码：010803002　　项目名称：保温隔热顶棚

【例 11-4】 如图 11-4 所示，屋面顶棚是聚苯乙烯塑料板（1000mm×150mm×50mm）的保温面层，计算顶棚保温隔热面层的工程量。

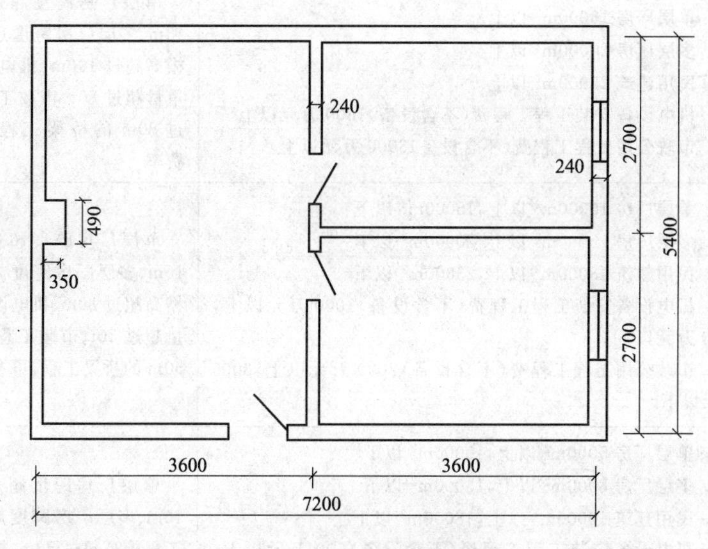

图 11-4　屋面顶棚示意

【解】 清单工程量：

根据工程量清单项目设备及工程量计算规则可知，保温隔热顶棚的工程量是按设计图示尺寸以“m^2”计算的，其中不扣除柱、垛所占面积。

则顶棚面积$=(3.6-0.24)\times(5.4-0.24)+(3.6-0.24)\times(2.7-0.24)\times2$

$=17.338+16.53$

$=33.868$ (m^2)

清单工程量计算见下表：

清单工程量计算表

项目编码	项目名称	项目特征描述	计量单位	工程量
010803002001	保温隔热顶棚	聚苯乙烯塑料板顶棚，内保温，规格为 1000mm×150mm×50mm	m^2	33.87

第十二章　建筑工程工程量清单计价实例

现在全国各省直辖市自治区的定额站基本上都是在《建设工程工程量清单计价规范》(GB 50500—2008）指导下编制本地区的计价依据，其本地区的建设工程概、预算都是依据本地区的工程量清单计价定额编制。各地区的工程量清单计价定额在保持与《建设工程工程量清单计价规范》(GB 50500—2008）基本一致的同时，都略有不同。本节就依据 2008 年辽宁省建设工程计价依据——建筑工程计价定额及辽宁省建设工程取费标准为依据，举例说明建筑工程工程量清单计价的编制过程。

在编制工程量清单计价前，首先确定该项工程的类别，辽宁省建设工程取费标准的工程类别划分标准见表 12-1。

表 12-1　工程类别划分标准

工程类别	划分标准	说明
一	1. 单层厂房 15000m² 以上 2. 多层厂房 20000m² 以上 3. 民用建筑 25000m² 以上 4. 机电设备安装工程工程费(不含设备)1500 万元以上 5. 市政公用工程工程费(不含设备)3000 万元以上	单层厂房跨度超过 30m 或高度超过 18m、多层厂房跨度超过 24m、民用建筑檐高超过 100m、机电设备安装单体设备重量超过 80t、市政工程的隧道及长度超过 80m 的桥梁工程，可参考二类工程费率
二	1. 单层厂房 10000m² 以上，15000m² 以下 2. 多层厂房 15000m² 以上，20000m² 以下 3. 民用建筑 18000m² 以上，25000m² 以下 4. 机电设备安装工程工程费(不含设备)1000 万元以上，1500 万元以下 5. 市政公用工程工程费(不含设备)2000 万元以上，3000 万元以下	单层厂房跨度超过 24m 或高度超过 15m、多层厂房跨度超过 18m、民用建筑檐高超过 80m、机电设备安装单体设备重量超过 50t、市政工程的隧道及长度超过 50m 的桥梁工程，可参考三类工程费率
三	1. 单层厂房 5000m² 以上，10000m² 以下 2. 多层厂房 8000m² 以上，15000m² 以下 3. 民用建筑 10000m² 以上，18000m² 以下 4. 机电设备安装工程工程费(不含设备)500 万元以上，1000 万元以下 5. 市政公用工程工程费(不含设备)1000 万元以上，2000 万元以下 6. 园林绿化工程工程费 200 万元以上，500 万元以下	单层厂房跨度超过 18m 或高度超过 10m、多层厂房跨度超过 15m、民用建筑工程檐高超过 50m、机电设备安装单体设备重量超过 30t、市政工程的隧道及长度超过 30m 的桥梁工程，可参考四类工程费率
四	1. 单层厂房 5000m² 以下 2. 多层厂房 8000m² 以下 3. 民用建筑 10000m² 以下 4. 机电设备安装工程工程费(不含设备)500 万元以下 5. 市政公用工程工程费(不含设备)1000 万元以下 6. 园林绿化工程工程费 200 万元以下	

注：1. 建筑物按经审图部门审核后的施工图的单位工程进行划分。

2. 以工程费为标准划分类别的工程，其工程费为经批准的工程概算（或估算）投资扣除设备费。

3. 一项总承包工程中含两项以上不同性质的工程时，不同性质的工程分别确认，以类别高的工程为准。

4. 划分标准中的×××以上，不包括×××本身，×××以下包括×××本身。

该实例是建筑工程四类工程。

一、工程量清单综合单价的计算

定额采用2008年辽宁省建设工程计价依据——建筑工程计价定额的数据。其中管理费和利润的取费标准如下。

1. 企业管理费（见表12-2）

表12-2 企业管理费 单位：%

工程类别 / 工程项目	总承包工程		专业承包工程	
	建筑工程、市政工程	机电设备安装工程	建筑工程、市政园林工程	装饰装修工程、机电设备安装工程
一	12.25	11.20	8.75	7.70
二	14.00	12.95	10.50	9.10
三	16.10	15.05	12.25	11.20
四	18.20	16.80	13.65	12.25

2. 企业利润（见表12-3）

表12-3 企业利润 单位：%

工程类别 / 工程项目	总承包工程		专业承包工程	
	建筑工程、市政工程	机电设备安装工程	建筑工程、市政园林工程	装饰装修工程、机电设备安装工程
一	15.75	14.40	11.25	9.90
二	18.00	16.65	13.50	11.70
三	20.70	19.35	16.75	14.40
四	23.40	21.60	17.55	15.75

本工程的企业管理费和利润的取费分别为人工费＋机械费得18.20％和23.40％。

二、分部分项工程量清单计价表的填写

辽宁省建设工程取费标准中费用计算规则规定：总承包与专业承包工程以计价定额分部分项工程费中的人工费＋机械费之和为计费基数（其中人工费不含机械费中的人工费），计价定额分部分项工程费为

分部分项工程费＝工程费×计价定额中的定额计价＋主材费＋材料差价

把上述计算的综合单价填写到相应的分部分项工程量清单计价表综合单价一栏内，并与工程数量相乘，即得到每一项工程量的价格，把所得的工程量价格相加，即得到分部分项工程量的总价及分部分项工程费，同时把人工费和机械费分别累计求和，列到单位工程费汇总表中。

三、措施项目费的计算

1. 安全文明施工措施费的计算

辽宁省建设工程取费标准见表12-4。

表12-4 安全文明施工措施费 单位：%

工程类别 / 工程项目	总承包工程		专业承包工程	
	建筑工程、市政工程	机电设备安装工程	建筑工程、市政园林工程	装饰装修工程、机电设备安装工程
一	7.00	6.40	5.00	4.40
二	8.00	7.40	6.00	5.20
三	9.20	8.60	7.00	6.40
四	10.40	9.60	7.80	7.00

2. 冬雨季施工措施费的计算（见表 12-5）

表 12-5　冬雨季施工措施费　　单位：%

项　目	计价定额分部分项工程费中人工费和机械费之和为基数
冬季施工	6
雨季施工	1

四、规费的确定

依据辽宁省建设工程取费标准的规定，规费按核定的施工企业计取标准执行，所以不同的企业的规费标准是不同的。

五、税金的计算

税金含有营业税、城市建设维护税及教育费附加税等。

六、工程总价

工程总价为税费前工程造价＋税金。

工程造价程序见表 12-6。

表 12-6　工程费取费程序表

序号	费 用 项 目	计 算 方 法
1	计价定额分部分项工程费合计	工程量×计价定额＋主材费＋材料价差
1.1	其中人工费＋机械费	
2	企业管理费	1.1×费率
3	利润	1.1×费率
4	措施项目费	1.1×费率、规定、施工组织设计和签证
5	其他项目费	
6	税费前工程造价合计	1＋2＋3＋4＋5
7	规费	1.1×核定费率及各市规定
8	工程定额测定费	(6＋7)×规定费率
9	税金	(6＋7＋8)×规定费率
10	工程造价	6＋7＋8＋9

建筑工程工程量清单计价实例

×××高中×××操场______工程

工 程 量 清 单

招　标　人：　×××　（单位盖章）

工程造价咨询人：　×××　（单位资质专用章）

法定代表人或其授权人：　×××　（签字或盖章）

法定代表人或其授权人：　×××　（签字或盖章）

编　制　人：　×××　（造价人员签字盖专用章）

复　核　人：　×××　（造价工程师签字盖专用章）

编制时间：××××年××月××日　　复核时间：××××年××月××日

投　标　总　价(部分工程)

招　标　人：×××

工 程 名 称：×××高中×××操场

投标总价(小写)：1650420.40 元

(大写)：

投　标　人：×××

(单位盖章)

法定代表人

或其授权人：×××

(签字或盖章)

编　制　人：×××

(造价人员签字盖专用章)

编制时间：××××年××月××日

总　说　明

工程名称：×××高中×××操场　　　　第 1 页　共 1 页

一、工程概况

1. 工程名称

2. 建设地点

3. 建设规模

4. 工程特点

二、编制依据

1.《建设工程工程量清单计价规范》(GB 50500—2008)

2. 2008 年辽宁省建设工程计价依据——建筑工程计价定额

3. 辽宁省建设工程取费标准

4. 招标文件工程量清单及设计施工图

5. 经审批的施工组织设计

6. 现行的工程质量标准

三、其他

钢筋明细表

项目名称：高中×××操场　　　　编制日期：××××年××月××日

基础钢筋工程计算书

构件名称：KZ—6〈1，D〉

筋号	级别	直径	钢筋图形	计算公式	根数	总重/kg
B边插筋.1	⌀	25	150 760	800－40＋max(6×d，150)	4	14.026
H边插筋.1	⌀	25	150 760	800－40＋max(6×d，150)	6	21.039
角筋插筋.1	⌀	25	150 760	800－40＋max(6×d，150)	4	14.026
箍筋.1	ϕ	8	540 540	2×[(600－2×30)＋(600－2×30)]＋2×(11.9×d)＋(8×d)	2	1.905

构件名称：DL—1

筋号	级别	直径	钢筋图形	计算公式	根数	总重/kg
0.下通长筋1	⌀	25	300 7120 300	－40＋12×d＋7200－40＋12×d	13	773.449
0.上通长筋1	⌀	25	300 7120 300	－40＋12×d＋7200－40＋12×d	8	475.969
0.箍筋1	⌀	12	820 620	2×[(700－2×40)＋(900－2×40)]＋2×(11.9×d)＋(8×d)	20	115.842
0.箍筋2	⌀	12	820 223	2×[(700－2×40－25)/(6×2＋25)＋(900－2×40)]＋2×(11.9×d)＋(8×d)	20	87.645
1.箍筋1	⌀	12	820 620	2×[(700－2×40)＋(900－2×40)]＋2×(11.9×d)＋(8×d)	6	34.753
1.箍筋2	⌀	12	820 223	2×[(700－2×40－25)/(6×2＋25)＋(900－2×40)]＋2×(11.9×d)＋(8×d)	6	26.294
1.箍筋3	⌀	12	820 620	2×[(700－2×40)＋(900－2×40)]＋2×(11.9×d)＋(8×d)	22	127.427
1.箍筋4	⌀	12	820 223	2×[(700－2×40－25)/(6×2＋25)＋(900－2×40)]＋2×(11.9×d)＋(8×d)	22	96.41
2.箍筋1	⌀	12	820 620	2×[(700－2×40)＋(900－2×40)]＋2×(11.9×d)＋(8×d)	6	34.753
2.箍筋2	⌀	12	820 223	2×[(700－2×40－25)/(6×2＋25)＋(900－2×40)]＋2×(11.9×d)＋(8×d)	6	26.294
2.箍筋3	⌀	12	820 620	2×[(700－2×40)＋(900－2×40)]＋2×(11.9×d)＋(8×d)	20	115.842
2.箍筋4	⌀	12	820 223	2×[(700－2×40－25)/(6×2＋25)＋(900－2×40)＋2×(11.9×d)＋(8×d)]	20	87.645

构件名称：KL—10〈1，D〉，〈12，D〉

筋号	级别	直径	钢筋图形	计算公式	根数	总重/kg
1.上通长筋1	⌀	20	300 53130 300	600－35＋15×d＋52000＋600－35＋15×d	2	265.014
1.右支座筋1	⌀	20	4600	5850/3＋700＋5850/3	2	22.689
1.左支座筋1	⌀	16	240 2515	600－35＋15×d＋5850/3	2	8.697
1.下部钢筋1	⌀	16	240 7071	600－35＋15×d＋5850＋41×d	4	46.157
1.侧面构造筋1	⌀	12	52360	15×d＋52000＋15×d＋900	6	283.711
1.箍筋1	ϕ	8	580 230	2×[(300－2×35)＋(650－2×35)]＋2×(11.9×d)＋(8×d)	41	30.318
1.拉筋1	ϕ	6	230	(300－2×35)＋2×(75＋1.9×d)＋(2×d)	48	4.421
2.右支座筋1	⌀	20	4834	6275/3＋650＋6275/3	2	23.843
2.下部钢筋1	⌀	16	2637	41×d＋1325＋41×d	4	16.648

第1页　共3页

续表

构件名称:KL—10〈1,D〉,〈12,D〉						
筋号	级别	直径	钢筋图形	计算公式	根数	总重/kg
2. 箍筋 1	φ	8	580 230	$2\times[(300-2\times35)+(650-2\times35)]+2\times(11.9\times d)+(8\times d)$	14	10.352
2. 拉筋 1	φ	6	230	$(300-2\times35)+2\times(75+1.9\times d)+(2\times d)$	15	1.382
3. 右支座筋 1	Φ	18	4800	$6300/3+600+6300/3$	2	19.177
3. 下部钢筋 1	Φ	20	7915	$41\times d+6275+41\times d$	2	39.039
3. 下部钢筋 2	Φ	18	7751	$41\times d+6275+41\times d$	2	30.967
3. 箍筋 1	φ	8	580 230	$2\times[(300-2\times35)+(650-2\times35)]+2\times(11.9\times d)+(8\times d)$	43	31.796
3. 拉筋 1	φ	6	230	$(300-2\times35)+2\times(75+1.9\times d)+(2\times d)$	51	4.698
4. 右支座筋 1	Φ	18	5534	$7400/3+600+7400/3$	2	22.109
4. 下部钢筋 1	Φ	18	7776	$41\times d+6300+41\times d$	2	31.067
4. 下部钢筋 2	Φ	18	7776	$41\times d+6300+41\times d$	2	31.067
4. 箍筋 1	φ	8	580 230	$2\times[(300-2\times35)+(650-2\times35)]+2\times(11.9\times d)+(8\times d)$	43	31.796
4. 拉筋 1	φ	6	230	$(300-2\times35)+2\times(75+1.9\times d)+(2\times d)$	51	4.698
5. 右支座筋 1	Φ	18	5534	$7400/3+600+7400/3$	2	22.109
5. 下部钢筋 1	Φ	16	8712	$41\times d+7400+41\times d$	4	55.002
5. 箍筋 1	φ	8	580 230	$2\times[(300-2\times35)+(650-2\times35)]+2\times(11.9\times d)+(8\times d)$	49	36.233
5. 拉筋 1	φ	6	230	$(300-2\times35)+2\times(75+1.9\times d)+(2\times d)$	60	5.527
6. 右支座筋 1	Φ	18	4800	$6300/3+600+6300/3$	2	19.177
6. 下部钢筋 1	Φ	18	7776	$41\times d+6300+41\times d$	2	31.067
6. 下部钢筋 2	Φ	18	7776	$41\times d+6300+41\times d$	2	31.067
6. 箍筋 1	φ	8	580 230	$2\times((300-2\times35)+(650-2\times35))+2\times(11.9\times d)+(8\times d)$	43	31.796
6. 拉筋 1	φ	6	230	$(300-2\times35)+2\times(75+1.9\times d)+(2\times d)$	51	4.698
7. 右支座筋 1	Φ	20	4834	$6275/3+650+6275/3$	2	23.843
7. 下部钢筋 1	Φ	18	7751	$41\times d+6275+41\times d$	2	30.967
7. 下部钢筋 2	Φ	20	7915	$41\times d+6275+41\times d$	2	39.039
7. 箍筋 1	φ	8	580 230	$2\times[(300-2\times35)+(650-2\times35)]+2\times(11.9\times d)+(8\times d)$	43	31.796
7. 拉筋 1	φ	6	230	$(300-2\times35)+2\times(75+1.9\times d)+(2\times d)$	51	4.698
8. 右支座筋 1	Φ	20	4600	$5850/3+700+5850/3$	2	22.689
8. 下部钢筋 1	Φ	16	2637	$41\times d+1325+41\times d$	4	16.648
8. 箍筋 1	φ	8	580 230	$2\times[(300-2\times35)+(650-2\times35)]+2\times(11.9\times d)+(8\times d)$	14	10.352
8. 拉筋 1	φ	6	230	$(300-2\times35)+2\times(75+1.9\times d)+(2\times d)$	15	1.382
9. 右支座筋 1	Φ	16	240 2515	$5850/3+600-35+15\times d$	2	8.697
9. 下部钢筋 1	Φ	16	240 7071	$41\times d+5850+600-35+15\times d$	4	46.157
9. 箍筋 1	φ	8	580 230	$2\times[(300-2\times35)+(650-2\times35)]+2\times(11.9\times d)+(8\times d)$	41	30.318
9. 拉筋 1	φ	6	230	$(300-2\times35)+2\times(75+1.9\times d)+(2\times d)$	48	4.421

第 2 页　共 3 页

续表

构件名称：LT—4

筋号	级别	直径	钢筋图形	计算公式	根数	总重/kg
下梯梁端上部纵筋	Φ	10	574 978 128 90	2970/4×1.159+400+120−2×15	22	18.325
梯板下部纵筋1	Φ	10	112 222 4053	(2970+270)×1.159+120+400	22	57.986
上梯梁端上部纵筋	Φ	10	110 1012 150 348 90	1173.4875+110+150+90	22	17.674
梯板下部纵筋2	Φ	8	72 142 28	0−270+120+320	12	0.805
梯板分布筋	ϕ	6	2070	2070+12.5×d	27	12.854

第3页　共3页

挑檐钢筋工程计算书

项目名称：高中×××操场　　　　编制日期：××××年××月××日

标高 14.35 A—J 轴 构件名称：QL—1	级别	筋号	钢筋图形	计算公式	根数	总重/kg
上部钢筋.1	ϕ	6	250 54370 250	54400−15+250−15+250+12.5×d+1848	5	63.027
其他箍筋.1	ϕ	8	1320	1320+2×d+2×11.9×d	273	164.384
其他箍筋.2	Φ	8	570 400	400+570+2×6.25×d	364	153.683
其他箍筋.3	Φ	10	70 270 470 1320 400 70	1320+70+470+70+270+400	364	583.493
其他箍筋.4	ϕ	6	53180	53180+2×d+2×11.9×d	3	35.514
其他箍筋.5	ϕ	8	53180	53180+2×d+2×11.9×d	12	252.784
构件名称：QL—2	级别	筋号	钢筋图形	计算公式	根数	总重/kg
上部钢筋.1	Φ	10	54070	53150+46×d+46×d+4550	1	72.283
上部钢筋.2	Φ	10	54520	54550−15−15+4550	1	72.838
上部钢筋.3	Φ	10	53403	53403+4550	1	71.461
上部钢筋.4	Φ	10	54297	54297+4550	1	72.563
上部钢筋.5	Φ	10	53627	53627+4550	1	71.737
上部钢筋.6	Φ	10	54073	54073+4550	1	72.287
上部钢筋.7	Φ	10	53850	53850+4550	1	72.012
下部钢筋.1	Φ	10	54070	53150+46×d+46×d+4550	1	72.283
下部钢筋.2	Φ	10	54520	54550−15−15+4550	1	72.838
下部钢筋.3	Φ	10	53448	53448+4550	1	71.516
下部钢筋.4	Φ	10	54252	54252+4550	1	72.508
下部钢筋.5	Φ	10	53716	53716+4550	1	71.847
下部钢筋.6	Φ	10	53984	53984+4550	1	72.177
其他箍筋.1	Φ	8	370 970 270	970+370+270	267	339.241
其他箍筋.2	Φ	8	870	870+2×d+2×11.9×d	267	226.723

第1页　共1页

钢筋工程量计算表

首层卫生间工作量 1 轴/C、D 轴

项目名称	筋号	级别	直径	钢筋图形	计算公式	公式描述	根数	单重/kg	总重/kg
KZ—12	B 边纵筋 . 1	C	20	4370	4400−30	层高−保护层	4	10.777	43.108
	H 边纵筋 . 1	C	18	4370	4400−30	层高−保护层	4	8.729	34.919
	角筋 . 1	C	20	4370	4400−30	层高−保护层	4	10777	43.108
	箍筋 . 1	A	10	440 440	2×[(500−2×30)+(500−2×30)]+2×(11.9×d)+(8×d)	锚固+净长+锚固	35	1.281	44.841
	箍筋 . 2	A	10	440 160	2×{[(500−2×30−20)/(3×1+20)+(500−2×30)]+2×(11.9×d)+(8×d)}	锚固+净长+锚固	70	0.936	65.514
KL—3	1. 跨中筋 1	C	22	330 8550 330	600−25+15×d+7500+500−25+15×d	支座宽−保护层+弯折+净长+支座宽−保护层+弯折	2	27.483	54.966
	1. 左支座筋 1	C	22	330 3075	600−25+15×d+7500/3	支座宽−保护层+弯折+伸入跨中长度	3	10.161	30.482
	1. 右支座筋 1	C	22	330 2975	7500/3+500−25+15×d	伸入跨中长度+支座宽−保护层+弯折	3	9.862	29.587
	1. 左支座筋 2	C	18	270 2450	600−25+15×d+7500/4	支座宽−保护层+弯折+伸入跨中长度	2	5.433	10.867
	1. 下部钢筋 1	C	22	330 8550 330	600−25+15×d+7500+500−25+15×d	支座宽−保护层+弯折+净长+支座宽−保护层+弯折	3	27.483	82.449
	1. 下部钢筋 2	C	20	300 8550 300	600−25+15×d+7500+500−25+15×d	支座宽−保护层+弯折+净长+支座宽−保护层+弯折	2	22.565	45.131
	1. 侧面构造筋 1	C	12	7860	15×d+7500+15×d	锚固+净长+锚固	4	6.978	27.913
	1. 箍筋 1	A	8	600 300	2×[(350−2×25)+(650−2×25)]+2×(11.9×d)+(8×d)	净长−保护层+锚固	61	0.81	49.439
	1. 拉筋 1	A	6	300	(350−2×25)+2×(75+1.9×d)+(2×d)	净长−保护层+锚固	40	0.108	4.306
板	SLJ—1	C	8	8300	8000+max(300/2,5×d)+max(300/2,5×d)	净长+锚固−保护层	53	3.414	180.94
	SLJ—2	C	8	10785	10625+max(350/2,5×d)−15	净长+锚固−保护层	45	4.394	197.752
	FJ. 1	C	8	90 2200 90	1100+1100+90+90	左净长+右净长+弯折+弯折	54	0.939	50.712

钢筋工程量计算表

首层会议室工作量 3、6 轴/A、B 轴

项目名称	筋号	级别	直径	钢筋图形	计算公式	公式描述	根数	单重/kg	总重/kg
KZ—12	B 边纵筋 .1	C	20	4370	4400－30	层高－保护层	4	10.777	43.108
	H 边纵筋 .1	C	18	4370	4400－30	层高－保护层	4	8.729	34.919
	角筋 .1	C	20	4370	4400－30	层高－保护层	4	10777	43.108
	箍筋 .1	A	10	440 440	2×[(500－2×30)＋(500－2×30)]＋2×(11.9×d)＋(8×d)	锚固＋净长＋锚固	35	1.281	44.841
	箍筋 .2	A	10	440 160	2×{[(500－2×30－20)/(3×1＋20)＋(500－2×30)]＋2×(11.9×d)＋(8×d)}	锚固＋净长＋锚固	70	0.936	65.514
KL—3	1. 跨中筋 1	C	22	330 8550 330	600－25＋15×d＋7500＋500－25＋15×d	支座宽－保护层＋弯折＋净长＋支座宽－保护层＋弯折	2	27.483	54.966
	1. 左支座筋 1	C	22	330 3075	600－25＋15×d＋7500/3	支座宽－保护层＋弯折＋伸入跨中长度	3	10.161	30.482
	1. 右支座筋 1	C	22	330 2975	7500/3＋500－25＋15×d	伸入跨中长度＋支座宽－保护层＋弯折	3	9.862	29.587
	1. 左支座筋 2	C	18	270 2450	600－25＋15×d＋7500/4	支座宽－保护层＋弯折＋伸入跨中长度	2	5.433	10.867
	1. 下部钢筋 1	C	22	330 8550 330	600－25＋15×d＋7500＋500－25＋15×d	支座宽－保护层＋弯折＋净长＋支座宽－保护层＋弯折	3	27.483	82.449
	1. 下部钢筋 2	C	22	300 8550 300	600－25＋15×d＋7500＋500－25＋15×d	支座宽－保护层＋弯折＋净长＋支座宽－保护层＋弯折	2	22.565	45.131
	1. 侧面构造筋 1	C	12	7860	15×d＋7500＋15×d	锚固＋净长＋锚固	4	6.978	27.913
	1. 箍筋 1	A	8	600 300	2×[(350－2×25)＋(650－2×25)]＋2×(11.9×d)＋(8×d)	净长－保护层＋锚固	61	0.81	49.439
	1. 拉筋 1	A	6	300	(350－2×25)＋2×(75＋1.9×d)＋(2×d)	净长－保护层＋锚固	40	0.108	4.306
板	SLJ-1	C	8	8300	8000＋max(300/2,5×d)＋max(300/2,5×d)	净长＋锚固－保护层	53	3.414	180.94
	SLJ-2	C	8	10785	10625＋max(350/2,5×d)－15	净长＋锚固－保护层	45	4.394	197.752
	FJ.1	C	8	90 2200 90	1100＋1100＋90＋90	左净长＋右净长＋弯折＋弯折	54	0.939	50.712

分部分项工程量计算表

基础层工程量

序号	项目名称	单位	数量	计算过程
1	大开挖土方(局部大开挖,考虑放坡系数)	m^3	4361.19	$V_{挖}=(a+2c+Kh)\times(b+2c+Kh)\times h+1/3K^2h^3$ 式中 a——基础垫层宽度 b——基础垫层长度 c——工作面宽度 K——放坡系数
2	独立基础垫层 DJ-5	m^3	2.025	$V=ABh$ 式中 A——底边的长 B——底边的宽 h——高度
3	独立基础 DJ-5	m^3	11.556	$V=[AB+(A+a)(B+b)+ab]H/6+ABh$ 式中 A、B——四棱锥台底边的长、宽 a、b——四棱锥台上边的长、宽 H——四棱锥台的高度 h——四棱锥台底座的厚度
4	基础梁 KL-10	m^3	7.293	V=0.3〈宽度〉×0.65〈高度〉×52.6〈长度〉-2.699〈独基〉-0.264〈非构造柱〉=7.293(m^3)
5	框架柱 KZ-6	m^3	0.5043	V=0.6〈截面宽度〉×0.6〈截面高度〉×2.15〈高度〉-0.27〈扣独基体积〉=0.144(m^3)
6	垫层模板 DJ-5	m^2		模板面积=1.88〈模板面积〉=1.88(m^2)
7	独立基础模板 DJ-5	m^2	8.235	模板面积=9〈模板面积〉-0.765〈扣梁模板面积〉=8.235(m^2)
8	基础梁模板 KL-10	m^2	51.804	模板面积=(52.6〈左长度〉+52.6〈右长度〉)×0.65〈高度〉+0.3〈宽度〉×52.6〈长度〉-27.818〈独基〉-2.794〈梁〉-1.756〈非构造柱〉=51.804(m^2)
9	框架柱模板 KZ-6	m^2	3.192	模板面积=2.4〈周长〉×2.15〈高度〉-0.168〈扣板模板面积〉-1.8〈扣独基模板面积〉=0.792(m^2)

分部分项工程量计算表

首层会议室工作量 3、6 轴/A、B 轴

序号	项目名称	单位	数量	计算过程
1	过梁	m^3	1.05	1.1 过梁 1 体积:$V=S\times L=[(0.2\times0.19)\times(1+0.3\times2)]\times2=0.243(m^3)$ 1.2 过梁 2 体积:$V=S\times L=(0.3\times0.19)\times(1.8+0.3\times2)=0.1368(m^3)$ 1.3 过梁 3 体积:$V=S\times L=(0.3\times0.39)\times(4.6+0.3\times2)=0.5733(m^3)$ 1.4 过梁体积:$V=0.243+0.2368+0.5733=1.05(m^3)$
2	填充墙	m^3	29.25	2.1 体积:V=体积-扣除柱子体积-扣除洞口体积-扣除过梁体积=29.25(m^3)
3	矩形柱	m^3	5.368	3.1 高度:$H=4.4$m 3.2 截面积:$0.5\times0.5\times2+0.6\times0.6\times2=1.22(m^2)$ 3.3 体积:$V=4.4\times1.22=5.368(m^3)$
4	矩形梁	m^3	10.604	4.1 KL10:$0.3\times0.7\times(10.8-0.25-0.5-0.25)=2.058(m^3)$ 4.2 KL3:$0.35\times0.65\times(8.3-0.45-0.45)=1.683(m^3)$ 4.3 KL5:$0.35\times0.65\times(8.05-0.3-0.2)=1.718(m^3)$ 4.4 KL9:$0.3\times0.8\times(10.8-0.6-0.6)=2.304(m^3)$ 4.5 L5:$0.3\times0.65\times(8.3-0.45-0.45)\times2=2.886(m^3)$ 合计:10.604m^3
5	平板	m^3	9.377	5.1 120 厚板:89.64(原始面积)×0.12-1.397(梁)-0.023(柱)=9.337
6	天棚抹灰面积	m^2	91.269	6.1 87.075(原始面积)+4.194(梁)=91.269

续表

序号	项目名称	单位	数量	计算过程
7	墙面抹灰面积	m^2	133.416	7.1　18.85(长度)×4.4(高度)+18.85(长度)×3.29(高度)+6.07(柱)−17.6(门窗洞口)=133.416(m^2)
8	踢脚抹灰面积	m^2	7.484	8.1　37.7(内墙皮长度)×0.2(高度)+0.228(柱)−0.4(门洞口)+0.056(门侧壁)=7.484
9	砖墙	m^3	6.734	9.1　[10.95(长度)×4.4(高度)−4.8(门窗)]×0.2(厚度)−0.122(过梁)−0.968(柱)−0.044(马牙槎)−0.69(梁)−0.118(板)=6.734(m^3)

分部分项工程量计算表

首层卫生间工作量 1 轴/C、D 轴

序号	项目名称	单位	数量	计算过程
1	过梁	m^3	0.186	1.1　过梁 1:0.2(宽度)×0.19(高度)×1.4(长度)=0.053(m^3) 1.2　过梁 2:0.2(宽度)×0.19(高度)×1.4(长度)=0.053(m^3) 1.3　过梁 3:0.2(宽度)×0.19(高度)×2.1(长度)=0.08(m^3) 1.4　过梁合计:0.186
2	填充墙	m^3	22.31	2.1　体积:V=体积−扣除柱子体积−扣除洞口体积−扣除过梁体积=22.308(m^3)
3	矩形柱	m^3	1.1	3.1　高度:H=4.4m 3.2　截面积:0.5×0.5=0.25(m^2) 3.3　体积:V=4.4×0.25=1.1(m^3)
4	矩形梁	m^3	8.633	4.1　L9:0.3〈宽度〉×0.65〈高度〉×6.525〈长度〉=1.272(m^3) 4.2　L8:0.25〈宽度〉×0.4〈高度〉×4〈长度〉=2.035 4.3　KL11:0.3〈宽度〉×0.7〈高度〉×8.325〈长度〉−0.079〈非构造柱〉=1.67(m^3) 4.4　L1:0.3〈宽度〉×0.65〈高度〉×7.35〈长度〉=1.434(m^3) 4.5　L4:0.3〈宽度〉×0.5〈高度〉×4.3〈长度〉=0.64(m^3) 4.6　KL3:0.35〈宽度〉×0.65〈高度〉×7.35〈长度〉−0.097〈非构造柱〉=1.576(m^3) 合计:8.633m^3
5	平板	m^3	9.377	5.1　120 厚板:89.64〈原始面积〉×0.12−1.397〈梁〉−0.023(柱)=9.337
6	矩形柱模板面积	m^2	7.898	6.1　2〈周长〉×4.4〈高度〉−0.903〈扣非圈梁模板面积〉=7.898(m^2)
7	矩形梁模板面积	m^2	16.45	7.1　L9:6.525〈左长度〉+6.525〈右长度〉×0.65〈高度〉+0.3〈宽度〉×6.525〈长度〉−0.25〈梁〉−0.925〈板〉=9.238(m^2) 7.2　L4:4.3〈左长度〉+4.3〈右长度〉×0.5〈高度〉+0.3〈宽度〉×4.3〈长度〉−0.1〈梁〉−1.002〈板〉=4.488(m^2) 7.3　L8:4〈左长度〉+4〈右长度〉×0.4〈高度〉+0.25〈宽度〉×4〈长度〉−1.48〈板〉=2.72(m^2)
8	平板模板面积	m^2	26.76	8.1　31.51〈原始面积〉−4.743〈梁〉−0.008〈非构造柱〉=26.76(m^2)
9	天棚抹灰面积(女卫)	m^2	10.93	9.1　10.25〈原始面积〉+0.675〈梁侧面积〉=10.925(m^2)
10	墙面抹灰面积	m^2	133.4	10.1　13.2〈长度〉×4〈高度〉−1.68〈门窗洞口〉=51.12(m^2)
11	防水面积	m^2	16.45	11.1　10.25〈原始面积〉+6.2〈卷起面积〉=16.45(m^2)
12	墙面块料面积	m^2	50.15	12.1　13.2〈长度〉×3.9〈高度〉−1.68〈门窗洞口〉+0.35〈门窗侧壁〉=50.15(m^2)

分部分项工程量计算表

首层楼梯间工作量 2、3 轴/*A*、*B* 轴承

序号	项目名称	单位	数量	计 算 过 程
1	天棚抹灰面积	m^2	43.629	34.44〈主墙间净面积〉+9.189〈梁〉=43.629(m^2)
2	墙面抹灰面积	m^2	83.362	4.6〈长度〉×1.78〈高度〉+16〈长度〉×3.73〈高度〉+4.2〈长度〉×4.4〈高度〉+0.365〈柱〉-3.15〈门窗洞口〉-0.2〈板〉=83.362(m^2)
3	踢脚抹灰面积	m^2	4.718	24.8〈内墙皮长度〉×0.2〈踢脚高度〉+0.03〈柱〉-0.3〈门窗洞口〉+0.028〈门窗侧壁〉=4.718(m^2)
4	楼梯 ZLT—1	m^3	1.4256	水平投影面积计算×梯板厚度
5	楼梯模板面积	m^3	11.88	现浇钢筋混凝土楼梯，以图示表明尺寸的水平投影面积计算

单位工程造价费用汇总表

工程名称：×××操场清单计价实例　　　　第 1 页　共 1 页

序号	汇总内容	计 算 基 础	费率/%	金额/元
一	分部分项工程量清单计价合计	分部分项合计		99563.4
	其中：人工费+机械费	分部分项人工费+分部分项机械费		39638.28
二	措施项目费	措施项目合计		8482.59
三	其他项目费	其他项目合计		1471875
四	税费前工程造价合计	分部分项工程量清单计价合计+措施项目费+其他项目费		1579920.99
五	规费	工程排污费+社会保障费+住房公积金+危险作业意外伤害保险		13623.67
六	工程定额测定费	税费前工程造价合计+规费	0.12	1912.25
七	税金	税费前工程造价合计+规费+工程定额测定费	3.445	54963.49
		合计		1650420.40

单位工程规费计价表

工程名称：×××操场清单计价实例　　　　第 1 页　共 1 页

序号	汇总内容	计 算 基 础	费率/%	金额/元
5.1	工程排污费			
5.2	社会保障费	养老保险+失业保险+医疗保险+生育保险+工伤保险		10381.26
5.2.1	养老保险	其中：人工费+机械费	16.36	6484.82
5.2.2	失业保险	其中：人工费+机械费	1.64	650.07
5.2.3	医疗保险	其中：人工费+机械费	6.55	2596.31
5.2.4	生育保险	其中：人工费+机械费	0.82	325.03
5.2.5	工伤保险	其中：人工费+机械费	0.82	325.03
5.3	住房公积金	其中：人工费+机械费	8.18	3242.41
5.4	危险作业意外伤害保险			
		合计		13623.67

分部分项工程量清单计价表

工程名称：×××操场清单计价实例　　　　第1页　共3页

序号	项目编码	项目名称/项目特征	计量单位	工程数量	金额/元							
					综合单价	合价	其中					
							人工费单价	人工费合价	机械费单价	机械费合价	企业管理费单价	企业管理费合价
	A.1.4	机械土方										
1	010104004004	挖掘机挖土方反铲挖掘机挖土深度1.5m以内	1000m³	4.3612	3467.72	15123.42	950.4	4144.88	1758.76	7670.3	331.87	1447.35
	A.3.4	砌块砌体										
1	010304001003	多孔砖墙1砖	10m³	0.6734	2748.62	1850.92	1610.5	1084.51			197.29	132.86
	A.4.1	现浇混凝土基础										
1	010401002003	独立基础混凝土	10m³	1.1556	4140.68	4784.97	479.68	554.32			58.76	67.9
	A.4.2	现浇混凝土柱										
1	010402001001	现浇混凝土矩形柱混凝土	10m³	1.0604	4557.15	4832.4	815.48	864.73	3.87	4.1	100.37	106.43
2	010402001005	现浇混凝土矩形柱混凝土	10m³	0.0504	4557.22	229.68	815.48	41.1	3.97	0.2	100.38	5.06
	A.4.3	现浇混凝土梁										
1	010403001001	现浇混凝土基础梁混凝土	10m³	0.7293	4208.82	3069.49	529.18	385.93			64.82	47.27
2	010403005001	现浇混凝土过梁混凝土	10m³	0.106	4539.69	481.21	781.89	82.88			95.78	10.15
	A.4.4	现浇混凝土墙										
1	010404001003	现浇混凝土墙混凝土	10m³	2.925	4502.93	13171.07	775.56	2268.51	2.9	8.48	95.36	278.93
	A.4.5	现浇混凝土板										
1	010405003001	现浇混凝土平板混凝土	10m³	0.9377	4231.6	3967.97	536	502.61			65.66	61.57
	A.4.6	现浇混凝土楼梯										
1	010406001001	现浇混凝土整体楼梯直形混凝土	10m²投影面	1.4256	1321.78	1884.33	325.86	464.55			39.92	56.91
	A.4.16	钢筋工程										
1	010416001001	现浇混凝土钢筋圆钢筋φ6.5	t	0.004	9670.3	38.68	3582.5	14.33	52.5	0.21	445.29	1.78
2	010416001040	现浇混凝土钢筋圆钢筋φ6.5	t	0.036	8971.36	322.97	3324.44	119.68	47.5	1.71	413.06	14.87
3	010416001017	现浇混凝土钢筋螺纹钢筋φ10	t	0.094	6869.63	645.75	1747.13	164.23	11.81	1.11	215.47	20.25
—		本页小计	—	—		50402.86	36755.63	10692.26	1881.31	7686.11	2224.03	2251.33

第2页　共3页

序号	项目编码	项目名称/项目特征	计量单位	工程数量	金额/元							
					综合单价	合价	其中					
							人工费单价	人工费合价	机械费单价	机械费合价	企业管理费单价	企业管理费合价
4	010416001018	现浇混凝土钢筋螺纹钢筋φ12	t	0.028	6749.89	189	1581.07	44.27	72.86	2.04	202.61	5.67
5	010416001020	现浇混凝土钢筋螺纹钢筋φ16	t	0.198	6271.49	1241.76	1202.12	238.02	72.88	14.43	156.19	30.93
6	010416001021	现浇混凝土钢筋螺纹钢筋φ18	t	0.046	6043.47	278	1035.43	47.63	66.3	3.05	134.96	6.21
7	010416001022	现浇混凝土钢筋螺纹钢筋φ20	t	0.131	5971.35	782.25	958.24	125.53	66.79	8.75	125.57	16.45
8	010416001023	现浇混凝土钢筋螺纹钢筋φ22	t	0.197	5830.58	1148.62	856.65	168.76	59.09	11.64	112.18	22.1
9	010416001024	现浇混凝土钢筋螺纹钢筋φ25	t	1.299	5706.75	7413.07	764.16	992.65	58.44	75.92	100.77	130.9
10	010416001038	现浇混凝土钢筋螺纹钢筋φ20	t	0.436	5960.37	2598.72	956.47	417.02	66.67	29.07	125.33	54.64
11	010416001039	现浇混凝土钢筋螺纹钢筋φ18	t	0.238	6062.17	1442.8	1038.61	247.19	66.51	15.83	135.38	32.22
12	010416001032	现浇混凝土钢筋箍筋φ8	t	0.479	8244.93	3949.32	2749.23	1316.88	73.32	35.12	345.76	165.62
13	010416001033	现浇混凝土钢筋箍筋φ10	t	0.045	7164.89	322.42	1946.22	87.58	59.33	2.67	245.68	11.06
14	010416001034	现浇混凝土钢筋箍筋φ12	t	0.432	6567.48	2837.15	1510.39	652.49	18.96	8.19	187.35	80.94
15	010416001036	现浇混凝土钢筋箍筋φ10	t	0.066	7142.21	471.39	1940	128.04	59.24	3.91	244.91	16.16
16	010416001037	现浇混凝土钢筋箍筋φ8	t	0.247	8238.39	2034.88	2747.04	678.52	73.28	18.1	345.49	85.34
	A.7.3	墙、地面防水、防潮										
1	010703001001	墙、地面玛琋脂卷材防水二毡三油平面	$100m^2$	0.0016	4556.75	7.29	1318.75	2.11			161.55	0.26
	A.9.1	楼地面工程										
1	010901001025	楼地面	$10m^3$	0.2025	4582.3	927.92	1829.23	370.42	170.91	34.61	245.02	49.62
—		本页小计	—	—		25644.59	11526.11	5517.11	984.58	263.33	2868.75	708.12

序号	项目编码	项目名称/项目特征	计量单位	工程数量	金额/元							
					综合单价	合价	其中					
							人工费单价	人工费合价	机械费单价	机械费合价	企业管理费单价	企业管理费合价
		现浇细石混凝土垫层不分格										
	A.10.1	抹灰工程										
1	011001001014	石灰砂浆两遍 20mm 内砖面	100m²	1.3342	3669.43	4895.75	2537.33	3385.31	24.87	33.18	313.87	418.77
2	011001001059	石灰砂浆两遍 20mm 内砖面	100m²	0.8336	3669.44	3058.85	2537.33	2115.12	24.87	20.73	313.87	261.64
3	011001001025	水泥砂浆装饰线条 100m	100m²	0.0748	3992.82	298.66	2970.45	222.19			363.88	27.22
4	011001001060	水泥砂浆装饰线条 100m	100m²	0.0472	3992.72	188.46	2970.34	140.2			363.87	17.17
5	011001004001	现浇混凝土面天棚抹石灰砂浆	100m²	0.4363	3917.86	1709.36	2629.86	1147.41			322.16	140.56
6	011001004003	现浇混凝土面天棚抹水泥砂浆	100m²	0.01	4587.92	45.88	2989	29.89			366.15	3.66
7	011001004019	现浇混凝土面天棚抹水泥砂浆	100m²	0.9126	4588.48	4187.45	2989.37	2728.1			366.2	344.19
	A.12.1	混凝土、钢筋混凝土模板及支架										
1	011201001011	现浇混凝土独立基础组合钢模板木支撑	100m²	0.0824	7499.98	618	4244.66	349.76	148.91	12.27	538.21	44.35
2	011201001049	现浇混凝土矩形柱组合钢模板木支撑	100m²	0.0319	10123.77	322.95	6579.62	209.89	161.13	5.14	825.74	26.34
3	011201001060	现浇混凝土基础梁组合钢模板木支撑	100m²	0.518	9022.73	4673.77	5465.71	2831.24	135.81	70.35	686.19	355.45
4	011201001091	现浇混凝土平板组合钢模板木支撑	100m²	0.0188	9882.83	185.8	5833.51	109.67	189.89	3.57	737.87	13.87
5	011201001101	现浇混凝土直形楼梯木模板木支撑	10m²	1.188	2803.89	3331.02	1705.92	2026.63	32.68	38.82	212.98	253.02
—		本页小计	—	—		23515.95	30920.12	15295.41	718.16	184.06	5410.99	1896.24
—		合　计	—	—		99563.4	79237.74	31504.78	3584.05	8133.5	10503.77	4855.69

分部分项工程量清单综合单价分析表

工程名称：×××操场清单计价实例　　　　第 1 页　共 2 页

序号	项目编码	项目名称/项目特征	定额编号	计量单位	综合单价组成/元						综合单价
					人工费	材料费	机械费	管理费	利润	风险	
1	010104004004	挖掘机挖土方反铲挖掘机挖土深度 1.5m 以内	1-138	$1000m^3$	950.4		1758.76	331.87	426.69		3467.72
2	010304001003	多孔砖墙 1 砖	3-76	$10m^3$	1610.5	687.18		197.29	253.65		2748.62
3	010401002003	独立基础混凝土	4-7	$10m^3$	479.68	3526.69		58.76	75.55		4140.68
4	010402001001	现浇混凝土矩形柱混凝土	4-23	$10m^3$	815.48	3508.38	3.87	100.37	129.05		4557.15
5	010402001005	现浇混凝土矩形柱混凝土	4-23	$10m^3$	815.48	3508.33	3.97	100.38	129.06		4557.22
6	010403001001	现浇混凝土基础梁混凝土	4-31	$10m^3$	529.18	3531.47		64.82	83.35		4208.82
7	010403005001	现浇混凝土过梁混凝土	4-39	$10m^3$	781.89	3538.87		95.78	123.15		4539.69
8	010404001003	现浇混凝土墙混凝土	4-45	$10m^3$	775.56	3506.5	2.9	95.36	122.61		4502.93
9	010405003001	现浇混凝土平板混凝土	4-58	$10m^3$	536	3545.52		65.66	84.42		4231.6
10	010406001001	现浇混凝土整体楼梯直形混凝土	4-70	$10m^2$ 投影面	325.86	904.68		39.92	51.32		1321.78
11	010416001001	现浇混凝土钢筋圆钢筋φ6.5	4-265	t	3582.5	5017.5	52.6	445.29	572.51		9670.3
12	010416001040	现浇混凝土钢筋圆钢筋φ6.5	4-265	t	3324.44	4655.28	47.5	413.06	531.08		8971.36
13	010416001017	现浇混凝土钢筋螺纹钢筋φ10	4-281	t	1747.13	4618.19	11.81	215.47	277.03		6869.63
14	010416001018	现浇混凝土钢筋螺纹钢筋φ12	4-282	t	1581.07	4632.86	72.86	202.61	260.49		6749.89
15	010416001020	现浇混凝土钢筋螺纹钢筋φ16	4-284	t	1202.12	4639.49	72.88	156.19	200.81		6271.49
16	010416001021	现浇混凝土钢筋螺纹钢筋φ18	4-285	t	1035.43	4633.26	66.3	134.96	173.52		6043.47
17	010416001022	现浇混凝土钢筋螺纹钢筋φ20	4-286	t	958.24	4659.31	66.79	125.57	161.44		5971.35
18	010416001023	现浇混凝土钢筋螺纹钢筋φ22	4-287	t	856.65	4658.43	59.09	112.18	144.23		5830.58
19	010416001024	现浇混凝土钢筋螺纹钢筋φ25	4-288	t	764.16	4653.82	58.44	100.77	129.56		5706.75
20	010416001038	现浇混凝土钢筋螺纹钢筋φ20	4-286	t	956.47	4650.76	66.67	125.33	161.14		5960.37
21	010416001039	现浇混凝土	4-285	t	1038.61	4647.61	66.51	135.38	174.06		6062.17
		钢筋螺纹钢筋φ18									6062.17

序号	项目编码	项目名称/项目特征	定额编号	计量单位	综合单价组成/元						综合单价
					人工费	材料费	机械费	管理费	利润	风险	
22	010416001032	现浇混凝土钢筋箍筋φ8	4-296	t	2749.23	4632.07	73.32	345.76	444.55		8244.93
23	010416001033	现浇混凝土钢筋箍筋φ10	4-297	t	1946.22	4597.78	59.33	245.68	315.88		7164.89
24	010416001034	现浇混凝土钢筋箍筋φ12	4-298	t	1510.39	4609.91	18.96	187.35	240.87		6567.48
25	010416001036	现浇混凝土钢筋箍筋φ10	4-297	t	1940	4583.18	59.24	244.91	314.88		7142.21
26	010416001037	现浇混凝土钢筋箍筋φ8	4-296	t	2747.04	4628.38	73.28	345.49	444.2		8238.39
27	010703001001	墙、地面玛琋脂卷材防水二毡三油平面	7-110	100m²	1318.75	2868.75		161.55	207.7		4556.75
28	010901001025	楼地面现浇细石混凝土垫层不分格	9-25	10m³	1829.23	2022.12	170.91	245.02	315.02		4582.3
29	011001001014	石灰砂浆二遍 20mm 内砖面	10-14	100m²	2537.33	389.81	24.87	313.87	403.55		3669.43
30	011001001059	石灰砂浆二遍 20mm 内砖面	10-14	100m²	2537.33	389.82	24.87	313.87	403.55		3669.44
31	011001001025	水泥砂浆装饰线条 100m	10-25	100m²	2970.45	190.64		363.88	467.85		3992.82
32	011001001060	水泥砂浆装饰线条 100m	10-25	100m²	2970.34	190.68		363.87	467.83		3992.72
33	011001004001	现浇混凝土面天棚抹石灰砂浆	10-77	100m²	2629.86	551.64		322.16	414.2		3917.86
34	011001004003	现浇混凝土面天棚抹水泥砂浆	10-79	100m²	2989	762		366.15	470.77		4587.92
35	011001004019	现浇混凝土面天棚抹水泥砂浆	10-79	100m²	2989.37	762.08		366.2	470.83		4588.48
36	011201001011	现浇混凝土独立基础组合钢模板木支撑	12-11	100m²	4244.66	1876.21	148.91	538.21	691.99		7499.98
37	011201001049	现浇混凝土矩形柱组合钢模板木支撑	12-49	100m²	6579.62	1495.61	161.13	825.74	1061.67		10123.77
38	011201001060	现浇混凝土基础梁组合钢模板木支撑	12-60	100m²	5465.71	1852.78	135.81	686.19	882.24		9022.73
39	011201001091	现浇混凝土平板组合钢模板木支撑	12-91	100m²	5833.51	2172.87	189.89	737.87	948.69		9882.83
40	011201001101	现浇混凝土直形楼梯木模板木支撑	12-101	10m²	1705.92	578.48	32.68	212.98	273.83		2803.89

工程量清单综合单价分析表

工程名称：×××操场清单计价实例　　　　第1页　共1页

项目编码	010304001003			项目名称		多孔砖墙1砖			计量单位		10m³
清单综合单价组成明细											
定额编号	定额名称	定额单位	数量	单价				合价			
				人工费	材料费	机械费	管理费和利润	人工费	材料费	机械费	管理费和利润
3-76	砌块砌体 多孔砖墙 多孔砖墙1砖	10m³	1	1610.5	687.18		450.94	1610.5	687.18		450.94
人工单价				小计				1610.5	687.18		450.94
技工200元/工日;普工180元/工日				未计价材料费							
清单项目综合单价								2748.62			
材料费明细	主要材料名称、规格、型号					单位	数量	单价/元	合价/元	暂估单价/元	暂估合价/元
	机制砖(红砖)					千块	0.34	0.45	0.15		
	多孔砖 240×115×90					千块	3.2	0.9	2.88		
	水泥砂浆 M7.5					m³	1.89	360	680.39		
	水					m³	1.17	3.2	3.74		
	材料费小计							—	687.18	—	

工程量清单综合单价分析表

工程名称：××操场清单计价实例　　　　　　　　　　　　　　　　　　　　　　第1页　共1页

项目编码		010401002003		项目名称		独立基础混凝土				计量单位	10m³
清单综合单价组成明细											
定额编号	定额名称	定额单位	数量	单价				合价			
				人工费	材料费	机械费	管理费和利润	人工费	材料费	机械费	管理费和利润
4-7	现浇混凝土基础 独立基础混凝土	10m³	1	479.68	3526.69		134.31	479.68	3526.69		134.31
人工单价				小计				479.68	3526.69		134.31
技工200元/工日；普工180元/工日				未计价材料费							
清单项目综合单价								4140.68			
材料费明细	主要材料名称、规格、型号					单位	数量	单价/元	合价/元	暂估单价/元	暂估合价/元
	塑料薄膜					m²	13.04	0.4	5.22		
	商品混凝土(综合)					m³	10.05	350	3517.51		
	水					m³	1.241	3.2	3.97		
	材料费小计							—	3526.69	—	

措施项目清单与计价表

工程名称：×××操场清单计价实例　　　　第1页　共1页

序号	项目名称	计算基数	费率	金额/元
一	措施项目			8482.59
1	安全文明施工措施费	分部分项人工费＋分部分项机械费	10.4	4122.38
2	夜间施工增加费			
3	二次搬运费			
4	已完工程及设备保护费			
5	冬雨季施工费	分部分项人工费＋分部分项机械费	7	2774.68
6	市政工程干扰费	分部分项人工费＋分部分项机械费	4	1585.53
7	其他措施项目费			
		合　计		8482.59

其他项目清单与计价汇总表

工程名称：×××操场清单计价实例　　　　第1页　共1页

序号	项目名称	计量单位	金额/元	备注
1	暂列金额	项	500000	
2	暂估价		950000	
2.1	材料暂估价		—	
2.2	专业工程暂估价	项	950000	
3	计日工		2875	
4	总承包服务费		19000	
5	工程担保费			
	合　计		1471875	

专业工程暂估价表

工程名称：×××操场清单计价实例　　　　第1页　共1页

序号	工程名称	工程内容	金额/元	备注
	网架工程	钢结构网架	950000	
	合　计		950000	—

注：此表由招标人填写，投标人应将上述专业工程暂估价计入投标总价中

计日工表

工程名称：×××操场清单计价实例　　　　第1页　共1页

序号	名　称	计量单位	基价/元
1	人工		
1.1	零工	工日	2000
	小计		2000
2	材料		
2.1	水泥	t	875
	小计		875
3	机械		
3.1			
	小计		

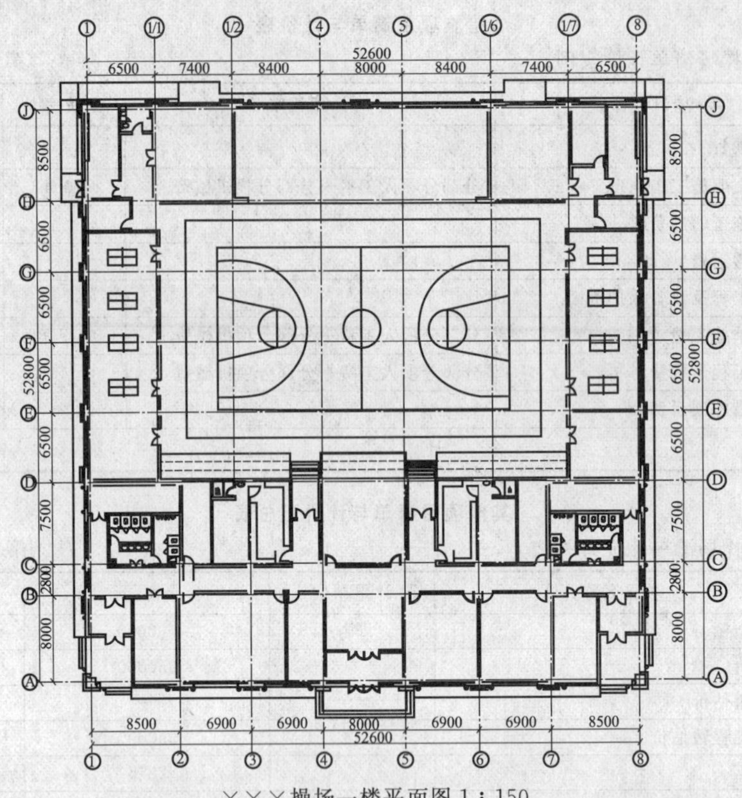

××× 操场一楼平面图 1：150

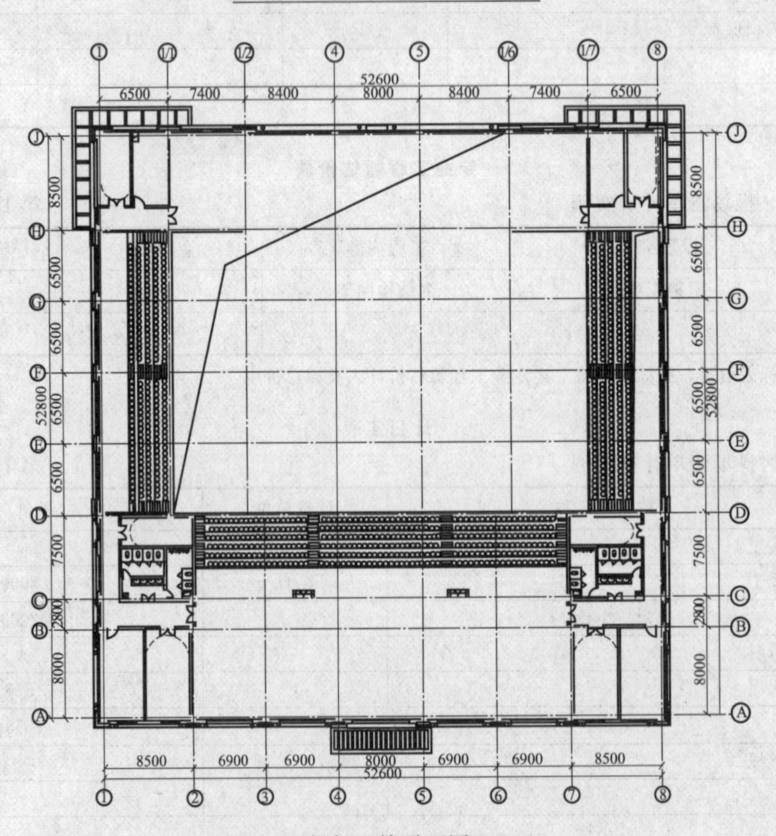

××× 操场二楼平面图 1：150

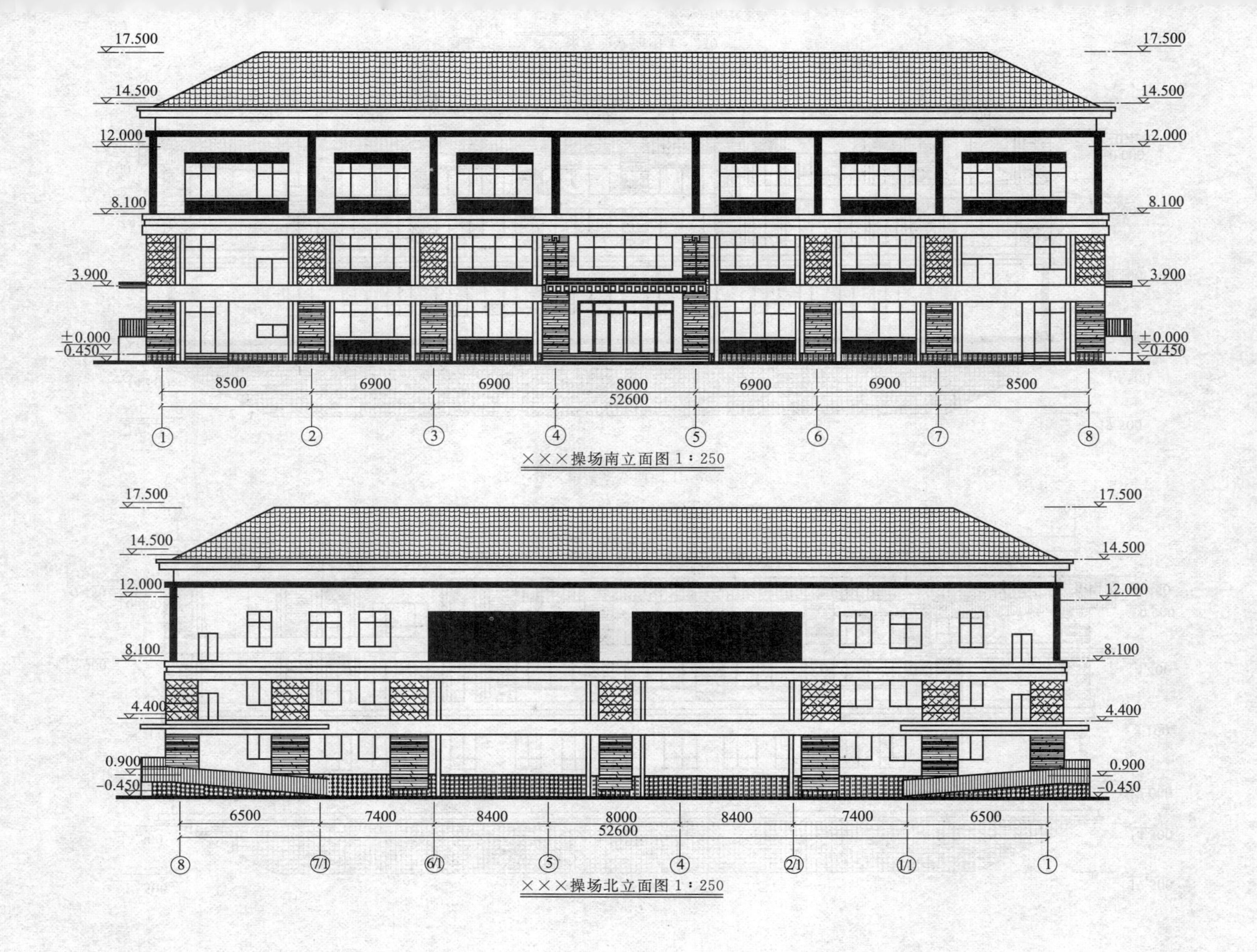

×××操场南立面图 1：250

×××操场北立面图 1：250

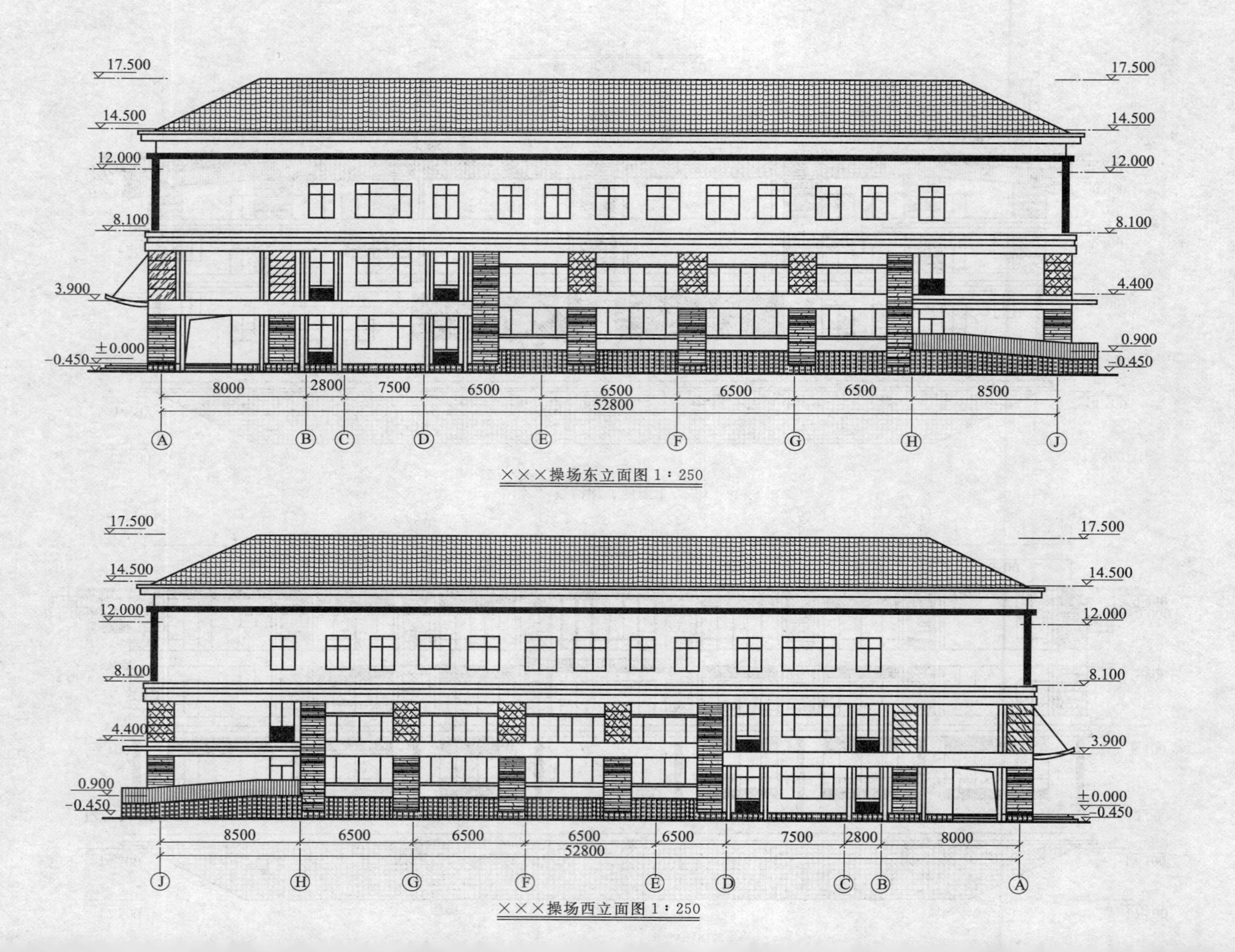

×××操场东立面图 1：250

×××操场西立面图 1：250

参 考 文 献

[1] 中华人民共和国住房和城乡建设部．GB 50500—2008 建设工程工程量清单计价规范．北京：中国计划出版社，2008.

[2] 《建设工程工程量清单计价规范》编制组．《建设工程工程量清单计价规范》（GB 50500—2008）宣贯辅导教材．北京：中国计划出版社，2008.

[3] 建设部标准定额研究所．全国统一建筑工程基础定额．北京：中国计划出版社，2003.

[4] 中华人民共和国建设部标准定额司．全国统一建筑工程基础定额工程量计算规则．北京：中国计划出版社，2001.

[5] 辽宁省定额站．辽宁省建设工程计价依据建筑工程计价定额．沈阳：沈阳出版社，2008.

[6] 辽宁省建设厅，辽宁省财政厅．辽宁省建设工程计价依据建设工程费用标准．沈阳：辽宁人民出版社，2008.

[7] 张明月，等．工程量清单计价及示例．北京：中国建筑工业出版社，2004.

[8] 工程造价员网校．建筑工程工程量清单分部分项计价与预算定额计价对照实例详解．北京：中国建筑工业出版社，2009.

[9] 黄伟典．建筑工程计量与计价．北京：中国电力出版社，2009.

[10] 杨会云，等．建筑工程计量与计价．北京：科学出版社，2010.

[11] 本书编委会．造价员．武汉：华中科技大学出版社，2008.

[12] 张玉萍．新编建筑设备工程．北京：化学工业出版社，2008.

[13] 张志成，何国欣．工程量清单计价．郑州：黄河水利出版社，2009.

[14] 祁慧增．工程量清单招投标案例．郑州：黄河水利出版社，2007.

[15] 姜玲．装饰工程工程量清单与招投标．北京：中国电力出版社，2009.